JN097733

新版数学シリーズ

新版基礎数学

改訂版

岡本和夫［監修］

実教出版

新版基礎数学を学ぶみなさんへ

　数学は諸科学や技術の発展の基礎になっているばかりではなく，現在でも発達し続けている学問です。この新しい展開は将来の科学と技術の基礎となって活かされていきます。これまでみなさんはいろいろな場面で数学的な活動を通し数学を学んできました。

　これからみなさんは，この教科書を通して，諸学問の基礎となっている数学の柱の部分に今まで以上に触れ，将来に向けて数学を学ぶことになります。数学は，明日すぐに役に立つということは無いかも知れませんが，一歩一歩を確かなものにすれば，みなさんがそれぞれもっている将来の備えになると確信しています。

　数学を学ぶときに大切なことは，対象が何であるかをはっきりつかみ，議論がどのように組み立てられているかを理解することです。この2つのことが分かっていれば何の心配もなく先に進むことができます。こうして一歩進めば，これまでなかなか分からなかったことが，まるで霧が晴れるように急に見えてくることがよくあります。

　この教科書は，将来いろいろな分野で数学に接し，その分野で数学を積極的に使うことになる人たち，特に工学系を目指す人たちを想定して編修しました。また，みなさんが必要に応じて自学自習もできるように丁寧な記述を心がけて書かれています。数学的な活動の場が教室であるとしたら，この教科書はその道標です。しっかりと読み込んでもらいたい，と願っています。

本書の使い方

例 1　本文の理解を助けるための具体例，
および代表的な基本問題。

例題 2　学習した内容をより深く理解するための代表的な問題。
解・証明にはその問題の模範的な解答を示した。
なお，解答の最終結果は太字で示した。

練習 3　学習した内容を確実に身につけるための問題。
例・例題とほぼ同じ程度の問題を選んだ。

節末問題　その節で学んだ内容をひととおり復習するための問題，
およびやや程度の高い問題。

研究　本文の内容に関連して，興味・関心を深めるための補助教材。
余力のある場合に，学習を深めるための教材。

演習　研究で学習した内容を身につけるための問題。

COLUMN　本文の内容に関連する興味深い内容を取り上げた。

◆◆◆ もくじ ◆◆◆

1章　数と式

1節　整式
1. 整式の加法・減法 ……………………… 8
2. 整式の乗法 ………………………………… 10
3. 因数分解 …………………………………… 14
◀ 節末問題 …………………………………… 19

2節　整式の除法と分数式
1. 整式の除法 ………………………………… 20
2. 分数式 ……………………………………… 23
◀ 節末問題 …………………………………… 27

3節　数
1. 実数 ………………………………………… 28
2. 平方根の計算 ……………………………… 31
3. 複素数 ……………………………………… 34
◀ 節末問題 …………………………………… 41
研究　二重根号 ……………………………… 42

2章　2次関数とグラフ，方程式・不等式

1節　2次方程式
1. 2次方程式 ………………………………… 44
◀ 節末問題 …………………………………… 51

2節　2次関数とグラフ
1. 関数 ………………………………………… 52
2. 2次関数のグラフ ………………………… 54
3. 2次関数の決定 …………………………… 60
4. 2次関数の最大・最小 …………………… 62
◀ 節末問題 …………………………………… 64

3節　2次関数のグラフと2次方程式・2次不等式
1. 2次関数のグラフと2次方程式 ……… 65
2. 2次関数のグラフと2次不等式 ……… 68
◀ 節末問題 …………………………………… 79
研究　絶対値を含む関数のグラフ …… 80

3章　高次方程式・式と証明

1節　高次方程式
1. 恒等式 ……………………………………… 82
2. 剰余の定理と因数定理 ………………… 85
3. 高次方程式 ………………………………… 88
◀ 節末問題 …………………………………… 90

2節　式と証明
1. 等式の証明 ………………………………… 91
2. 不等式の証明 ……………………………… 93
◀ 節末問題 …………………………………… 96

4章　関数とグラフ

1節　関数とグラフ
1. べき関数 …………………………………… 98
2. 分数関数 …………………………………… 101
3. 無理関数 …………………………………… 104
4. 逆関数・合成関数 ……………………… 107
◀ 節末問題 …………………………………… 112

5章　指数関数・対数関数

1節　指数関数
1. 指数の拡張 ………………………………… 114
COLUMN　無理数の指数 ………………… 119
2. 指数関数とそのグラフ ………………… 120
◀ 節末問題 …………………………………… 124

2節　対数関数
1. 対数とその性質 ………………………… 125
2. 対数関数とそのグラフ ………………… 130
3. 常用対数 …………………………………… 135
◀ 節末問題 …………………………………… 138

6章　三角関数

1節　三角比

1. 鋭角の三角比 ……………………… 140
2. 三角比の拡張 ……………………… 144
3. 正弦定理と余弦定理 ……………… 150
◀ 節末問題 ………………………… 155
研究 ヘロンの公式 ………………… 157

2節　三角関数

1. 一般角と弧度法 …………………… 158
2. 三角関数 …………………………… 161
3. 三角関数のグラフ ………………… 166
4. 三角関数を含む方程式・不等式 … 171
5. 逆三角関数 ………………………… 173
◀ 節末問題 ………………………… 175

3節　三角関数の加法定理

1. 加法定理 …………………………… 176
2. 加法定理の応用 …………………… 179
◀ 節末問題 ………………………… 184

7章　図形と方程式

1節　座標平面上の点と直線

1. 数直線上の点 ……………………… 186
2. 座標平面上の点 …………………… 188
3. 直線の方程式 ……………………… 192
◀ 節末問題 ………………………… 197

2節　2次曲線

1. 円 …………………………………… 198
2. 放物線 ……………………………… 202
3. 楕円 ………………………………… 204
4. 双曲線 ……………………………… 207
5. $f(x, y)=0$ の表す図形の移動 …… 210
◀ 節末問題 ………………………… 211

3節　不等式と領域

1. 不等式の表す領域 ………………… 212
◀ 節末問題 ………………………… 217
研究 円錐曲線 ……………………… 218

8章　集合・場合の数・命題

1節　集合と要素の個数

1. 集合 ………………………………… 220
2. 集合の要素の個数 ………………… 225
◀ 節末問題 ………………………… 226

2節　場合の数・順列・組合せ

1. 場合の数 …………………………… 227
2. 順列 ………………………………… 229
3. 組合せ ……………………………… 232
4. いろいろな順列 …………………… 235
5. 二項定理 …………………………… 238
◀ 節末問題 ………………………… 241

3節　命題と証明

1. 条件と命題 ………………………… 243
2. 命題の証明 ………………………… 249
◀ 節末問題 ………………………… 253

解答 ………………………………… 254
索引 ………………………………… 268
数表 ………………………… 後見返し

ギリシア文字

A	α	アルファ
B	β	ベータ
Γ	γ	ガンマ
Δ	δ	デルタ
E	ε	イプシロン
Z	ζ	ツェータ
H	η	イータ
Θ	θ	シータ
I	ι	イオタ
K	κ	カッパ
Λ	λ	ラムダ
M	μ	ミュー
N	ν	ニュー
Ξ	ξ	クシイ
O	o	オミクロン
Π	π	パイ
P	ρ	ロー
Σ	σ	シグマ
T	τ	タウ
Υ	υ	ウプシロン
Φ	φ	ファイ
X	χ	カイ
Ψ	ψ	プサイ
Ω	ω	オメガ

第1章

数と式

··· 1 ···
整式

··· 2 ···
整式の除法と分数式

··· 3 ···
数

　式の計算は，数の計算以上に数学を学ぶとき多くの面で現れ，効率よく正確に計算することが必要であるし，数式のもつ意味を適格に表現するためにも式の計算の役割は大きい。数について，数直線の点で表される数を実数という。では，数直線上に表せない数はあるのか，あるとすればどんな性質をもつ数だろうか。

◆ 1 ◆ 整式

1 整式の加法・減法

1 整式

$3x^2$, $5a^2b$, $-a$ のように，いくつかの数や文字を掛け合わせてできる式を **単項式** という。単項式において，掛け合わせた文字の個数をその単項式の **次数** といい，文字以外の部分を **係数** という。

2種類以上の文字を含む単項式については，特定の文字に着目して次数を考えることがある。このとき他の文字は数として扱う。

例1 (1) $5a^2b$ の次数は 3，係数は 5

(2) $-3ax^2y^3$ は，x に着目すると，次数は 2，係数は $-3ay^3$

y に着目すると，次数は 3，係数は $-3ax^2$

x と y に着目すると，次数は 5，係数は $-3a$

練習1 $6a^2x^3y$ について，x に着目したときの次数と係数を答えよ。また，x と y に着目したときの次数と係数を答えよ。

$x+y+3$ や $a^2+ab-4b^2$ のように，いくつかの単項式の和の形で表される式を **多項式** といい，それぞれの単項式をその多項式の **項** という。とくに，文字を含まない項を **定数項** という。

多項式の項の中で，文字の部分が同じ項を **同類項** という。同類項は，それらの係数を計算して1つの項にまとめることができる。

例2 $5x^2-2xy-x^2+3xy=(5-1)x^2+(-2+3)xy$
$$=4x^2+xy$$

多項式について同類項をまとめたとき，各項の中で最も高い次数をその多項式の **次数** という。また，単項式と多項式を合わせて **整式** といい，次数が n の整式を **n 次式** という。

例3 整式 $4x^3-x^2+5x+1$ は 3 次式，

整式 $6x^2y-xy^3+7y^2$ は 4 次式

2 ▶ 整式の整理

整式の中の同類項を 1 つにまとめて簡単にすることを整式を整理するという。

整式をある 1 つの文字に着目して，

　　次数の高い項から順に並べることを **降べきの順** に整理する

　　次数の低い項から順に並べることを **昇べきの順** に整理する

という。このとき，着目した文字以外の文字は数として扱う。

例4 整式 $2x^2y + 3x^3 + y^2 - 5x^2 + x - 1$ は 3 次式で，定数項は -1 である。

　　これを x について降べきの順に整理すると

　　　　$3x^3 + (2y - 5)x^2 + x + (y^2 - 1)$

　　となる。これは x についての 3 次式で

　　　　x^3 の係数は 3，x^2 の係数は $2y - 5$，x の係数は 1

　　　　定数項は $y^2 - 1$ である。

　例 4 において，x に着目した整式を x の整式という。y に着目した場合は，y の整式という。

練習2 例 4 の整式を y について降べきの順に整理せよ。また，y の整式とするとき各項の係数と定数項を求めよ。

3 ▶ 整式の加法・減法

　整式の加法・減法は，同類項をまとめて計算すればよい。

例5 $A = 2x^2 + 3x + 5$，$B = x^2 + 2x - 1$，$C = x^3 - 5x$ のとき

$$A + B = (2x^2 + 3x + 5) + (x^2 + 2x - 1)$$
$$= (2+1)x^2 + (3+2)x + (5-1)$$
$$= 3x^2 + 5x + 4$$

$$
\begin{array}{r}
2x^2 + 3x + 5 \\
+)\ \ x^2 + 2x - 1 \\
\hline
3x^2 + 5x + 4
\end{array}
$$

$$C - B = (x^3 - 5x) - (x^2 + 2x - 1)$$
$$= x^3 - x^2 + (-5-2)x + 1$$
$$= x^3 - x^2 - 7x + 1$$

$$
\begin{array}{r}
x^3 \qquad\ - 5x \\
-)\ \ \ \ x^2 + 2x - 1 \\
\hline
x^3 - x^2 - 7x + 1
\end{array}
$$

練習3 与えられた 2 つの整式 A，B について，$A + B$ と $A - B$ を計算せよ。

(1)　$A = x^3 - 2x^2 + 3$，$B = 2x^2 - x + 1$

(2)　$A = -3x + 5 + 2x^2$，$B = x - x^3 - 4 + 3x^2$

2　整式の乗法

1　指数法則

a をいくつか掛けたものを a の **累乗** という。n を正の整数とするとき，n 個の a の積を a^n と書き，a の **n 乗** という。このとき，n を a^n の **指数** という。

一般に，単項式の計算では，次の **指数法則** が用いられる。

> **指数法則**
>
> m，n を正の整数とするとき
> $$a^m a^n = a^{m+n}, \quad (a^m)^n = a^{mn}, \quad (ab)^n = a^n b^n$$

例 6　(1)　$x^4 \times (x^2)^3 = x^4 \times x^{2 \times 3} = x^4 \times x^6 = x^{4+6} = x^{10}$

(2)　$(2ab^2)^3 \times (-3a^4 b)^2 = 2^3 a^3 (b^2)^3 \times (-3)^2 (a^4)^2 b^2$

$= 8a^3 b^{2 \times 3} \times 9 a^{4 \times 2} b^2 = 8a^3 b^6 \times 9 a^8 b^2$

$= (8 \times 9) a^{3+8} b^{6+2} = 72 a^{11} b^8$

練習 4　次の式を計算せよ。

(1)　$x \times (2x)^2 \times (-x)^5$　　(2)　$-8a^2 b \times \left(\dfrac{1}{2} ab\right)^2$　　(3)　$(-ab^3 c^2)^2 \times (-2a^2 bc)^3$

2　整式の乗法

整式の乗法の計算では，次の **分配法則** が用いられる。
$$A(B+C) = AB + AC, \quad (A+B)C = AC + BC$$

いくつかの整式の積を分配法則を用いて，単項式の和の形に表すことを **展開する** という。

例 7　　$(2x-3)(2x^2+x+3)$

$= 2x(2x^2+x+3) - 3(2x^2+x+3)$

$= 4x^3 + 2x^2 + 6x - 6x^2 - 3x - 9$

$= 4x^3 - 4x^2 + 3x - 9$

$$
\begin{array}{r}
2x^2 + x + 3 \\
\times)\quad 2x - 3 \\
\hline
4x^3 + 2x^2 + 6x \\
-6x^2 - 3x - 9 \\
\hline
4x^3 - 4x^2 + 3x - 9
\end{array}
$$

練習 5　次の式を展開せよ。

(1)　$(x-1)(x^2+x+1)$　　　　　(2)　$(x^2-3x+2)(x^2-1)$

(3)　$(2x^2+2xy-y^2)(3x+y)$　　(4)　$(3x^3-4x+5)(x^2-x+4)$

3 展開公式

整式の展開では展開公式を利用することが多い。

➡展開公式 I

[1] $(a+b)^2 = a^2 + 2ab + b^2$,　$(a-b)^2 = a^2 - 2ab + b^2$

[2] $(a+b)(a-b) = a^2 - b^2$

[3] $(x+a)(x+b) = x^2 + (a+b)x + ab$

[4] $(ax+b)(cx+d) = acx^2 + (ad+bc)x + bd$

例8 (1) $(2x+3y)^2 = (2x)^2 + 2\cdot 2x\cdot 3y + (3y)^2$
$$= 4x^2 + 12xy + 9y^2$$

(2) $(3x+4y)(3x-4y) = (3x)^2 - (4y)^2 = 9x^2 - 16y^2$

(3) $(2x+3)(5x+4) = 2\cdot 5x^2 + (2\cdot 4 + 3\cdot 5)x + 3\cdot 4$
$$= 10x^2 + 23x + 12$$

練習6 次の式を展開せよ。

(1) $(3x+4y)^2$　　(2) $(5x-2y)^2$　　(3) $(4x+5y)(4x-5y)$

(4) $(x+7y)(x-2y)$　　(5) $(4x-3y)(5x+6y)$

➡展開公式 II

[5] $(a+b)^3 = a^3 + 3a^2b + 3ab^2 + b^3$
$(a-b)^3 = a^3 - 3a^2b + 3ab^2 - b^3$

練習7 公式[5]が成り立つことを左辺を展開して確かめよ。

例9 (1) $(2x+3)^3 = (2x)^3 + 3\cdot(2x)^2\cdot 3 + 3\cdot(2x)\cdot 3^2 + 3^3$
$$= 8x^3 + 36x^2 + 54x + 27$$

(2) $(3x-y)^3 = (3x)^3 - 3\cdot(3x)^2\cdot y + 3\cdot(3x)\cdot y^2 - y^3$
$$= 27x^3 - 27x^2y + 9xy^2 - y^3$$

練習8 次の式を展開せよ。

(1) $(x+1)^3$　　(2) $(x-2)^3$　　(3) $(2x+y)^3$　　(4) $(3x-2y)^3$

4 展開の工夫

整式の一部をまとめて 1 つの文字に置き換えたり，計算の順序を工夫すると展開しやすくなることがある。

> **例題 1**　$(a+b+1)(a+b+2)$ を展開せよ。
>
> **解**　$a+b=A$ とおくと
> $$(a+b+1)(a+b+2) = (A+1)(A+2) = A^2+3A+2$$
> $$= (a+b)^2+3(a+b)+2$$
> $$= a^2+2ab+b^2+3a+3b+2$$

練習9　次の式を展開せよ。

(1)　$(a-b-1)(a-b+3)$ 　　　　(2)　$(x+2y+z)(x-2y+z)$

> **例題 2**　次の公式が成り立つことを示せ。
> $$(a+b+c)^2 = a^2+b^2+c^2+2ab+2bc+2ca$$
>
> **証明**　$(a+b+c)^2 = \{(a+b)+c\}^2$
> $$= (a+b)^2+2(a+b)c+c^2$$
> $$= a^2+2ab+b^2+2ac+2bc+c^2$$
> $$= a^2+b^2+c^2+2ab+2bc+2ca = (右辺)　終$$
>
>

練習10　次の式を展開せよ。

(1)　$(a-b+c)^2$ 　　　(2)　$(2x+3y+z)^2$ 　　　(3)　$(-p+2q-2r)^2$

練習11　次の展開公式が成り立つことを示せ。

(1)　$(a+b)(a^2-ab+b^2) = a^3+b^3$

(2)　$(a-b)(a^2+ab+b^2) = a^3-b^3$

練習12　練習 11 を用いて，次の式を展開せよ。

(1)　$(a+2)(a^2-2a+4)$ 　　　　(2)　$(3a-b)(9a^2+3ab+b^2)$

例題
3

次の式を展開せよ。

(1) $(x+1)^2(x-1)^2$ (2) $(x+y-z)(x-y+z)$

解 (1) $(x+1)^2(x-1)^2 = \{(x+1)(x-1)\}^2$ $\qquad a^2b^2=(ab)^2$

$\qquad\qquad\qquad = (x^2-1)^2 = x^4-2x^2+1$

(2) $(x+y-z)(x-y+z)$

$= \{x+(y-z)\}\{x-(y-z)\}$ $\longleftarrow -y+z = -(y-z)$

$= x^2-(y-z)^2 = x^2-(y^2-2yz+z^2)$

$= x^2-y^2+2yz-z^2$

練習**13** 次の式を展開せよ。

(1) $(x+1)^3(x-1)^3$ (2) $(x^2+1)(x+1)(x-1)$

(3) $(2a+b-c)(2a-b+c)$ (4) $(x+2y+3z)(x-2y-3z)$

整式の積の組み合わせを換えることにより，式を展開したときに，同じ形が現れることがある。

例題
4

$(x+1)(x+2)(x+3)(x+4)$ を展開せよ。

解 $(x+1)(x+2)(x+3)(x+4)$

$= \{(x+1)(x+4)\}\{(x+2)(x+3)\}$

$= (x^2+5x+4)(x^2+5x+6)$ $\longleftarrow A=x^2+5x$ とすると $(A+4)(A+6)$

$= (x^2+5x)^2+10(x^2+5x)+24$ $\longleftarrow A^2+10A+24$

$= x^4+10x^3+25x^2+10x^2+50x+24$

$= x^4+10x^3+35x^2+50x+24$

練習**14** 次の式を展開せよ。

(1) $(x-1)(x-2)(x-3)(x-4)$ (2) $(x+1)(x+3)(x-2)(x-4)$

3 因数分解

1 因数分解

1つの整式をいくつかの整式の積の形に表すことを **因数分解する** という。このとき，積を作っているそれぞれの整式をもとの整式の **因数** という。

それぞれの項に共通な因数があるときは共通因数をくくり出して因数分解することができる。

因数分解と展開の関係

$$x^2 + 3x + 2 = (x+1)(x+2)$$

例10 $mx + my = m(x+y)$

$a(x+y) + b(x+y) = (a+b)(x+y)$

練習15 次の式を因数分解せよ。

(1) $x^2y - xy^2$　　(2) $a(x-y) - b(y-x)$　　(3) $a(b-1) - b + 1$

展開公式を逆にみることにより，因数分解の公式が得られる。

➡ 因数分解の公式Ⅰ

[1] $a^2 + 2ab + b^2 = (a+b)^2,$　　$a^2 - 2ab + b^2 = (a-b)^2$

[2] $a^2 - b^2 = (a+b)(a-b)$

[3] $x^2 + (a+b)x + ab = (x+a)(x+b)$

例11 (1) $9x^2 - 12xy + 4y^2 = (3x)^2 - 2 \cdot 3x \cdot 2y + (2y)^2$
$$= (3x - 2y)^2$$

(2) $4x^2 - 9y^2 = (2x)^2 - (3y)^2$
$$= (2x + 3y)(2x - 3y)$$

(3) $x^2 - 4xy - 12y^2 = x^2 + \{2y + (-6y)\}x + 2y \cdot (-6y)$
$$= (x + 2y)(x - 6y)$$

練習16 次の式を因数分解せよ。

(1) $16x^2 + 8xy + y^2$　　(2) $4x^2 - 20xy + 25y^2$　　(3) $9x^2 - 16y^2$

(4) $3x^4y^2 - 12x^2y^4$　　(5) $x^2 + 2xy - 15y^2$　　(6) $x^2y - 7xy^2 + 6y^3$

因数分解の公式 II

[4]　$\boldsymbol{acx^2+(ad+bc)x+bd=(ax+b)(cx+d)}$

公式[4]を用いて，$3x^2+7x+2$ を因数分解してみよう。

$acx^2+(ad+bc)x+bd=3x^2+7x+2$ とおいて

$$ac=3,\ ad+bc=7,\ bd=2$$

を満たす a，b，c，d を見つければよい。

まず，$ac=3$ を満たす正の整数の組は

$$\begin{array}{ccccc} a & \diagdown\!\!\!\!\diagup & b & \longrightarrow & bc \\ c & & d & \longrightarrow & +)\ ad \\ \hline \boldsymbol{ac} & & \boldsymbol{bd} & & \boldsymbol{ad+bc} \\ 3 & & 2 & & 7 \end{array}$$

(i) $\begin{cases} a=1 \\ c=3 \end{cases}$　(ii) $\begin{cases} a=3 \\ c=1 \end{cases}$

次に，$bd=2$ を満たす整数の組は

(ア) $\begin{cases} b=1 \\ d=2 \end{cases}$　(イ) $\begin{cases} b=2 \\ d=1 \end{cases}$　(ウ) $\begin{cases} b=-1 \\ d=-2 \end{cases}$　(エ) $\begin{cases} b=-2 \\ d=-1 \end{cases}$

よって，これらの組の中から，$ad+bc=7$ を満たす整数の組を見つければよい。

右図の(i)と(ア)の組合せで計算すると

$$ad+bc=1\times2+1\times3=5$$

(i)と(ア)

$$\begin{array}{ccccc} 1 & \diagdown\!\!\!\!\diagup & 1 & \longrightarrow & 3 \\ 3 & & 2 & \longrightarrow & +)\ 2 \\ \hline 3 & & 2 & \text{失敗} & 5 \end{array}$$

となり条件を満たさないが，(i)と(イ)のように組み合わせて計算すると

$$ad+bc=1\times1+2\times3=7$$

(i)と(イ)

$$\begin{array}{ccccc} 1 & \diagdown\!\!\!\!\diagup & 2 & \longrightarrow & 6 \\ 3 & & 1 & \longrightarrow & +)\ 1 \\ \hline 3 & & 2 & \text{成功} & 7 \end{array}$$

となり，すべての条件を満たす。

したがって

$$3x^2+7x+2=(x+2)(3x+1)$$

と因数分解できる。

このように，係数を抜き出して上の図のように計算することで，条件を満たす係数を見つける方法を **たすき掛け** による因数分解という。

例題 **5** 次の式を因数分解せよ。

    (1) $6x^2 + x - 12$ (2) $3x^2 - 2xy - 8y^2$

解 (1) $6x^2 + x - 12$

      $= (2x + 3)(3x - 4)$

$$\begin{array}{cccc} 2 & \diagdown\!\!\!\diagup & 3 \longrightarrow & 9 \\ 3 & \diagup\!\!\!\diagdown & -4 \longrightarrow & -8 \\ \hline 6 & & -12 & 1 \end{array}$$

    (2) $3x^2 - 2xy - 8y^2$

      $= (x - 2y)(3x + 4y)$

$$\begin{array}{cccc} 1 & \diagdown\!\!\!\diagup & -2y \longrightarrow & -6y \\ 3 & \diagup\!\!\!\diagdown & 4y \longrightarrow & 4y \\ \hline 3 & & -8y^2 & -2y \end{array}$$

練習**17** 次の式を因数分解せよ。

    (1) $2x^2 + 7x + 3$ (2) $5x^2 + 2x - 3$

    (3) $6x^2 - 13x + 6$ (4) $2x^2 - xy - y^2$

    (5) $4a^2 - 16ab + 15b^2$ (6) $4a^2 - 5ab - 6b^2$

$(a + b)^3 = a^3 + 3a^2b + 3ab^2 + b^3$ であるから

$$a^3 + b^3 = (a + b)^3 - 3ab(a + b) = (a + b)\{(a + b)^2 - 3ab\}$$
$$= (a + b)(a^2 - ab + b^2)$$

と因数分解できる。よって，次の公式が成り立つ。

➡ 因数分解の公式Ⅲ

  [5] $a^3 + b^3 = (a + b)(a^2 - ab + b^2)$

       $a^3 - b^3 = (a - b)(a^2 + ab + b^2)$

例**12** (1) $x^3 + 8 = x^3 + 2^3 = (x + 2)(x^2 - 2x + 4)$

     (2) $8x^3 - 27y^3 = (2x)^3 - (3y)^3$

               $= (2x - 3y)\{(2x)^2 + 2x \cdot 3y + (3y)^2\}$

               $= (2x - 3y)(4x^2 + 6xy + 9y^2)$

練習**18** 次の式を因数分解せよ。

    (1) $x^3 + 64$ (2) $x^3 - 1$

    (3) $8x^3 + 125y^3$ (4) $2x^3 - 16y^3$

2　因数分解の工夫

整式の一部をまとめて 1 つの文字に置き換えることにより，因数分解の公式を利用できる形にして因数分解してみよう。

例題 6 次の式を因数分解せよ。

(1) $(a+b)^2-c^2$

(2) $(x+y+2)(x+y-3)-6$

解 (1) $a+b=A$ とおくと

$$(a+b)^2-c^2=A^2-c^2=(A+c)(A-c)$$
$$=\boldsymbol{(a+b+c)(a+b-c)}$$

(2) $x+y=A$ とおくと

$$(x+y+2)(x+y-3)-6$$
$$=(A+2)(A-3)-6=A^2-A-12$$
$$=(A+3)(A-4)=\boldsymbol{(x+y+3)(x+y-4)}$$

練習19 次の式を因数分解せよ。

(1) $a^2-(b-c)^2$

(2) $(x+y)^2+5(x+y)+6$

(3) $(x+y-1)(x+y+1)-3$

(4) $(2x+y-2)(2x+y+5)+12$

いくつかの文字を含む式を因数分解するには，次数の最も低い文字について整理するとよい。

例題 7 $x^3+x^2y+x^2-y$ を因数分解せよ。

解 $x^3+x^2y+x^2-y$ ←── y について 1 次式

$$=(x^2-1)y+(x^3+x^2)=(x+1)(x-1)y+x^2(x+1)$$
$$=\boldsymbol{(x+1)(x^2+xy-y)}$$

練習20 次の式を因数分解せよ。

(1) $x^2+xz-yz-y^2$

(2) $x^2-2xy+4y-4$

(3) a^3+a^2b-b-1

(4) $2x^2+6xy+x-3y-1$

どの文字についても次数が同じ式のときは，どれか1つの文字に着目して整理するとよい。

例題 8　次の式を因数分解せよ。

(1)　$x^2 + (y+2)x - (y+1)(2y+3)$

(2)　$2x^2 + 5xy + 2y^2 + x - y - 1$

解　(1)　$x^2 + (y+2)x - (y+1)(2y+3)$

　　$= \{x - (y+1)\}\{x + (2y+3)\}$

　　$= (\boldsymbol{x-y-1})(\boldsymbol{x+2y+3})$

$$
\begin{array}{c|c|c}
1 & -(y+1) & \longrightarrow -y-1 \\
1 & 2y+3 & \longrightarrow 2y+3 \\
\hline
1 & -(y+1)(2y+3) & y+2
\end{array}
$$

　　(2)　$2x^2 + 5xy + 2y^2 + x - y - 1$　　←x に着目

　　$= 2x^2 + (5y+1)x + 2y^2 - y - 1$

　　$= 2x^2 + (5y+1)x + (2y+1)(y-1)$

　　$= (\boldsymbol{x+2y+1})(\boldsymbol{2x+y-1})$

$$
\begin{array}{c|c|c}
1 & 2y+1 & \longrightarrow 4y+2 \\
2 & y-1 & \longrightarrow y-1 \\
\hline
2 & (2y+1)(y-1) & 5y+1
\end{array}
$$

練習21　次の式を因数分解せよ。

(1)　$x^2 + (2y+1)x + y(y+1)$　　　(2)　$3x^2 + 5xy + 2y^2 - 2x - y - 1$

例題 9　$a^2(b-c) + b^2(c-a) + c^2(a-b)$ を因数分解せよ。

解　$a^2(b-c) + b^2(c-a) + c^2(a-b)$

　$= (b-c)a^2 + (c^2-b^2)a + b^2c - bc^2$　　←a に着目

　$= (b-c)a^2 - (b^2-c^2)a + bc(b-c)$

　$= (b-c)a^2 - (b+c)(b-c)a + bc(b-c)$　　←$(b-c)$ が共通因数

　$= (b-c)\{a^2 - (b+c)a + bc\}$

　$= (b-c)(a-b)(a-c) = -(\boldsymbol{a-b})(\boldsymbol{b-c})(\boldsymbol{c-a})$

練習22　$a(b^2-c^2) + b(c^2-a^2) + c(a^2-b^2)$ を因数分解せよ。

$x^2 = X$ とおくと $aX^2 + bX + c$ となる整式を複2次式という。複2次式の中には，次のように平方の差の形に変形して因数分解できるものもある。

> **例題 10**　$x^4 + x^2 + 1$ を因数分解せよ。
>
> **解**　$x^4 + x^2 + 1 = (x^4 + 2x^2 + 1) - x^2$
> $= (x^2 + 1)^2 - x^2$　　←——平方の差
> $= (x^2 + 1 + x)(x^2 + 1 - x) = \boldsymbol{(x^2 + x + 1)(x^2 - x + 1)}$

練習23　次の式を因数分解せよ。

(1)　$x^4 + 2x^2 + 9$

(2)　$4x^4 + y^4$

◀ 節|末|問|題 ▶

1. 次の式を計算せよ。

(1)　$x^3yz \times (-2xy^2z^3)^2$

(2)　$5ab^2 \times (-0.1ab) \times (-2ab)$

2. 次の式を展開せよ。

(1)　$(a - b + 2c)^2$

(2)　$(2a - 3b)^3$

(3)　$(a^2 + b^2)(a - b)(a + b)$

(4)　$(x^2 - x - 1)(x^2 + x + 1)$

(5)　$(a + 2b - c)(a - 2b - c)$

(6)　$(x - 3)(x - 2)(x + 2)(x + 3)$

3. 次の式を因数分解せよ。

(1)　$3(x + 2)^2 - 7(x + 2) - 6$

(2)　$(a + 2b)(a + 2b - 1) - 6$

(3)　$(x^2 - x)^2 - 6(x^2 - x)$

(4)　$y^4z^3 - 64x^3y$

(5)　$x^4 - ax^2 + a - 1$

(6)　$x^2y^2 - x^2 - y^2 + 1$

4. 次の式を因数分解せよ。

(1)　$x^2 + 2x - y^2 - 4y - 3$

(2)　$2x^2 + xy - 6y^2 - x + 19y - 15$

(3)　$bc(b - c) + ca(c - a) + ab(a - b)$

(4)　$x^4 + x^2y^2 + y^4$

◆ 2 ◆ 整式の除法と分数式

1 ▶ 整式の除法

1 整式の除法

$142 \div 6$ を計算すると，**商** が 23 で，**余り** が 4 であり

$$142 = 6 \times 23 + 4$$

> (割られる数) = (割る数) × (商) + (余り)

が成り立つ。

$$
\begin{array}{r}
23 \\
6\,)\overline{142} \\
\underline{12} \quad \cdots\cdots\ 6 \times 2 \\
22 \\
\underline{18} \quad \cdots\cdots\ 6 \times 3 \\
4
\end{array}
$$

整数の除法と同様にして，整式でも割り算を考えることができる。

$A = x^3 - 9x + 8,\ B = x^2 - 3x + 2$ のとき，$A \div B$ の計算は次のように行う。

$$
\begin{array}{r}
x + 3 \\
x^2 - 3x + 2\,)\overline{x^3 \qquad - 9x + 8} \\
\underline{x^3 - 3x^2 + 2x} \quad \cdots\cdots\ (x^2 - 3x + 2) \times x \\
3x^2 - 11x + 8 \\
\underline{3x^2 - 9x + 6} \quad \cdots\cdots\ (x^2 - 3x + 2) \times 3 \\
- 2x + 2
\end{array}
$$

最後の行の $-2x + 2$ は，割る式 $x^2 - 3x + 2$ よりも次数が低くなったので，整式の範囲でこれ以上割ることはできない。

このとき，整数の除法と同様に A を B で割ったときの **商** は $x + 3$，**余り** は $-2x + 2$ であるという。そして，次の等式が成り立つ。

$$A = B \times (x + 3) - 2x + 2$$

> (割られる式) = (割る式) × (商) + (余り)

➡ **整式の除法の商と余りの関係**

> 整式 A を 0 でない整式 B で割ったときの商を Q，余りを R とすると
>
> $$\boldsymbol{A = BQ + R} \qquad ただし，(R の次数) < (B の次数)$$
>
> が成り立つ。とくに，$R = 0$ となるとき，A は B で **割り切れる** という。

練習**1** 次の計算をして，商と余りを求めよ。

(1)　$(3x^2 - 7x + 1) \div (x - 1)$ 　　　(2)　$(2x^3 - 6x + 4) \div (x + 2)$

(3)　$(4x^3 - 9x^2 + 7x) \div (x^2 - 2x + 3)$ 　　　(4)　$(x^3 - 3x^2 - 6) \div (x^2 - 1)$

例題 1　整式 $x^3 - x^2 + 3x + 2$ を整式 B で割ると，商が $x+1$，余りが $2x-1$ であるとき，整式 B を求めよ。

解　$x^3 - x^2 + 3x + 2 = B(x+1) + 2x - 1$

と表せるから

$$B(x+1) = x^3 - x^2 + x + 3$$

よって

$$B = (x^3 - x^2 + x + 3) \div (x+1)$$

右の計算より　$B = \boldsymbol{x^2 - 2x + 3}$

$$
\begin{array}{r}
x^2 - 2x + 3 \\
x+1\,\overline{)\,x^3 - x^2 + x + 3} \\
\underline{x^3 + x^2} \\
-2x^2 + x \\
\underline{-2x^2 - 2x} \\
3x + 3 \\
\underline{3x + 3} \\
0
\end{array}
$$

練習2　整式 $3x^3 - 4x^2 - 6x + 7$ を整式 B で割ると，商が $3x-1$，余りが $-x+5$ であるとき，整式 B を求めよ。

　2 種類以上の文字を含む整式についても，その中の 1 つの文字に着目して，割り算を行うことができる。

例題 2　$A = x^3 - 2ax^2 + 5a^3$，$B = x+a$ を x についての整式とみて，A を B で割ったときの商と余りを求めよ。

解　$A = x^3 - 2ax^2 + 5a^3$　　$B = x+a$

$$
\begin{array}{r}
x^2 - 3ax + 3a^2 \\
x+a\,\overline{)\,x^3 - 2ax^2 \qquad + 5a^3} \\
\underline{x^3 + ax^2} \\
-3ax^2 \\
\underline{-3ax^2 - 3a^2x} \\
3a^2x + 5a^3 \\
\underline{3a^2x + 3a^3} \\
2a^3
\end{array}
$$

←—同類項を縦にそろえるために，項がないときはスペースをつくる

商　$x^2 - 3ax + 3a^2$

余り　$2a^3$

練習3　$A = x^3 - 7a^2x + 6a^3$，$B = x - 2a$ を x についての整式とみて，A を B で割ったときの商と余りを求めよ。

2　整式の約数・倍数

整式 A が整式 B で割り切れるとき，すなわち，Q を整式として $A = BQ$ と表せるとき，**A は B の倍数，B は A の約数** であるという。

いくつかの整式に共通な約数を，それらの **公約数**，その中で次数の最も高いものを **最大公約数** といい，共通な倍数を **公倍数**，その中で次数の最も低いものを **最小公倍数** という。

公約数が定数だけである整式 A，B は，**互いに素** であるという。

例1 $2a^2bc^3$ と $4a^3b^2c$ の最大公約数と最小公倍数は，

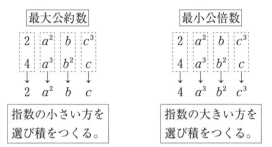

よって，最大公約数は $2a^2bc$，最小公倍数は $4a^3b^2c^3$ である。

練習4　次の式の最大公約数と最小公倍数を求めよ。

(1) $3xy^2z,\ 6x^2yz^3$ 　　　　(2) $a^2c,\ abc^2,\ ab^2c^3$

例題 3　整式 x^2+x-2 と x^2-x-6 の最大公約数と最小公倍数を求めよ。

解　$x^2+x-2 = (x+2)(x-1)$

$x^2-x-6 = (x+2)(x-3)$

と因数分解できるから

最大公約数は　$\boldsymbol{x+2}$ ←─ 最大公約数は2式の共通因数である $x+2$

最小公倍数は　$\boldsymbol{(x+2)(x-1)(x-3)}$ ←─ 最小公倍数は $x+2$ と残りの因数 $x-1$，$x-3$ の積

練習5　次の2つの整式 A，B の最大公約数と最小公倍数を求めよ。

(1) $A = x^2-3x,\ B = x^2-9$ 　　(2) $A = x^2+x+1,\ B = x^3-1$

2 分数式

1 分数式

2つの整式 A, B を用いて $\dfrac{A}{B}$ $(B \neq 0)$ の形で表され，B に文字を含む式を **分数式** という。このとき，A をその **分子**，B をその **分母** という。

たとえば，$\dfrac{2}{x}$ や $\dfrac{3x+1}{x^2-2}$ は分数式である。一方，$\dfrac{x-3}{2}$ は分数を係数とする整式 $\dfrac{1}{2}x - \dfrac{3}{2}$ であり，分数式ではない。

整式と分数式を合わせて **有理式** という。

分数式では分数と同じように，次の性質が成り立つ。

> **分数式の基本性質**
> $$\frac{A}{B} = \frac{A \times C}{B \times C}, \qquad \frac{A}{B} = \frac{A \div C}{B \div C} \qquad (\text{ただし，} C \neq 0)$$

分数式の分母と分子に共通な因数があるとき，その共通な因数で分母と分子を割ることを **約分** という。また，分母と分子に共通な因数がない分数式を **既約分数式** という。

例2 (1) $\dfrac{9a^2b^3}{6a^3b} = \dfrac{3b^2}{2a}$

$\dfrac{3b^2}{2a}$, $\dfrac{x^2-x+1}{x-3}$ は既約分数式

(2) $\dfrac{x^3+1}{x^2-2x-3} = \dfrac{(x+1)(x^2-x+1)}{(x+1)(x-3)}$
$= \dfrac{x^2-x+1}{x-3}$

練習6 次の分数式を約分せよ。

(1) $\dfrac{10a^2b}{15a^3b^2}$

(2) $\dfrac{x^2-1}{x^2-x-2}$

(3) $\dfrac{2x^2+7x-4}{x^2+2x-8}$

(4) $\dfrac{x^2-2x+1}{x^3-1}$

◀ **2** ▶ **乗法・除法** ─────────────────────────

分数式の計算は，分数の計算と同じように行われる。分数式の乗法と除法は次のようにして行う。

➡ **分数式の乗法・除法**

$$\frac{A}{B} \times \frac{C}{D} = \frac{AC}{BD}, \quad \frac{A}{B} \div \frac{C}{D} = \frac{A}{B} \times \frac{D}{C} = \frac{AD}{BC}$$

例3 (1) $\dfrac{x-2}{x+1} \times \dfrac{x^2+x}{x^2-3x+2} = \dfrac{x-2}{x+1} \times \dfrac{x(x+1)}{(x-1)(x-2)}$

$$= \frac{x}{x-1}$$

(2) $\dfrac{x+3}{x^2-4} \div \dfrac{x^2+5x+6}{x^2-4x+4} = \dfrac{x+3}{x^2-4} \times \dfrac{x^2-4x+4}{x^2+5x+6}$

$$= \frac{x+3}{(x+2)(x-2)} \times \frac{(x-2)^2}{(x+2)(x+3)}$$

$$= \frac{x-2}{(x+2)^2}$$

練習7 次の計算をせよ。

(1) $(x-3) \times \dfrac{3x}{x^2-6x+9}$

(2) $\dfrac{x^2-16}{x^2+1} \times \dfrac{2x^2+2}{x^2-x-12}$

(3) $(x^2-1) \div \dfrac{x+1}{x-1}$

(4) $\dfrac{x^2+4x+4}{x^2-2x} \div \dfrac{x^2+6x+8}{x^2+4x}$

◀ **3** ▶ **加法・減法** ─────────────────────────

分母が共通な分数式の加法と減法は次のようにして行う。

➡ **分数式の加法・減法**

$$\frac{A}{C} + \frac{B}{C} = \frac{A+B}{C}, \quad \frac{A}{C} - \frac{B}{C} = \frac{A-B}{C}$$

例4 $\dfrac{x}{x^2-1} + \dfrac{1}{x^2-1} = \dfrac{x+1}{x^2-1} = \dfrac{x+1}{(x+1)(x-1)} = \dfrac{1}{x-1}$

練習8 次の計算をせよ。

(1) $\dfrac{x-3}{x^2-4} + \dfrac{1}{x^2-4}$

(2) $\dfrac{x^2}{x-5} - \dfrac{5x}{x-5}$

(3) $\dfrac{x^2}{x^2-9} - \dfrac{6x+9}{9-x^2}$

4 　通分

　分母が異なる分数式の加法や減法は，それぞれの分数式の分母と分子に適当な整式を掛けて，分母が同じ分数式に直してから計算する。2 つ以上の分数式の分母を同じ整式にすることを **通分** という。

　通分は，各分母の最小公倍数にするのが一般的である。

例 5　$\dfrac{1}{x-1} - \dfrac{1}{x+1} = \dfrac{x+1}{(x-1)(x+1)} - \dfrac{x-1}{(x-1)(x+1)}$

$\qquad\qquad\qquad\quad = \dfrac{(x+1)-(x-1)}{(x-1)(x+1)} = \dfrac{2}{(x-1)(x+1)}$

練習 9　次の計算をせよ。

(1)　$\dfrac{2}{x+2} + \dfrac{1}{x-1}$ 　　　(2)　$\dfrac{1}{x} - \dfrac{1-2x}{x^2}$ 　　　(3)　$x - \dfrac{2}{x-3}$

例題 4　$\dfrac{5}{x^2+x-6} - \dfrac{3}{x^2-x-2}$ を計算せよ。

解　$\dfrac{5}{x^2+x-6} - \dfrac{3}{x^2-x-2}$

$\quad = \dfrac{5}{(x-2)(x+3)} - \dfrac{3}{(x-2)(x+1)}$ 　←分母を因数分解する

$\quad = \dfrac{5(x+1)}{(x-2)(x+1)(x+3)} - \dfrac{3(x+3)}{(x-2)(x+1)(x+3)}$ 　←通分する

$\quad = \dfrac{5(x+1)-3(x+3)}{(x-2)(x+1)(x+3)}$

$\quad = \dfrac{2x-4}{(x-2)(x+1)(x+3)}$ 　←分子を計算する

$\quad = \dfrac{2(x-2)}{(x-2)(x+1)(x+3)} = \dfrac{\boldsymbol{2}}{\boldsymbol{(x+1)(x+3)}}$ 　←約分できるときは約分する

練習 10　次の計算をせよ。

(1)　$\dfrac{x-3}{x^2-x} + \dfrac{4}{x^2-1}$ 　　　　　(2)　$\dfrac{x+1}{x^2-3x} - \dfrac{x-1}{x^2+3x}$

(3)　$\dfrac{1}{x+1} + \dfrac{3x}{x^3+1}$ 　　　　　(4)　$\dfrac{x+5}{x^2+x-2} - \dfrac{x-3}{x^2-3x+2}$

分母や分子に分数式を含む式を **繁分数式** という。

例題 5 次の分数式を簡単にせよ。

(1) $\dfrac{\dfrac{c}{a^2}}{\dfrac{b}{a}}$

(2) $\dfrac{\dfrac{1}{x}}{1+\dfrac{1}{x}}$

(3) $\dfrac{x-\dfrac{2}{x+1}}{x+2-\dfrac{6}{x+1}}$

解

(1) $\dfrac{\dfrac{c}{a^2}}{\dfrac{b}{a}} = \dfrac{\dfrac{c}{a^2} \times a^2}{\dfrac{b}{a} \times a^2} = \dfrac{c}{ab}$

(別解) $\dfrac{\dfrac{c}{a^2}}{\dfrac{b}{a}} = \dfrac{c}{a^2} \div \dfrac{b}{a} = \dfrac{c}{a^2} \times \dfrac{a}{b} = \dfrac{c}{ab}$

(2) $\dfrac{\dfrac{1}{x}}{1+\dfrac{1}{x}} = \dfrac{\dfrac{1}{x} \times x}{\left(1+\dfrac{1}{x}\right) \times x} = \dfrac{1}{x+1}$

(別解) $\dfrac{\dfrac{1}{x}}{1+\dfrac{1}{x}} = \dfrac{\dfrac{1}{x}}{\dfrac{x+1}{x}} = \dfrac{1}{x} \times \dfrac{x}{x+1} = \dfrac{1}{x+1}$

(3) $\dfrac{x-\dfrac{2}{x+1}}{x+2-\dfrac{6}{x+1}} = \dfrac{\left(x-\dfrac{2}{x+1}\right) \times (x+1)}{\left(x+2-\dfrac{6}{x+1}\right) \times (x+1)}$

$= \dfrac{x(x+1)-2}{(x+2)(x+1)-6} = \dfrac{x^2+x-2}{x^2+3x-4}$

$= \dfrac{(x-1)(x+2)}{(x-1)(x+4)} = \dfrac{x+2}{x+4}$

練習11 次の分数式を簡単にせよ。

(1) $\dfrac{x-\dfrac{1}{x}}{1+\dfrac{1}{x}}$

(2) $\dfrac{1-\dfrac{x-1}{x+1}}{1+\dfrac{x-1}{x+1}}$

(3) $\dfrac{1}{1-\dfrac{1}{1-\dfrac{1}{x}}}$

分数式 $\dfrac{A}{B}$ は，A の次数が B の次数より高いか等しいとき，A を B で割った

ときの商 Q と余り R を用いて，20ページの除法の等式 $A = BQ + R$ より

$$\frac{A}{B} = Q + \frac{R}{B}$$

と表すことができる。

例6 右の割り算より

$$\frac{6x^2 - x + 4}{3x + 1} = 2x - 1 + \frac{5}{3x + 1}$$

と表せる。

$$
\begin{array}{r}
2x - 1 \\
3x+1 \overline{)\, 6x^2 - x + 4} \\
6x^2 + 2x \\
\hline
-3x + 4 \\
-3x - 1 \\
\hline
5
\end{array}
$$

練習12 次の分数式を例6のように表せ。

(1) $\dfrac{3x + 1}{x - 2}$ (2) $\dfrac{x^2 - 8}{x + 3}$ (3) $\dfrac{x^3 - 4x^2 + x - 5}{x^2 + 1}$

◀ 節|末|問|題 ▶

1. 次の条件を満たす整式 A, B, P を求めよ。

(1) 整式 A を $3x - 1$ で割ると，商が $x^2 + 2x - 1$ で，余りが -4 である。

(2) 整式 $2x^3 - 3x^2 - 6x + 7$ を整式 B で割ると，商が $2x + 3$，余りが $-x + 1$ である。

(3) ある整式 P は $x + 1$ で割ると商が Q で余りが 4 であり，商 Q を $x + 1$ で割ると商が $x - 2$，余りが 3 である。この整式 P を求めよ。

2. 2つの整式 $x^3 + x^2 - x + a$ と $2x^3 - 3x^2 + 3x - b$ の最大公約数は $x^2 - x + 1$ である。このとき，定数 a, b の値と最小公倍数を求めよ。

3. 次の計算をせよ。

(1) $\dfrac{1}{x - a} + \dfrac{x}{a(a - x)}$ (2) $\dfrac{1}{a + 2b} - \dfrac{4b}{4b^2 - a^2}$

(3) $\dfrac{1}{x - 2} - \dfrac{1}{x + 2} - \dfrac{4}{x^2 + 4}$ (4) $\left(\dfrac{x + 1}{x} - \dfrac{x}{x + 1} \right) \div \left(2 + \dfrac{1}{x} \right)$

(5) $\dfrac{x^2 + x + 1}{x^2 + x} \times \dfrac{x^2 + 2x + 1}{x^3 - 1} \div \dfrac{x + 1}{2x - 2}$

◆ 3 ◆ 数

1 ▶ 実数

1 ▶ 有理数

ものの個数を数えたり，順番を表すのに用いる **自然数** 1, 2, 3, 4, …… に 0
と −1, −2, −3, …… とを合わせた数が **整数** である。

整数 m と 0 でない整数 n とによって，$\dfrac{m}{n}$ のよう
に分数の形に表すことができる数を **有理数** という。
$\dfrac{m}{1} = m$ であるから，整数は有理数に含まれる。

有理数を小数で表すと次のようになる。

```
                                      ┌─ 有理数
   2/3, 1/2, -3/4, ...
                               ┌─ 整数
    0, -1, -2,  ...
                        ┌─ 自然数
      1, 2, 3, ...
```

例1 (1) $\dfrac{1}{4} = 0.25$, $\quad \dfrac{753}{500} = 1.506$

(2) $\dfrac{1}{3} = 0.33333\cdots\cdots$, $\quad \dfrac{41}{333} = 0.123123\cdots\cdots$

例 1 で，

   (1)のように，小数第何位かで終わる小数を **有限小数**,

   (2)のように，小数部分が無限に続く小数を **無限小数**

という。

無限小数のうち，小数部分にいくつかの数字の並びがくり返し限りなく現れる
ものを **循環小数** という。循環小数は次のように表す。

$$\dfrac{1}{3} = 0.33333\cdots\cdots = 0.\dot{3}, \quad \dfrac{41}{333} = 0.123123\cdots\cdots = 0.\dot{1}2\dot{3}$$

練習1 $\dfrac{22}{7}$ を小数で表せ。

有限小数は，たとえば $1.36 = \dfrac{136}{100} = \dfrac{34}{25}$ のように，分数の形で表すことがで
きる。また，循環小数も分数の形で表せることが知られている。したがって，有
限小数と循環小数は有理数である。

2 実数

辺の長さが 1 である正方形の対角線の長さ $\sqrt{2}$ や円周率 π は

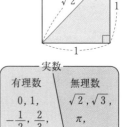

$$\sqrt{2} = 1.41421356\cdots\cdots, \qquad \pi = 3.14159265\cdots\cdots$$

であり，循環しない無限小数である。循環しない無限小数は，分数の形では表せないことが知られている。このように，分数の形で表せない数を **無理数** という。

有理数と無理数を合わせて **実数** という。

➡ **実数の分類**

$$\text{実数}\begin{cases}\text{有理数}\begin{cases}\text{整数}\begin{cases}\text{正の整数（自然数）}\\0\\\text{負の整数}\end{cases}\\\text{整数でない有理数}\begin{cases}\text{有限小数}\\\text{循環小数}\end{cases}\end{cases}\\\text{無理数（循環しない無限小数）}\end{cases}$$

3 数直線

直線上に点 O と正の向き，負の向きを定める。O から正の向きに別の点 E を定め，O には実数 0，E には実数 1 を対応させる。

そして，O から正の方向に OE の距離の a 倍離れた点 A には正の実数 a，負の方向に a 倍離れた点 A′ には負の実数 $-a$ を対応させる。

このようにすると，直線上のそれぞれの点に，1つずつ実数が対応し，逆に，どんな実数も直線上でその実数に対応する点がある。

このような直線を **数直線** といい，点 O を **原点** という。

また，数直線上の点 P に対応する実数が x のとき，x を点 P の **座標** といい，座標が x である点 P を $\mathrm{P}(x)$ で表す。

◀ **4** ▶ **絶対値** ─────────────────────────

数直線上の 2 点 A(a) と原点 O との距離
OA を実数 a の **絶対値** といい，記号 $|a|$ で
表す。

$a > 0$ ─────── O⁀$|a|$⁀A ───▶
            　　　　　0　　　a

$a < 0$ ─── A⁀$|a|$⁀O ──────▶
            a　　　0

例2 点 A(2) と点 B(-5) について

$$|2| = OA = 2$$
$$|-5| = OB = 5$$

B⁀⋯⋯$|-5|$⋯⋯⁀O $|2|$⁀A
-5　　　　　　0　　　2

絶対値について，次のことが成り立つ。

▶ **絶対値** ┌─────────────────────────────────┐

$a \geqq 0$ のとき $|a| = a$ 　　すなわち 　$|a| = \begin{cases} a & (a \geqq 0) \\ -a & (a < 0) \end{cases}$

$a < 0$ のとき $|a| = -a$

例3 (1) $|-3| = -(-3) = 3$

(2) $|1 - \sqrt{2}\,|$ は，$1 - \sqrt{2} < 0$ であるから

$$|1 - \sqrt{2}\,| = -(1 - \sqrt{2}\,) = \sqrt{2} - 1$$

(3) $|0| = 0$

練習2 次の値を求めよ。

(1) $\left|-\dfrac{1}{2}\right|$ 　　(2) $|5 - 7|$ 　　(3) $|2 - \sqrt{3}\,|$ 　　(4) $|3 - \pi|$

練習3 x が次の数であるとき $|x - 1| + |x - 4|$ の値を求めよ。

(1) $x = 0$ 　　(2) $x = 1$ 　　(3) $x = 2$ 　　(4) $x = \pi$

数直線上の 2 点 A(a)，B(b) の距離 AB は

$a < b$ のとき，AB $= b - a$

$a > b$ のとき，AB $= a - b = -(b - a)$

であるから，AB $= |b - a|$ と表せる。

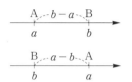

練習4 次の数直線上の 2 点 A(a)，B(b) の距離 AB を求めよ。

(1) A(-3)，B(2) 　　　　　(2) A(-2)，B(-5)

2 平方根の計算

1 平方根

2乗するとaになる数をaの **平方根** という。
実数aの平方根について

(i) $a > 0$ のとき，aの平方根は正と負の2つが
あり，

   正の方を $\sqrt{a}$，負の方を $-\sqrt{a}$

で表す。

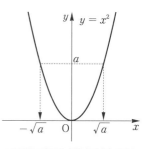

$(\sqrt{a})^2 = a, \quad (-\sqrt{a})^2 = a$

(ii) $a = 0$ のとき，aの平方根は0だけであり，

   $$\sqrt{0} = 0$$

とする。

(iii) $a < 0$ のとき，aの平方根は実数の範囲では存在しない。

例4 (1) 3の平方根は $\sqrt{3}$ と $-\sqrt{3}$

   (2) 9の平方根は $\sqrt{9}$ と $-\sqrt{9}$，すなわち 3と-3

記号 $\sqrt{}$ を **根号** といい，$\sqrt{a}$ をルートaと読む。
実数aについて $\sqrt{a^2}$ を考えてみよう。

   $a = 5$ のとき，$\sqrt{5^2} = \sqrt{25} = 5$

   $a = -5$ のとき，$\sqrt{(-5)^2} = \sqrt{25} = 5 = -(-5)$

一般に，次のことが成り立つ。

⇒根号

$a \geqq 0$ のとき $\sqrt{a^2} = a$
$a < 0$ のとき $\sqrt{a^2} = -a$ すなわち $\sqrt{a^2} = |a|$

例5 (1) $\sqrt{6^2} = |6| = 6$ (2) $\sqrt{(-3)^2} = |-3| = 3$

練習5 次の式を簡単にせよ。

   (1) $\sqrt{7^2}$ (2) $\sqrt{(-7)^2}$ (3) $\sqrt{(1-\sqrt{3})^2}$

◀ **2** ▶ 　平方根の計算 ────────────────────────

╺▶ **平方根の計算** ┌──────────────────────────────
$a > 0,\ b > 0$　のとき

[1]　$\sqrt{a}\sqrt{b} = \sqrt{ab}$　　　　　[2]　$\dfrac{\sqrt{a}}{\sqrt{b}} = \sqrt{\dfrac{a}{b}}$
──

[証明]　[1]　$(\sqrt{a}\sqrt{b})^2 = (\sqrt{a})^2(\sqrt{b})^2 = ab$

かつ $\sqrt{a} > 0,\ \sqrt{b} > 0$ であるから　$\sqrt{a}\sqrt{b} > 0$

したがって，$\sqrt{a}\sqrt{b}$ は ab の正の平方根である。　　　　　　[終]

[2]　$\left(\dfrac{\sqrt{a}}{\sqrt{b}}\right)^2 = \dfrac{a}{b}$，かつ $\dfrac{\sqrt{a}}{\sqrt{b}} > 0$ であるから　$\dfrac{\sqrt{a}}{\sqrt{b}} = \sqrt{\dfrac{a}{b}}$　　[終]

例 6 (1)　$\sqrt{18} = \sqrt{3^2 \times 2} = \sqrt{3^2} \times \sqrt{2} = 3\sqrt{2}$

(2)　$\sqrt{\dfrac{27}{64}} = \dfrac{\sqrt{27}}{\sqrt{64}} = \dfrac{\sqrt{3^2 \times 3}}{\sqrt{8^2}} = \dfrac{3\sqrt{3}}{8}$

・**平方根の性質**
$a > 0,\ k > 0$ のとき
$\sqrt{k^2 a} = k\sqrt{a}$

練習 6　次の値を簡単に表せ。

(1)　$\sqrt{28}$　　　　　　(2)　$\sqrt{1000}$　　　　　(3)　$\sqrt{\dfrac{24}{25}}$

例 7 (1)　$\sqrt{50} + \sqrt{8} - \sqrt{72} = \sqrt{5^2 \times 2} + \sqrt{2^2 \times 2} - \sqrt{6^2 \times 2}$

$= 5\sqrt{2} + 2\sqrt{2} - 6\sqrt{2} = \sqrt{2}$

(2)　$\sqrt{2}\,(\sqrt{12} - \sqrt{32}) = \sqrt{2}\,(\sqrt{2^2 \times 3} - \sqrt{4^2 \times 2})$

$= \sqrt{2}\,(2\sqrt{3} - 4\sqrt{2}) = 2\sqrt{6} - 8$

練習 7　次の式を計算せよ。

(1)　$\sqrt{54} - \sqrt{24} + \sqrt{6}$　　　　　(2)　$\sqrt{27} + \sqrt{\dfrac{3}{4}}$

(3)　$(5 + 2\sqrt{2})(2 - 3\sqrt{2})$　　　　(4)　$(\sqrt{5} + \sqrt{3})(\sqrt{20} - \sqrt{12})$

(5)　$(\sqrt{2} + 2\sqrt{3})^2$　　　　　　(6)　$(2\sqrt{2} - \sqrt{3})^3$

3 分母の有理化

分母に根号を含む式を，分母に根号を含まない式に変形することを **分母の有理化** という。

例8 $\dfrac{\sqrt{2}}{\sqrt{5}} = \dfrac{\sqrt{2} \times \sqrt{5}}{\sqrt{5} \times \sqrt{5}} = \dfrac{\sqrt{10}}{5}$ $\qquad\qquad (\sqrt{a})^2 = a$

$(a+b)(a-b) = a^2 - b^2$ を利用して，分母の有理化をしてみよう。

例9 $\dfrac{\sqrt{5}}{\sqrt{5} + \sqrt{2}} = \dfrac{\sqrt{5}(\sqrt{5} - \sqrt{2})}{(\sqrt{5} + \sqrt{2})(\sqrt{5} - \sqrt{2})}$

$\qquad\qquad = \dfrac{(\sqrt{5})^2 - \sqrt{5 \times 2}}{(\sqrt{5})^2 - (\sqrt{2})^2} = \dfrac{5 - \sqrt{10}}{3}$

練習8 次の式の分母を有理化せよ。

(1) $\dfrac{1}{\sqrt{7} + \sqrt{3}}$ $\qquad$ (2) $\dfrac{\sqrt{2}}{2 - \sqrt{2}}$ $\qquad$ (3) $\dfrac{\sqrt{6} - \sqrt{5}}{\sqrt{6} + \sqrt{5}}$

例題 1 $x = \dfrac{1}{\sqrt{3} + \sqrt{2}}$, $y = \sqrt{3} + \sqrt{2}$ のとき，次の式の値を求めよ。

(1) $x + y$ $\qquad$ (2) xy $\qquad$ (3) $x^2 + y^2$

解 (1) $x = \dfrac{1}{\sqrt{3} + \sqrt{2}} = \dfrac{\sqrt{3} - \sqrt{2}}{(\sqrt{3} + \sqrt{2})(\sqrt{3} - \sqrt{2})} = \sqrt{3} - \sqrt{2}$ より

$\qquad\qquad x + y = (\sqrt{3} - \sqrt{2}) + (\sqrt{3} + \sqrt{2}) = \mathbf{2\sqrt{3}}$

(2) $xy = \left(\dfrac{1}{\sqrt{3} + \sqrt{2}}\right) \times (\sqrt{3} + \sqrt{2}) = \mathbf{1}$

(3) $x^2 + y^2 = (\sqrt{3} - \sqrt{2})^2 + (\sqrt{3} + \sqrt{2})^2$

$\qquad\qquad = (5 - 2\sqrt{6}) + (5 + 2\sqrt{6}) = \mathbf{10}$

（別解） $x^2 + y^2 = (x + y)^2 - 2xy$ と変形して $\quad\longleftarrow (x+y)^2 = x^2 + 2xy + y^2$

$\qquad\qquad = (2\sqrt{3})^2 - 2 \cdot 1 = \mathbf{10}$

練習9 $x = \dfrac{2}{\sqrt{5} - \sqrt{3}}$, $y = \dfrac{2}{\sqrt{5} + \sqrt{3}}$ のとき，次の値を求めよ。

(1) $x + y$ $\qquad$ (2) xy $\qquad$ (3) $x^2 + y^2$

3 ▶ 複素数

　実数を 2 乗すると，正または 0 になるので，負の数の平方根は実数の範囲では存在しない。ここでは，数の範囲を実数からさらに広げ，負の数の平方根を考えてみよう。

1 ▶ 複素数

　2 乗すると −1 になる新しい数を 1 つ考え，その数を文字 i で表す。すなわち

$$i^2 = -1$$

である。この i を **虚数単位** という。

　この i と 2 つの実数 a，b を用いて

$$a + bi$$

の形に表される数を **複素数** という。このとき，a を **実部**，b を **虚部** という。

$$\underset{\text{実部}}{a} + \underset{\text{虚部}}{bi}$$

　複素数 $a + bi$ について，$b = 0$ のとき，すなわち虚部が 0 である複素数 $a + 0i$ は実数 a を表すから，実数は複素数に含まれる。

　$b \neq 0$ のとき，複素数 $a + bi$ を **虚数** という。

　とくに，$a = 0$，$b \neq 0$ のとき，bi の形の虚数となり，これを **純虚数** という。

複素数 $a + bi$

実数 ($b = 0$)	虚数 ($b \neq 0$)
	純虚数 ($a = 0$)

例10 $3 + 0i$ は，実数 3 であり，$0 + 3i$ は純虚数 $3i$ である。

　i は普通の文字のように扱い，次のように書く。

$$5 + 1i = 5 + i, \quad 4 + (-2)i = 4 - 2i$$

　なお，i は imaginary unit の頭文字である。

練習10 次の複素数の実部，虚部を答えよ。

(1) $-1 + \sqrt{3}\,i$　　(2) $4 - i$　　　　(3) $5i$　　　　　　(4) -2

2 複素数の相等

2つの複素数が等しいということを，次のように定める。

> **複素数の相等**
>
> a, b, c, d が実数のとき
>
> $$a + bi = c + di \iff a = c, \ b = d$$
>
> とくに $$a + bi = 0 \iff a = 0, \ b = 0$$

注意 $\iff$ を同値記号といい，「$p \iff q$」は「$p \implies q$（p ならば q）」と「$q \implies p$（q ならば p）」がともに成り立つことを表す（245 ページ参照）。

例題 **2**　次の等式を満たす実数 a, b の値を求めよ。

$$(a + b) + (2a - b)i = 2 + 7i$$

解　a, b が実数より，$a + b$, $2a - b$ は実数であるから

$$a + b = 2 \qquad 2a - b = 7$$

これを解いて　$a = 3$, $b = -1$

$$\begin{array}{c} \overset{\longleftarrow 同じ \longrightarrow}{\bigcirc + \triangle i} = \overset{}{\bullet + \blacktriangle i} \\ \underset{\longleftarrow 同じ \longrightarrow}{} \end{array}$$

練習**11**　次の等式を満たす実数 a, b の値を求めよ。

(1) $(a + 3) + (2a + b)i = 0$ 　　　(2) $(a + 4b) + (3a - 2b)i = 9 - i$

3 複素数の計算

複素数の四則計算は，文字 i を含む式と同じように考えて計算し，i^2 が現れたら $i^2 = -1$ と置き換えて計算する。

例**11** (1) $(2 + 3i) + (1 - 2i) = (2 + 1) + (3 - 2)i = 3 + i$

(2) $(2 + 3i) - (1 - 2i) = (2 - 1) + \{3 - (-2)\}i = 1 + 5i$

(3) $(2 + 3i)(1 - 2i) = 2 - 4i + 3i - 6i^2 = 2 - i - 6 \cdot (-1)$
$$= 2 - i + 6 = 8 - i$$

練習**12**　次の計算をせよ。

(1) $(3 + i) + (1 - 4i)$ 　　(2) $(2 - i) - (5 + 2i)$ 　　(3) $(1 + 2i)(1 - 2i)$

(4) $(1 - 3i)(3 + 2i)$ 　　(5) $(1 + i)^2$ 　　(6) $(1 + i)(i^2 + i^3)$

a, b が実数のとき，複素数 $\overset{\text{アルファ}}{\alpha} = a + bi$ に対し，$a - bi$ を α の **共役複素数**
という。実数 a の共役複素数は a 自身である。

練習13 次の複素数の，共役複素数を答えよ。

(1) $1 + 3i$ (2) $5 - 4i$ (3) $\sqrt{2}\,i$ (4) -3

互いに共役な複素数 $a + bi$ と $a - bi$ の和と積は

$$(a + bi) + (a - bi) = 2a$$
$$(a + bi)(a - bi) = a^2 - b^2 i^2 = a^2 + b^2$$

となり，ともに実数となる。これを用いて複素数の除法は，分母の共役複素数を
分母と分子に掛けて，次のように計算すればよい。

例12 $\dfrac{7 - 4i}{1 - 2i} = \dfrac{(7 - 4i)(1 + 2i)}{(1 - 2i)(1 + 2i)} = \dfrac{7 + 10i - 8i^2}{1 - 4i^2}$

$$= \dfrac{15 + 10i}{5} = 3 + 2i$$

練習14 次の計算をせよ。

(1) $\dfrac{i}{2 - i}$ (2) $\dfrac{1 - i}{1 + i}$ (3) $\dfrac{2 + i}{1 + 3i}$ (4) $\dfrac{1}{i}$

一般に，複素数の四則計算は，次のようにまとめることができる。

加法 $(a + bi) + (c + di) = (a + c) + (b + d)i$

減法 $(a + bi) - (c + di) = (a - c) + (b - d)i$

乗法 $(a + bi)(c + di) = (ac - bd) + (ad + bc)i$

除法 $\dfrac{a + bi}{c + di} = \dfrac{(a + bi)(c - di)}{(c + di)(c - di)} = \dfrac{ac + bd}{c^2 + d^2} + \dfrac{bc - ad}{c^2 + d^2}i$

複素数の四則計算では，その結果はすべて複素数となる。

また，2つの複素数 $\overset{\text{アルファ}}{\alpha}$，$\overset{\text{ベータ}}{\beta}$ に対して，実数の場合と同様に次のことが成り立
つ。

$$\alpha\beta = 0 \iff \alpha = 0 \quad \text{または} \quad \beta = 0$$

なお，虚数については，大小関係や正・負などは考えない。したがって，正の
数，負の数というときには，数は実数を意味する。

◀ 4 ▶　負の数の平方根

数の範囲を複素数まで拡張して，負の数の平方根を求めてみよう。

$k > 0$ のとき

$$(\sqrt{k}\, i)^2 = ki^2 = -k, \qquad (-\sqrt{k}\, i)^2 = -k$$

となる。

$\sqrt{k}\, i$ と $-\sqrt{k}\, i$ はどちらも 2 乗すると $-k$ になるから，$-k$ の平方根といえる。逆に，$-k$ の平方根はこの 2 つ以外にはない。

一般に，負の数の平方根について，次のことが成り立つ。

> **▶ 負の数の平方根**
>
> $k > 0$ のとき，負の数 $-k$ の平方根は $\pm\sqrt{k}\, i$ である。

$k > 0$ のとき

$$\sqrt{-k} = \sqrt{k}\, i \quad とくに \quad \sqrt{-1} = i$$

と定める。このとき，$-k$ の平方根 $\pm\sqrt{k}\, i$ は $\pm\sqrt{-k}$ と表すことができる。

したがって，実数 a の平方根は a の正負にかかわらず

$$\pm\sqrt{a}$$

と表すことができる。

根号の中が負のときは，まずそれを i を用いた形にしてから計算する。

例13 (1) $\sqrt{-7} = \sqrt{7}\, i$

(2) -25 の平方根は $\pm\sqrt{-25} = \pm\sqrt{25}\, i = \pm 5i$

例14 (1) $\sqrt{-2}\,\sqrt{-3} = \sqrt{2}\, i \times \sqrt{3}\, i = \sqrt{6}\, i^2 = -\sqrt{6}$

(2) $\dfrac{\sqrt{3}}{\sqrt{-2}} = \dfrac{\sqrt{3}}{\sqrt{2}\, i} = \dfrac{\sqrt{3}\,\sqrt{2}\, i}{(\sqrt{2}\, i)^2} = \dfrac{\sqrt{6}\, i}{2i^2} = -\dfrac{\sqrt{6}}{2}\, i$

例 14 からわかるように，$a < 0$，$b < 0$ のとき $\sqrt{a}\,\sqrt{b} = \sqrt{ab}$ は成り立たず，$a < 0$，$b > 0$ のとき $\dfrac{\sqrt{b}}{\sqrt{a}} = \sqrt{\dfrac{b}{a}}$ は成り立たない。

練習15 次の計算をせよ。

(1) $\sqrt{-2}\,\sqrt{-8}$ 　(2) $\dfrac{\sqrt{-6}}{\sqrt{-27}}$ 　(3) $\dfrac{\sqrt{-3}}{\sqrt{2}}$ 　(4) $\dfrac{\sqrt{45}}{\sqrt{-5}}$

5　複素数平面

　複素数 $\alpha = a + bi$（a, b は実数）を右の図のように，座標平面上の点

$$(a,\ b)$$

に対応させると，すべての複素数は座標平面上のすべての点と 1 つずつ対応する。

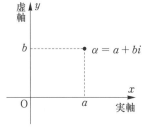

　このように，複素数 $\alpha = a + bi$ を座標平面上の点 $(a,\ b)$ に対応させたとき，この平面を **複素数平面** または **ガウス平面** という。

　この α が表す点を単に **点 α** ということもある。

　x 軸上の点 $(a,\ 0)$ は，$a + 0i = a$ すなわち実数を表し，原点以外の y 軸上の点 $(0,\ b)$ は，$0 + bi = bi$ すなわち純虚数を表すので，x 軸を **実軸**，y 軸を **虚軸** ともいう。

例15　$1 + 3i$，$-2 - i$，3，$2i$ を複素数平面上に表すと，それぞれ右の図のようになる。

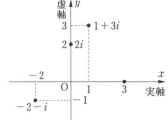

　複素数 α の共役複素数を $\overline{\alpha}$ で表すと

$$\alpha = a + bi \quad \text{のとき} \quad \overline{\alpha} = a - bi$$

であり，複素数平面上に表すと，α と $\overline{\alpha}$ は実軸に関して対称である。

例16　$\alpha = 3 + i$ とすると

$$\overline{\alpha} = \overline{3 + i} = 3 - i$$

であるから，α と $\overline{\alpha}$ は右の図のようになる。

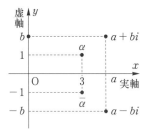

練習16　次の複素数を複素数平面上に表せ。

(1)　$-2 + 3i$　　　(2)　$3 - 4i$　　　(3)　-2

(4)　$5i$　　　(5)　$\overline{1 - 2i}$　　　(6)　$\overline{-2 + 3i}$

◀ 6 ▶　複素数の絶対値

複素数平面上の点 α に対して，原点 O と
点 α との距離を α の **絶対値** といい，$|\alpha|$ で
表す。

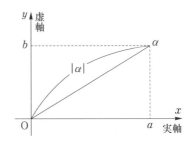

$\alpha = a + bi$ のとき，三平方の定理より

$$|\alpha| = |a + bi| = \sqrt{a^2 + b^2}$$

$b = 0$ のとき，すなわち α が実数のとき

$$|\alpha| = \sqrt{a^2} = |a|$$

となり，実数の絶対値と一致する。

例17
$$|4 + 3i| = \sqrt{4^2 + 3^2} = 5$$
$$|-2 + i| = \sqrt{(-2)^2 + 1^2} = \sqrt{5}$$
$$|-2i| = \sqrt{0^2 + (-2)^2} = 2$$
$$|-3| = 3$$

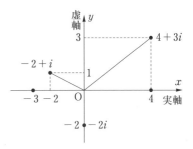

練習17　次の複素数の絶対値を求めよ。

(1)　$-3 + 4i$　　　(2)　$2 - 3i$　　　(3)　5　　　(4)　$4i$

絶対値の定義から，次のことが成り立つ。

> ➡ **複素数の絶対値の性質**
>
> [1]　$|\alpha| = |-\alpha|$　　　　[2]　$|\alpha\beta| = |\alpha||\beta|,\ \left|\dfrac{\alpha}{\beta}\right| = \dfrac{|\alpha|}{|\beta|}\ \ (\beta \neq 0)$

[証明]　[2]について，$\alpha = a + bi,\ \beta = c + di\ (a,\ b,\ c,\ d$ は実数$)$ とすると

$\alpha\beta = (a + bi)(c + di) = (ac - bd) + (ad + bc)i$ であるから

$|\alpha\beta|^2 = (ac - bd)^2 + (ad + bc)^2$

$\qquad = (a^2c^2 - 2abcd + b^2d^2) + (a^2d^2 + 2abcd + b^2c^2)$

$\qquad = a^2(c^2 + d^2) + b^2(c^2 + d^2) = (a^2 + b^2)(c^2 + d^2) = |\alpha|^2|\beta|^2$

$|\alpha\beta| \geqq 0,\ |\alpha||\beta| \geqq 0$ より $|\alpha\beta| = |\alpha||\beta|$ が成り立つ。　終

他も同様に証明できる。

例**18** $\quad |(2-3i)(3+2i)| = |2-3i||3+2i|$

$$= \sqrt{2^2+(-3)^2}\sqrt{3^2+2^2}$$

$$= \sqrt{13}\sqrt{13} = 13$$

$$\left| \frac{1+3i}{2-i} \right| = \frac{|1+3i|}{|2-i|} = \frac{\sqrt{1^2+3^2}}{\sqrt{2^2+(-1)^2}} = \frac{\sqrt{10}}{\sqrt{5}} = \sqrt{2}$$

練習**18**　次の複素数の絶対値を求めよ。

(1)　$(4+3i)(3-4i)$　　　　　　　(2)　$(1-3i)(2+\sqrt{6}\,i)$

(3)　$\dfrac{2-i}{3+i}$　　　　　　　　(4)　$\dfrac{1-\sqrt{3}\,i}{i(1+i)}$

複素数 $\alpha = a+bi$ に対して，$\overline{\alpha} = a-bi$ であるから

$$|\overline{\alpha}| = \sqrt{a^2+(-b)^2} = \sqrt{a^2+b^2} = |\alpha|$$

$$\alpha\overline{\alpha} = (a+bi)(a-bi) = a^2-b^2i^2 = a^2+b^2 = |\alpha|^2$$

したがって，次のことが成り立つ。

$$|\alpha| = |\overline{\alpha}|, \qquad \alpha\overline{\alpha} = |\alpha|^2$$

複素数 α, β と共役複素数 $\overline{\alpha}$, $\overline{\beta}$ について，次のことが成り立つ。

➡ 共役複素数の性質

　[1]　$\overline{\alpha+\beta} = \overline{\alpha}+\overline{\beta}$　　　　　　[2]　$\overline{\alpha-\beta} = \overline{\alpha}-\overline{\beta}$

　[3]　$\overline{\alpha\beta} = \overline{\alpha}\,\overline{\beta}$　　　　　　　[4]　$\overline{\left(\dfrac{\alpha}{\beta}\right)} = \dfrac{\overline{\alpha}}{\overline{\beta}}$

証明　[1]　$\alpha = a+bi$, $\beta = c+di$ とすると $\overline{\alpha} = a-bi$, $\overline{\beta} = c-di$

　　$\alpha+\beta = (a+bi)+(c+di) = (a+c)+(b+d)i$ であるから

　　$\overline{\alpha+\beta} = (a+c)-(b+d)i$

　　$\overline{\alpha}+\overline{\beta} = (a-bi)+(c-di) = (a+c)-(b+d)i$

　　よって，$\overline{\alpha+\beta} = \overline{\alpha}+\overline{\beta}$　　終

他も同様に証明できる。

練習**19**　共役複素数の性質[2]，[3]，[4]を証明せよ。

◀ ■節│末│問│題■

1. 次の式を計算せよ。

(1) $\sqrt{2} - \dfrac{\sqrt{32}}{3} + \dfrac{1}{\sqrt{8}}$　　　　(2) $(3\sqrt{5} - \sqrt{3})(\sqrt{5} - 2\sqrt{3})$

(3) $(1 + \sqrt{2} + \sqrt{3})^2$　　　　(4) $\sqrt{(1-\sqrt{5})^2} + \sqrt{(3-\sqrt{5})^2}$

(5) $\left(\dfrac{1}{\sqrt{3} + \sqrt{2}}\right)^2$　　　　(6) $\dfrac{1}{2+\sqrt{3}} - \dfrac{1}{\sqrt{5}-2}$

2. 次の式を簡単にせよ。

$$\dfrac{1}{\sqrt{1}+\sqrt{2}} + \dfrac{1}{\sqrt{2}+\sqrt{3}} + \dfrac{1}{\sqrt{3}+\sqrt{4}} + \dfrac{1}{\sqrt{4}+\sqrt{5}}$$

3. $x = \dfrac{\sqrt{5}+\sqrt{3}}{\sqrt{5}-\sqrt{3}}$, $y = \dfrac{\sqrt{5}-\sqrt{3}}{\sqrt{5}+\sqrt{3}}$ のとき，次の式の値を求めよ。

(1) $x+y$　　　　(2) xy　　　　(3) x^2+y^2

(4) x^3+y^3　　　　(5) $\dfrac{y}{x}+\dfrac{x}{y}$　　　　(6) $\dfrac{y+1}{x-1}+\dfrac{x+1}{y-1}$

4. $\sqrt{5}$ の整数部分を a，小数部分を b とするとき，次の値を求めよ。

(1) a　　　　(2) b　　　　(3) $a-\dfrac{1}{b}$

5. x の値が次のそれぞれの範囲であるとき，$|x|+|x-4|$ を簡単にせよ。

(1) $x<0$　　　　(2) $0 \le x < 4$　　　　(3) $4 \le x$

6. 次の等式を満たす実数 x, y を求めよ。

(1) $(2+i)(x+yi) = -5+5i$　　　　(2) $\dfrac{x+7i}{1+yi} = 4-i$

7. 次の計算をせよ。

(1) $(\sqrt{-5}+\sqrt{2})(\sqrt{-8}-\sqrt{5})$　(2) $(1-i)^3$　(3) $i+i^2+i^3+i^4+\dfrac{1}{i}$

(4) $5-2i+\overline{5-2i}$　　(5) $\overline{i}(2-2i)$　　(6) $(3+\sqrt{2}i)\overline{(3+\sqrt{2}i)}$

研究 二重根号
───────────────────────────

　根号の中にもう1つの根号を含んだ形の式を **二重根号** という。ここでは，$\sqrt{5+2\sqrt{6}}$ を簡単な形にすることを考えてみよう。

$$(\sqrt{3}+\sqrt{2})^2 = 3+2\sqrt{3}\sqrt{2}+2 = 5+2\sqrt{6}$$

であるから，$\sqrt{3}+\sqrt{2}$ は $5+2\sqrt{6}$ の正の平方根である。

　よって

$$\sqrt{5+2\sqrt{6}} = \sqrt{3}+\sqrt{2}$$

と変形することができる。

　このように変形することを **二重根号をはずす** という。

　一般に，$a>0$，$b>0$ のとき

$$(\sqrt{a}+\sqrt{b})^2 = (a+b)+2\sqrt{ab}, \quad (\sqrt{a}-\sqrt{b})^2 = (a+b)-2\sqrt{ab}$$

であり，

　　　　$a>b>0$ のとき $\sqrt{a}-\sqrt{b}>0$

であるから，次のことが成り立つ。

➡ **二重根号**
┌─────────────────────────────────────┐
　　$a>0$，$b>0$ のとき　　$\sqrt{a+b+2\sqrt{ab}} = \sqrt{a}+\sqrt{b}$

　　$a>b>0$ のとき　　$\sqrt{a+b-2\sqrt{ab}} = \sqrt{a}-\sqrt{b}$
└─────────────────────────────────────┘

例 (1) $\sqrt{7+2\sqrt{10}} = \sqrt{5+2+2\sqrt{5\cdot2}} = \sqrt{5}+\sqrt{2}$

　　(2) $\sqrt{7-\sqrt{48}} = \sqrt{7-2\sqrt{12}} = \sqrt{4+3-2\sqrt{4\cdot3}}$

　　　　　$= \sqrt{4}-\sqrt{3} = 2-\sqrt{3}$

　　(3) $\sqrt{2+\sqrt{3}} = \sqrt{\dfrac{4+2\sqrt{3}}{2}} = \sqrt{\dfrac{3+1+2\sqrt{3\cdot1}}{2}}$

　　　　　$= \dfrac{\sqrt{3}+\sqrt{1}}{\sqrt{2}} = \dfrac{\sqrt{6}+\sqrt{2}}{2}$

演習　　次の二重根号をはずせ。

　(1) $\sqrt{8+2\sqrt{15}}$ 　　　　　　(2) $\sqrt{4-\sqrt{12}}$

　(3) $\sqrt{9+4\sqrt{5}}$ 　　　　　　(4) $\sqrt{3-\sqrt{5}}$

第2章

2次関数とグラフ, 方程式・不等式

··· 1 ···

2次方程式

··· 2 ···

2次関数とグラフ

··· 3 ···

2次関数のグラフと2次方程式・2次不等式

2次式で表される関数が2次関数である。今後いろいろな関数を学ぶが, その基礎となる考え方は, 2次関数に現れている。2次関数のグラフと x 軸との共有点の x 座標は, 2次方程式の解として求まる。方程式の解を, グラフを利用して考えることは, 不等式の解の意味をとらえるときの基本でもある。

◆ 1 ◆ 2次方程式

1 ▶ 2次方程式

a, b, c を定数，$a \neq 0$ として $ax^2 + bx + c = 0$ の形で表される方程式を，x の **2次方程式** という。

x の方程式について，方程式を満たす x の値を方程式の **解** といい，方程式の解をすべて求めることを，方程式を **解く** という。

1 ▶ 平方根による解法

$x^2 = a$ を満たす x は a の平方根であるから

$$x = \pm\sqrt{a}, \quad \text{とくに } a = 0 \text{ のとき} \quad x = 0$$

である。

例1 (1) $x^2 = 2$ の解は $x = \pm\sqrt{2}$

(2) $(x+1)^2 = 2$ の解は，$x + 1 = \pm\sqrt{2}$ から $x = -1 \pm\sqrt{2}$

練習1 次の2次方程式を解け。

(1) $x^2 = 4$ 　　　　(2) $2x^2 - 10 = 0$ 　　　　(3) $x^2 = -2$

2 ▶ 因数分解による解法

2次方程式 $ax^2 + bx + c = 0$ は左辺の2次式を因数分解することで解くことができる。

例2 2次方程式 $6x^2 - x - 2 = 0$ は

左辺を因数分解すると $(2x+1)(3x-2) = 0$

ゆえに，$2x + 1 = 0$ または $3x - 2 = 0$

よって，解は $x = -\dfrac{1}{2}, \dfrac{2}{3}$

・積の性質
$AB = 0$ ならば
$A = 0$ または $B = 0$

練習2 次の2次方程式を解け。

(1) $x^2 - 5x + 6 = 0$ 　　　　(2) $2x^2 - 4x = 0$

(3) $2x^2 + 5x + 3 = 0$ 　　　　(4) $6x^2 + 7x - 3 = 0$

3 2 次方程式の解の公式

2 次方程式 $ax^2 + bx + c = 0$ の解は，次のように求められる。

$$ax^2 + bx + c = 0$$

$$x^2 + \frac{b}{a}x + \frac{c}{a} = 0 \qquad \longleftarrow \text{両辺を } a \text{ で割る（ここで，} a \neq 0 \text{である）}$$

$$x^2 + \frac{b}{a}x + \left(\frac{b}{2a}\right)^2 - \left(\frac{b}{2a}\right)^2 + \frac{c}{a} = 0 \qquad \longleftarrow \left(\frac{b}{2a}\right)^2 \text{を加えて引く}$$

$$\left(x + \frac{b}{2a}\right)^2 = \frac{b^2}{4a^2} - \frac{c}{a} \qquad \longleftarrow \text{下線部分を（ ）}^2\text{にする}$$

$$\left(x + \frac{b}{2a}\right)^2 = \frac{b^2 - 4ac}{4a^2} \qquad \longleftarrow \text{右辺を整理する}$$

$$x + \frac{b}{2a} = \pm \frac{\sqrt{b^2 - 4ac}}{2a} \qquad \longleftarrow \text{平方根を求める}$$

よって $\qquad x = \frac{-b \pm \sqrt{b^2 - 4ac}}{2a}$

これを 2 次方程式の **解の公式** という。

> **2 次方程式の解の公式**
>
> 2 次方程式 $ax^2 + bx + c = 0$ の解は
>
> $$x = \frac{-b \pm \sqrt{b^2 - 4ac}}{2a}$$

例 3 (1) $2x^2 - 5x + 1 = 0$ の解は

$$x = \frac{-(-5) \pm \sqrt{(-5)^2 - 4 \cdot 2 \cdot 1}}{2 \cdot 2} = \frac{5 \pm \sqrt{17}}{4}$$

(2) $4x^2 + 12x + 9 = 0$ の解は

$$x = \frac{-12 \pm \sqrt{12^2 - 4 \cdot 4 \cdot 9}}{2 \cdot 4} = \frac{-12 \pm 0}{8} = -\frac{3}{2}$$

(3) $5x^2 - 3x + 1 = 0$ の解は

$$x = \frac{-(-3) \pm \sqrt{(-3)^2 - 4 \cdot 5 \cdot 1}}{2 \cdot 5} = \frac{3 \pm \sqrt{9 - 20}}{10} = \frac{3 \pm \sqrt{11}\,i}{10}$$

前ページの例 3 の解について，次のことがいえる。

(1)は，$b^2 - 4ac > 0$ となり，異なる 2 つの実数解をもつ。

(2)は，$b^2 - 4ac = 0$ となり，解は $x = -\dfrac{b}{2a}$ の 1 つだけとなる。このとき，

2 つの実数の解が重なったものと考え，この解を **重解** という。

(3)は，$b^2 - 4ac < 0$ となり，根号の部分が虚数になる。すなわち方程式は異なる 2 つの **虚数解** をもつ。このとき，その 2 つの解は

$$x = \frac{-b + \sqrt{-b^2 + 4ac}\ i}{2a} \quad と \quad x = \frac{-b - \sqrt{-b^2 + 4ac}\ i}{2a}$$

となり，互いに共役複素数である。

練習**3**　次の 2 次方程式を解け。

(1) $x^2 + x - 3 = 0$ 　　　　　　(2) $3x^2 - 5x - 1 = 0$

(3) $2x^2 - 10x + \dfrac{25}{2} = 0$ 　　　(4) $-4x^2 - 5x + 6 = 0$

(5) $x^2 - x + 1 = 0$ 　　　　　　(6) $8x^2 + 4x + 3 = 0$

◀ **4** ▶ 　判別式

2 次方程式 $ax^2 + bx + c = 0$ の解は

$$x = \frac{-b \pm \sqrt{b^2 - 4ac}}{2a}$$

と表されるから，解が異なる 2 つの実数解，重解，異なる 2 つの虚数解のどれになるかは，根号内の $b^2 - 4ac$ の値がそれぞれ正，0，負になることによって判別できる。

この $b^2 - 4ac$ を 2 次方程式 $ax^2 + bx + c = 0$ の **判別式** といい，記号 D で表す。すなわち

$$D = b^2 - 4ac$$

である。

なお，D は判別式を意味する discriminant の頭文字である。

2 次方程式の解と判別式 D について，次のことが成り立つ。

> **2 次方程式の解と判別式**
>
> $$D > 0 \iff \text{異なる 2 つの実数解をもつ}$$
> $$D = 0 \iff \text{重解をもつ}$$
> $$D < 0 \iff \text{2 つの共役な虚数解をもつ}$$

例 4 (1) $2x^2 + 5x + 1 = 0$ は，$D = 5^2 - 4 \cdot 2 \cdot 1 = 17 > 0$

であるから，異なる 2 つの実数解をもつ。

(2) $4x^2 - 12x + 9 = 0$ は，$D = (-12)^2 - 4 \cdot 4 \cdot 9 = 0$

であるから，重解をもつ。

(3) $3x^2 - x + 2 = 0$ は，$D = (-1)^2 - 4 \cdot 3 \cdot 2 = -23 < 0$

であるから，2 つの共役な虚数解をもつ。

練習 4 次の 2 次方程式の解を判別せよ。

(1) $x^2 + 5x + 5 = 0$ (2) $2x^2 - 4x + 3 = 0$

(3) $-x^2 + 2\sqrt{3}\,x - 3 = 0$

例題 1

2 次方程式 $x^2 - kx + k + 3 = 0$ が重解をもつとき，定数 k の値を求めよ。また，そのときの重解を求めよ。

解 重解をもつのは，判別式 $D = 0$ のときであるから

$$D = (-k)^2 - 4 \cdot 1 \cdot (k + 3) = k^2 - 4k - 12$$
$$= (k + 2)(k - 6) = 0 \qquad \text{ゆえに} \quad \boldsymbol{k = -2, 6}$$

$k = -2$ のとき，重解は

$x^2 + 2x + 1 = 0$ から $(x + 1)^2 = 0$ よって $\boldsymbol{x = -1}$

$k = 6$ のとき，重解は

$x^2 - 6x + 9 = 0$ から $(x - 3)^2 = 0$ よって $\boldsymbol{x = 3}$

練習 5 2 次方程式 $2x^2 + 2kx - k + 4 = 0$ が重解をもつとき，定数 k の値を求めよ。また，そのときの重解を求めよ。

◀5▶ 解と係数の関係

2次方程式

$$ax^2 + bx + c = 0$$

の2つの解を α, β とすると

2つの解の和 $\alpha + \beta$ は

$$\alpha + \beta = \frac{-b + \sqrt{b^2 - 4ac}}{2a} + \frac{-b - \sqrt{b^2 - 4ac}}{2a}$$

$$= \frac{-2b}{2a} = -\frac{b}{a}$$

2つの解の積 $\alpha\beta$ は

$$\alpha\beta = \frac{-b + \sqrt{b^2 - 4ac}}{2a} \times \frac{-b - \sqrt{b^2 - 4ac}}{2a}$$

$$= \frac{(-b)^2 - (b^2 - 4ac)}{4a^2} = \frac{4ac}{4a^2} = \frac{c}{a}$$

である。

　このように，2次方程式の2つの解の和と積は，その係数を用いて表すことができる。これを2次方程式の **解と係数の関係** という。

> **➡ 2次方程式の解と係数の関係**
>
> 　2次方程式 $ax^2 + bx + c = 0$ の2つの解を α, β とすると
>
> $$\alpha + \beta = -\frac{b}{a}, \qquad \alpha\beta = \frac{c}{a}$$

例5 2次方程式 $2x^2 - 3x + 4 = 0$ の2つの解を α, β とすると

$$\alpha + \beta = -\frac{-3}{2} = \frac{3}{2}$$

$$\alpha\beta = \frac{4}{2} = 2$$

練習6 次の2次方程式の2つの解の和と積を求めよ。

(1) $x^2 + 2x + 5 = 0$ 　　　　(2) $3x^2 - 7x + 2 = 0$

(3) $6x^2 + 3x - 4 = 0$ 　　　　(4) $2x^2 + 5 = 0$

(5) $5x^2 - 2x = 0$ 　　　　(6) $-4x^2 - 6x + 1 = 0$

> **例題 2**
>
> 2 次方程式 $2x^2 + 4x + 5 = 0$ の 2 つの解を α, β とするとき，次の式の値を求めよ。
>
> (1) $\alpha^2 + \beta^2$　　　　　　　　(2) $\dfrac{1}{\alpha} + \dfrac{1}{\beta}$

> **解**
>
> 解と係数の関係から　$\alpha + \beta = -2$, $\alpha\beta = \dfrac{5}{2}$
>
> (1) $\alpha^2 + \beta^2 = (\alpha + \beta)^2 - 2\alpha\beta$
>
> $\qquad\qquad = (-2)^2 - 2 \cdot \dfrac{5}{2} = \boldsymbol{-1}$
>
> (2) $\dfrac{1}{\alpha} + \dfrac{1}{\beta} = \dfrac{\alpha + \beta}{\alpha\beta} = \dfrac{-2}{\dfrac{5}{2}} = \dfrac{-2 \times 2}{\dfrac{5}{2} \times 2} = \boldsymbol{-\dfrac{4}{5}}$

練習 7　2 次方程式 $3x^2 - 2x + 1 = 0$ の 2 つの解を α, β とするとき，次の式の値を求めよ。

(1) $(\alpha + 1)(\beta + 1)$　　　　(2) $\dfrac{\beta}{\alpha} + \dfrac{\alpha}{\beta}$　　　　(3) $\alpha^3 + \beta^3$

> **例題 3**
>
> 2 次方程式 $x^2 - 9x + k = 0$ の 1 つの解が他の解の 2 倍であるとき，定数 k の値と 2 つの解を求めよ。

> **解**
>
> 1 つの解を α と表すと，条件から，もう 1 つの解は 2α と表せる。このとき，解と係数の関係から
>
> $\qquad\qquad \alpha + 2\alpha = 9 \quad \cdots\cdots①$
>
> $\qquad\qquad \alpha \cdot 2\alpha = k \quad \cdots\cdots②$
>
> ①より　　$\alpha = 3$
>
> ②より　　$k = 2\alpha^2 = 2 \cdot 3^2 = \boldsymbol{18}$
>
> このとき，2 つの解は α と 2α だから　$\boldsymbol{x = 3,\ 6}$

練習 8　2 次方程式 $x^2 - 15x + k = 0$ について，2 つの解の比が $2:3$ であるとき，定数 k の値と 2 つの解を求めよ。

6 2次式の因数分解

2次方程式 $ax^2 + bx + c = 0$ の2つの解を α, β とするとき，α, β を用いて，2次式 $ax^2 + bx + c$ を因数分解してみよう。

解と係数の関係から $\quad \alpha + \beta = -\dfrac{b}{a}, \quad \alpha\beta = \dfrac{c}{a}$

したがって $\quad ax^2 + bx + c = a\left(x^2 + \dfrac{b}{a}x + \dfrac{c}{a}\right)$

$$= a\{x^2 - (\alpha + \beta)x + \alpha\beta\}$$

$$= a(x - \alpha)(x - \beta)$$

である。よって，次のことが成り立つ。

> ⇒ **2次式の因数分解**
>
> 2次方程式 $ax^2 + bx + c = 0$ の2つの解を α, β とすると
>
> $$ax^2 + bx + c = a(x - \alpha)(x - \beta)$$

2次方程式は複素数の範囲で解をもつから，2次式は複素数の範囲で因数分解，すなわち1次式の積の形に表すことができる。

例題 4 次の2次式を複素数の範囲で因数分解せよ。

(1) $2x^2 - 6x + 1$ (2) $x^2 - 2x + 2$

解

(1) $2x^2 - 6x + 1 = 0$ を解くと $\quad x = \dfrac{3 \pm \sqrt{7}}{2}$

よって $\quad 2x^2 - 6x + 1 = 2\left(x - \dfrac{3 + \sqrt{7}}{2}\right)\left(x - \dfrac{3 - \sqrt{7}}{2}\right)$

(2) $x^2 - 2x + 2 = 0$ を解くと $\quad x = 1 \pm i$

よって $\quad x^2 - 2x + 2 = \{x - (1 + i)\}\{x - (1 - i)\}$

$$= (x - 1 - i)(x - 1 + i)$$

練習9 次の2次式を複素数の範囲で因数分解せよ。

(1) $x^2 + 4x - 2$ (2) $x^2 - x + 1$

(3) $4x^2 + 1$ (4) $5x^2 + 2x + 1$

◀ 節|末|問|題

1. 次の 2 次方程式を解け。

(1) $x^2 - 8x + 7 = 0$

(2) $2x^2 - 4x = x^2 + 12$

(3) $0.2x^2 + 0.5x - 1.2 = 0$

(4) $x^2 + \dfrac{x}{12} - \dfrac{5}{8} = 0$

(5) $x^2 + 3\sqrt{2}\,x + 4 = 0$

(6) $(x+3)^2 - 2(x+3) - 2 = 0$

2. 2 次方程式 $x^2 + 2kx - k + 2 = 0$ が正の重解をもつとき，定数 k の値を求めよ。また，そのときの重解を求めよ。

3. 2 次方程式 $x^2 - 4x - 2 = 0$ の 2 つの解を α, β とするとき，次の式の値を求めよ。

(1) $(\alpha + 2\beta)(\beta + 2\alpha)$

(2) $(\alpha - \beta)^2$

(3) $\dfrac{\beta^2}{\alpha} + \dfrac{\alpha^2}{\beta}$

4. 2 次方程式 $6x^2 - 2x + 3 = 0$ の 2 つの解を α, β とするとき，次の 2 数を解とする 2 次方程式を 1 つ作れ。

(1) $\alpha - 1$, $\beta - 1$

(2) $\dfrac{2}{\alpha}$, $\dfrac{2}{\beta}$

5. 次の問いに答えよ。

(1) 2 次方程式 $x^2 - 2x + 4 = 0$ の解を求めよ。

(2) $A = x^2 - 2x + 4$, $B = x^3 - 4x^2 + 6x - 3$ とする。B を A で割った商を Q，余りを R として，$B = AQ + R$ の形で表せ。

(3) (1)で求めた 2 つの解のうち，虚部が正であるものを α とする。このとき，次の(i)，(ii)の値を求めよ。

　(i) $\alpha^2 - 2\alpha + 4$

　(ii) $\alpha^3 - 4\alpha^2 + 6\alpha - 3$

6. 2 次方程式 $x^2 - 4x + k - 2 = 0$ が異なる 2 つの正の解をもつように，定数 k の値の範囲を定めよ。

◆ 2 ◆ 2次関数とグラフ

▶ 1 ◀ 関数

◀ 1 ▶ 関数

　2つの変数 x と y があって，x の値を定めるとそれに対応して y の値がただ1つ定まるとき，y は x の **関数** であるという。このとき，x を **独立変数**，y を **従属変数** という。

　一般に，y が x の関数であることを，f や g などの文字を用いて

$$y = f(x), \qquad y = g(x)$$

などと表す。また，x の関数を単に，関数 $f(x)$ や関数 $g(x)$ などとも書く。

　関数 $y = f(x)$ において，$x = a$ に対応して定まる y の値を $f(a)$ で表し，$f(a)$ を $x = a$ のときの関数 $f(x)$ の値という。

例1 $f(x) = -4x + 7$ のとき

$$f(-3) = -4 \cdot (-3) + 7 = 19$$
$$f(a-1) = -4(a-1) + 7 = -4a + 11$$

練習1 次の関数 $f(x)$ に対して，$f(3)$，$f(-1)$，$f(a+1)$ をそれぞれ求めよ。

　(1) $f(x) = 3x - 5$　　　　　　　(2) $f(x) = 2x^2 + x$

　関数 $y = f(x)$ に対して，変数 x のとりうる値の範囲，すなわち x の変域をこの関数の **定義域** という。

　また，x が定義域内のすべての値をとるとき，x に対応する y のとりうる値の範囲，すなわち y の変域をこの関数の **値域** という。

　関数において，定義域が示されていないとき，定義域はその関数が意味をもつ範囲で，できるだけ広くとるのが一般的である。この節では，実数の範囲のみを考えることとする。

例2 関数 $y = ax + b$ $(a \neq 0)$ の定義域は実数全体，値域も実数全体。

　　　関数 $y = \dfrac{a}{x}$ $(a \neq 0)$ の定義域は $x \neq 0$，値域は $y \neq 0$。

◤2◢ 座標平面

平面上に座標軸を定めるとき，その平面上の点 P の位置を，右の図のように 2 つの実数の組 (a, b) で表す。

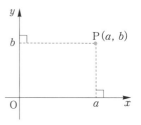

これを点 P の **座標** といい，この点を **P(a, b)** と書く。

座標軸の定められた平面を **座標平面** という。座標平面は，座標軸によって 4 つの部分に分けられる。これらを右の図のように，それぞれ

　　　第 1 象限，第 2 象限，第 3 象限，第 4 象限

という。ただし，座標軸上の点はどの象限にも属さないものとする。

例3 点 $(4, 2)$ は第 1 象限の点，点 $(-2, 5)$ は第 2 象限の点，点 $(1, -3)$ は第 4 象限の点，点 $(-5, -5)$ は第 3 象限の点である。

◤3◢ 関数のグラフ

1 次関数 $y = 2x - 1$ のグラフは，右の図のような y 軸上の点 $(0, -1)$ を通る傾き 2 の直線である。

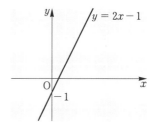

この直線は，$y = 2x - 1$ を満たす (x, y) を座標とする点の集まりである。

一般に，関数 $y = f(x)$ について，x の値と，それに対応する y の値の組 (x, y) を座標とする点の集まり全体が作る図形を **関数 $y = f(x)$ の グラフ** という。また，このとき $y = f(x)$ をこの **グラフの方程式** という。

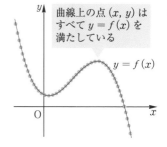

曲線上の点 (x, y) はすべて $y = f(x)$ を満たしている

2 2次関数のグラフ

y が x の2次式で表されるとき，y は x の **2次関数** であるという。x の2次関数は一般に，a，b，c を定数，$a \neq 0$ として

$$y = ax^2 + bx + c$$

の形で表される。

1 $y = ax^2$ のグラフ

2次関数 $y = ax^2$ のグラフは，原点を通り，y 軸に関して対称である。このグラフが表す曲線を **放物線** という。

放物線は対称の軸をもっていて，この対称の軸を放物線の **軸** といい，軸と放物線の交点を **頂点** という。

$y = ax^2$ のグラフは，軸が y 軸，頂点が原点である。

この放物線は，a の符号により，次のようになる。

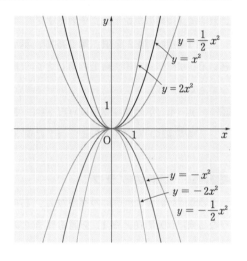

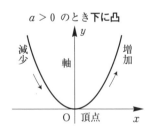

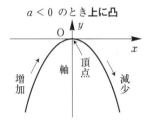

練習**2** 次の2次関数のグラフをかけ。

(1) $y = 3x^2$ (2) $y = -3x^2$ (3) $y = \dfrac{1}{3}x^2$

　平面上で，図形を一定の向きに一定の距離だけ動かす移動を **平行移動** という。平行移動によって，図形の形や大きさは変わらない。

　２次関数 $y = ax^2$ のグラフを座標平面上で平行移動したグラフについて考えてみよう。

◢2◣ $y = ax^2 + q$ のグラフ

２つの２次関数

$$y = 2x^2 \quad と \quad y = 2x^2 + 4$$

について，x に対応する y の値を求めて，次のような表を作る。

x	$\cdots$	-3	-2	-1	0	1	2	3	$\cdots$
$2x^2$	$\cdots$	18	8	2	0	2	8	18	$\cdots$
$2x^2 + 4$	$\cdots$	22	12	6	4	6	12	22	$\cdots$

$+4$

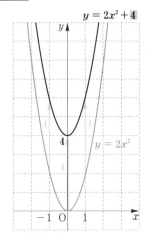

$y = 2x^2 + 4$

$y = 2x^2$

　上の表を見ると，同じ x の値に対して $2x^2 + 4$ の値の方が $2x^2$ の値より４だけ大きい。したがって

　　$y = 2x^2 + 4$ のグラフは

　　$y = 2x^2$ のグラフを

　　　y 軸方向に　４

だけ平行移動した放物線で

　　　軸は y 軸，　　頂点は 点 $(0,\ 4)$

である。

　一般に，２次関数 $y = ax^2 + q$ のグラフは，$y = ax^2$ のグラフを y 軸方向に q だけ平行移動した放物線で

　　　軸は **y 軸 $(x = 0)$,**　　頂点は **点 $(0,\ q)$** ⎯ y軸は，直線 $x = 0$ と表される

である。

　なお，例えば負の方向に２だけ平行移動することを -2 だけ平行移動するという。

練習**3**　次の２次関数のグラフの頂点の座標を求め，そのグラフをかけ。

　　(1)　$y = x^2 + 2$　　　　　(2)　$y = 2x^2 - 6$　　　　　(3)　$y = -3x^2 + 3$

◆3◆ $y = a(x-p)^2$ **のグラフ**

2つの2次関数

$$y = 2x^2 \quad と \quad y = 2(x-3)^2$$

について，x に対応する y の値を求めて，次のような表を作る。

x	$\cdots$	-3	-2	-1	0	1	2	3	4	5	$\cdots$
$2x^2$	$\cdots$	18	8	2	0	2	8	18	32	50	$\cdots$
$2(x-3)^2$	$\cdots$	72	50	32	18	8	2	0	2	8	$\cdots$

上の表を見ると，$2(x-3)^2$ の y の値は $2x^2$ の y の値を右に3だけずらしたものになっている。

したがって

$y = 2(x - \boxed{3})^2$ のグラフは

$y = 2x^2$ のグラフを

x 軸方向に $\boxed{3}$

だけ平行移動した放物線で，

軸は $x=3$，頂点は点$(\boxed{3}, \ 0)$

である。

3だけずれる →

x	t	$\cdots$	$t+3$
$2x^2$	$2t^2$	$\cdots$	
$2(x-3)^2$		$\cdots$	$2t^2$

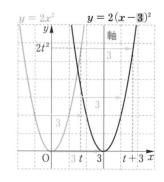

一般に，2次関数 $y = a(x-p)^2$ のグラフは，$y = ax^2$ のグラフを x 軸方向に p だけ平行移動した放物線で

軸は **直線 $x = p$**，　頂点は **点$(p, \ 0)$**

である。

練習4 次の2次関数のグラフの軸の方程式と頂点の座標を求め，そのグラフをかけ。

(1) $y = (x-2)^2$ 　　(2) $y = \dfrac{1}{2}(x-1)^2$ 　　(3) $y = -(x+3)^2$

4 $y = a(x - p)^2 + q$ のグラフ

$y = 2(x-3)^2$ のグラフは,

     $y = 2x^2$ のグラフを x 軸方向に 3 だけ

平行移動した放物線である。また,

     $y = 2(x-3)^2 + 4$ のグラフは,

     $y = 2(x-3)^2$ のグラフを

         y 軸方向に 4 だけ

平行移動した放物線である。

     したがって

     $y = 2(x - \boxed{3})^2 + 4$ のグラフは

     $y = 2x^2$ のグラフを

         x 軸方向に $\boxed{3}$, y 軸方向に 4

だけ平行移動した放物線で,

         軸は直線 $x = \boxed{3}$, 頂点は点 $(\boxed{3},\ 4)$

である。

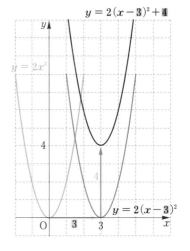

    一般に,次のことがいえる。

➡ **$y = a(x - p)^2 + q$ のグラフ**

     2次関数 $y = a(x - \boxed{p})^2 + q$

のグラフは,$y = ax^2$ のグラフを

     x 軸方向に $\boxed{p}$, y 軸方向に q

だけ平行移動した放物線で

     軸は   **直線 $x = \boxed{p}$**

     頂点は   **点$(\boxed{p},\ q)$**

である。

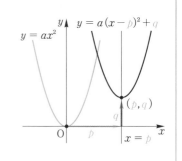

練習5   次の2次関数のグラフの軸の方程式と頂点の座標を求め,そのグラフをかけ。

    (1) $y = (x-2)^2 - 3$ (2) $y = -2(x+1)^2 + 5$

練習6   2次関数 $y = 3x^2$ のグラフを x 軸方向に -4, y 軸方向に 5 だけ平行移動した放物線をグラフとする2次関数を求めよ。

5 $y = ax^2 + bx + c$ のグラフ

2次関数 $y = ax^2 + bx + c$ (**一般形** という)は $y = a(x-p)^2 + q$ の形(**標準形** という)に変形して，そのグラフをかくことができる。

2次式 $ax^2 + bx + c$ を $a(x-p)^2 + q$ の形に変形することを **平方完成** するという。

例**4** 次の2次関数を $y = a(x-p)^2 + q$ の形に変形してみよう。

(1) $y = x^2 + 6x + 5$

$\quad = x^2 + 2 \cdot 3x + 3^2 - 3^2 + 5$

$\quad = (x+3)^2 - 9 + 5$

$\quad = (x+3)^2 - 4$

$$x^2 + 2kx$$
$$= x^2 + 2kx + k^2 - k^2$$
$$= (x+k)^2 - k^2$$

(2) $y = 2x^2 - 4x + 5$

$\quad = 2(x^2 - 2x) + 5$　　←── x^2 の係数でくくる

$\quad = 2(x^2 - 2x + 1 - 1) + 5$　　←── ( )の中は x の係数の半分の2乗を加えて引く

$\quad = 2\{(x-1)^2 - 1\} + 5$　　←── 平方完成する

$\quad = 2(x-1)^2 - 2 + 5$　　←── { }をはずす

$\quad = 2(x-1)^2 + 3$

一般に，2次関数 $y = ax^2 + bx + c$ は次のようにして変形することができる。

$$y = ax^2 + bx + c = a\left(x^2 + \frac{b}{a}x\right) + c$$

$$= a\left\{\left(x + \frac{b}{2a}\right)^2 - \left(\frac{b}{2a}\right)^2\right\} + c$$

$$= a\left(x + \frac{b}{2a}\right)^2 - \frac{b^2}{4a} + c$$

$$= a\left(x + \frac{b}{2a}\right)^2 - \frac{b^2 - 4ac}{4a}$$

ここで，$p = -\dfrac{b}{2a}$, $q = -\dfrac{b^2 - 4ac}{4a}$ とおくと

$\quad y = ax^2 + bx + c$　　は　$y = a(x-p)^2 + q$

と表すことができる。

➡ **$y = ax^2 + bx + c$ のグラフ**

2次関数 $y = ax^2 + bx + c$ のグラフは，$y = ax^2$ のグラフを平行移動した放物線で

軸は　直線 $x = -\dfrac{b}{2a}$,　　頂点は　点 $\left(-\dfrac{b}{2a}, \ -\dfrac{b^2-4ac}{4a} \right)$

例題 1　2次関数 $y = -2x^2 + 8x - 3$ のグラフの軸の方程式と頂点の座標を求め，そのグラフをかけ。

解
$$\begin{aligned} y &= -2x^2 + 8x - 3 \\ &= -2(x^2 - 4x) - 3 \\ &= -2(x^2 - 4x + 4 - 4) - 3 \\ &= -2\{(x-2)^2 - 4\} - 3 \\ &= -2(x-2)^2 + 8 - 3 \\ &= -2(x-2)^2 + 5 \end{aligned}$$

よって，この関数のグラフは

軸が直線 $x = 2$,

頂点が点 $(2, \ 5)$

である右の図のような放物線である。

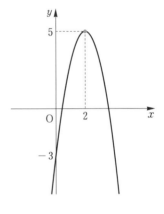

練習7　次の2次関数のグラフの軸の方程式と頂点の座標を求め，そのグラフをかけ。

(1)　$y = 2x^2 + 4x + 3$　　　　　　(2)　$y = -x^2 + 6x$

(3)　$y = 3x^2 - 6x - 2$　　　　　　(4)　$y = -\dfrac{1}{2}x^2 - 2x + 1$

練習8　放物線 $y = 2x^2 - 8x$ を平行移動して，次の放物線に重ねるには，どのように平行移動すればよいか。

(1)　$y = 2x^2$　　　　　　　　　　(2)　$y = 2x^2 + 4x - 1$

3 ▶ 2次関数の決定

2次関数の式を求める場合，頂点や軸に関する条件が与えられたときは，標準形 $y = a(x-p)^2 + q$ で考えるとよい。

例題 2

グラフが次の条件を満たすとき，その2次関数を求めよ。

(1) 点 $(2, -3)$ を頂点とし，点 $(4, 5)$ を通る。

(2) 軸が直線 $x = -1$ で，2点 $(0, 1)$，$(-3, -2)$ を通る。

解(1) 頂点が点 $(2, -3)$ であるから，求める

2次関数は
$$y = a(x-2)^2 - 3$$

とおける。グラフが点 $(4, 5)$ を通るから
$$5 = a(4-2)^2 - 3 \quad \text{より, } a = 2$$

よって $y = 2(x-2)^2 - 3$

すなわち $\boldsymbol{y = 2x^2 - 8x + 5}$

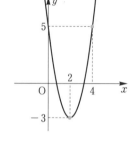

(2) 軸が直線 $x = -1$ であるから，求める

2次関数は
$$y = a(x+1)^2 + q$$

とおける。グラフが点 $(0, 1)$ を通るから
$$1 = a + q \quad \cdots\cdots ①$$

点 $(-3, -2)$ を通るから
$$-2 = 4a + q \quad \cdots\cdots ②$$

①，②を解いて，$a = -1$，$q = 2$

よって $y = -(x+1)^2 + 2$

すなわち $\boldsymbol{y = -x^2 - 2x + 1}$

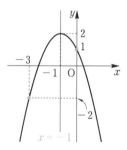

練習 **9** グラフが次の条件を満たすとき，その2次関数を求めよ。

(1) 点 $(1, 5)$ を頂点とし，点 $(-1, 1)$ を通る。

(2) 軸が直線 $x = 2$ で，2点 $(-2, 5)$，$(4, -1)$ を通る。

2次関数のグラフが通る3点が与えられたときは，一般形 $y = ax^2 + bx + c$ で考えるとよい。

例題
3

グラフが3点 $(-1, 8)$，$(2, -4)$，$(4, -2)$ を通るとき，その2次関数を求めよ。

解 求める2次関数を $y = ax^2 + bx + c$ とおく。

この関数のグラフが

点 $(-1, 8)$ を通るから $a - b + c = 8$ ……①

点 $(2, -4)$ を通るから $4a + 2b + c = -4$ ……②

点 $(4, -2)$ を通るから $16a + 4b + c = -2$ ……③

②−①から $3a + 3b = -12$

すなわち $a + b = -4$ ……④

③−②から $12a + 2b = 2$

すなわち $6a + b = 1$ ……⑤

④，⑤を解いて $a = 1$，$b = -5$

これらを①に代入して $c = 2$

よって $\boldsymbol{y = x^2 - 5x + 2}$

注意 例題3の解答中に示した①，②，③のように，3つの未知数を含む1次の連立方程式を **連立3元1次方程式** という。連立3元1次方程式を解くには，まず①，②，③から1つの文字を消去し，他の2つの文字についての連立方程式④，⑤を解けばよい。

練習**10** グラフが次の3点を通るとき，その2次関数を求めよ。

(1) $(0, -2)$，$(1, 3)$，$(-2, -6)$

(2) $(-1, -8)$，$(2, 7)$，$(3, 4)$

(3) $\left(1, \dfrac{3}{2}\right)$，$(2, 2)$，$(-2, 6)$

4 2次関数の最大・最小

グラフを利用して，2次関数の最大値や最小値を求めてみよう。

1 2次関数の最大値・最小値

2次関数 $y = x^2 - 2x + 3$ は

$$y = (x-1)^2 + 2$$

と変形できるから，グラフは右の図のようになる。

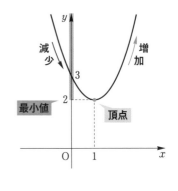

x の値が増加するにつれて，y の値は，$x \leqq 1$ の範囲で減少し，$x \geqq 1$ の範囲で増加する。

この関数の値域は $y \geqq 2$ で，値域に最小の値がある。

したがって，この関数は

$$x = 1 \text{ で最小値 } 2$$

をとる。

また，y の値はいくらでも大きくなるから，この関数の最大値はない。

例5 2次関数 $y = -x^2 + 4x + 1$ は，$y = -(x-2)^2 + 5$ と変形できる。

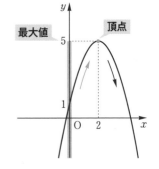

この関数のグラフは，右の図のようになるから，

$$x = 2 \text{ のとき } 最大値 5 をとる。$$

また，y の値はいくらでも小さくなるから，この関数の最小値はない。

2次関数 $y = a(x-p)^2 + q$ について，次のことが成り立つ。

⇒ **$y = a(x-p)^2 + q$ の最大・最小**

2 次関数 $y = a(x-p)^2 + q$ は

$a > 0$ のとき	$a < 0$ のとき
$x = p$ で最小値 q をとり,	$x = p$ で最大値 q をとり,
最大値はない。	最小値はない。

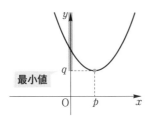

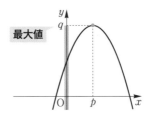

練習11 次の 2 次関数の最大値または最小値を求めよ。

(1) $y = x^2 + 6x + 7$

(2) $y = -x^2 + 4$

(3) $y = 3x^2 - 2x + 1$

(4) $y = -\dfrac{1}{2}x^2 + x + 5$

2 **定義域が制限された場合の最大値と最小値**

例題 4 2 次関数 $y = x^2 - 2x - 1$ $(-1 \leqq x \leqq 4)$ の最大値と最小値を求めよ。

解
$$y = x^2 - 2x - 1$$
$$= (x-1)^2 - 2$$

と変形して, $-1 \leqq x \leqq 4$ の範囲でグラフをか

くと, 右の図の実線部分になる。よって

$x = 4$ のとき 最大値 7

$x = 1$ のとき 最小値 -2

をとる。

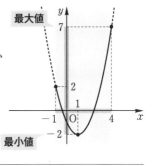

練習12 例題 4 で, 定義域を $-1 \leqq x \leqq 2$ としたときの最大値と最小値を求めよ。

練習13 次の 2 次関数の最大値と最小値を求めよ。

(1) $y = x^2 - 3$ $(-2 \leqq x \leqq 1)$

(2) $y = -x^2 - 4x + 2$ $(-1 \leqq x \leqq 1)$

◀ 節|末|問|題

1. 放物線 $y = 2x^2 - 12x + 13$ を，次の直線や点に関して対称移動して得られる放物線の方程式を求めよ。

    (1) y 軸   (2) x 軸   (3) 原点

2. 次の 2 次関数の最大値と最小値を求めよ。

    (1) $y = \dfrac{1}{2}x^2 - 2x + 1$ $(-2 \leqq x \leqq 1)$

    (2) $y = -2x^2 + x$ $(0 \leqq x \leqq 1)$

3. 2 次関数のグラフが次の条件を満たすとき，その 2 次関数を求めよ。

    (1) $x = 2$ で最大値 9 をとり，$x = 4$ のとき $y = -3$ となる。

    (2) 軸が直線 $x = 3$ で，2 点 $(0,\ 3)$，$(2,\ -1)$ を通る。

    (3) 頂点が x 軸上にあり，その x 座標が $-\dfrac{1}{2}$ で，点 $(1,\ 9)$ を通る。

    (4) 3 点 $(1,\ 3)$，$(2,\ 6)$，$(-1,\ 9)$ を通る。

    (5) 放物線 $y = 3x^2$ を平行移動したもので，2 点 $(-1,\ 3)$，$(1,\ 1)$ を通る。

4. $a > 0$ とする。関数 $y = ax^2 - 2ax + b$ $(0 \leqq x \leqq 3)$ の最大値が 5 で，最小値が 1 であるとき，定数 a, b の値を求めよ。

5. $x + y = 1$ のとき，$x^2 + 3y$ の最小値を求めよ。また，そのときの x と y の値を求めよ。

6. 右の図のように，$AB = 10$，$AC = 5$ の直角三角形 ABC がある。この直角三角形の斜辺 BC 上に点 P をとり，P から辺 AB，AC に垂線 PQ，PR を引く。このとき，次の問いに答えよ。

    (1) $CR = x$ とおいて，四角形 PRAQ の面積 S を x の式で表せ。

    (2) 面積 S の最大値と，そのときの x の値を求めよ。

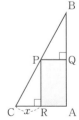

◆ **3** ◆ 2次関数のグラフと2次方程式・2次不等式

1 2次関数のグラフと2次方程式

1 2次関数のグラフと x 軸の共有点の座標

2次関数 $y = ax^2 + bx + c$ のグラフと x 軸が共有点をもつとき，その x 座標は，$y = 0$ として得られる2次方程式

$$ax^2 + bx + c = 0$$

の実数解である。

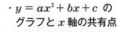
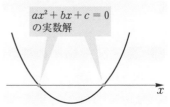

・$y = ax^2 + bx + c$ の
グラフと x 軸の共有点

$ax^2 + bx + c = 0$
の実数解

例**1** (1) 2次関数 $y = x^2 - 3x + 1$

のグラフと x 軸の共有点の x 座標は

$$x^2 - 3x + 1 = 0$$

を解いて $x = \dfrac{3 \pm \sqrt{5}}{2}$

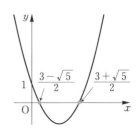

(2) 2次関数 $y = x^2 - 4x + 4$

のグラフと x 軸の共有点の x 座標は

$$x^2 - 4x + 4 = 0$$

を解いて

$$(x - 2)^2 = 0$$

より $x = 2$（重解）

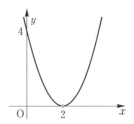

(3) 2次関数 $y = x^2 - 2x + 3$

のグラフと x 軸との共有点は

$$x^2 - 2x + 3 = 0$$

を解くと $x = 1 \pm \sqrt{2}\, i$ となり，実数

解でないので，x 軸との共有点はない。

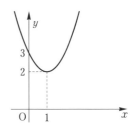
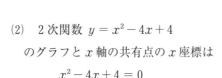

前ページ例1の(1)のように，2次関数のグラフと x 軸の共有点が2個のとき，グラフは x 軸と **交わる** といい，その共有点を **交点** という。(2)のように，2次関数のグラフと x 軸の共有点が1個のとき，グラフは x 軸に **接する** といい，その共有点を **接点** という。

練習1 次の2次関数のグラフと x 軸の共有点の x 座標を求めよ。

(1) $y = x^2 - 6x + 4$ (2) $y = 4x^2 + 4x + 1$

(3) $y = -x^2 - x + 3$ (4) $y = x^2 - \dfrac{1}{6}x - \dfrac{1}{3}$

2 $b^2 - 4ac$ の符号と2次関数のグラフ

2次方程式 $ax^2 + bx + c = 0$ の解について，その判別式を $D = b^2 - 4ac$ とすると，

$D > 0$ $\iff$ 異なる2つの実数解をもつ

$D = 0$ $\iff$ ただ1つの実数解（重解）をもつ

$D < 0$ $\iff$ 異なる2つの虚数解をもつ

であった（47ページ）。これと，前ページの結果を合わせると，2次方程式 $ax^2 + bx + c = 0$ の実数解の個数と，2次関数 $y = ax^2 + bx + c$ のグラフと x 軸の共有点の個数について，次のようにまとめることができる。

D の符号	$D > 0$	$D = 0$	$D < 0$
$ax^2 + bx + c = 0$ の実数解	異なる2つの実数解	1つの実数解（重解）	実数解はない
x 軸との共有点の個数	2個	1個	0個
$y = ax^2 + bx + c$ のグラフ（$a > 0$ のとき）	交点	接点	
$y = ax^2 + bx + c$ のグラフ（$a < 0$ のとき）	交点	接点	

以上のことから，2 次関数 $y = ax^2 + bx + c$ のグラフと x 軸の位置関係と判別式 D について，次のことが成り立つ。

> **2 次関数のグラフと x 軸の位置関係**
>
> $D > 0 \iff$ 異なる 2 点で交わる（2 つの共有点をもつ）
>
> $D = 0 \iff$ 1 点で接する（ただ 1 つの共有点をもつ）
>
> $D < 0 \iff$ 共有点をもたない

練習 2 次の 2 次関数のグラフと x 軸の共有点の個数を調べよ。

(1) $y = x^2 + x - 3$ (2) $y = 3x^2 - 2x + \dfrac{1}{3}$

(3) $y = -2x^2 + 2x - 1$

例題 1 2 次関数 $y = x^2 - 4x + k$ のグラフと x 軸の共有点の個数を調べよ。

解 $x^2 - 4x + k = 0$ の判別式を D とすると

$$D = (-4)^2 - 4 \cdot 1 \cdot k = -4(k-4)$$

$D > 0$ すなわち $k < 4$ のとき，グラフは x 軸と異なる 2 点で交わる。

$D = 0$ すなわち $k = 4$ のとき，グラフは x 軸と接する。

$D < 0$ すなわち $k > 4$ のとき，グラフは x 軸と共有点をもたない。

よって，グラフと x 軸の共有点の個数は

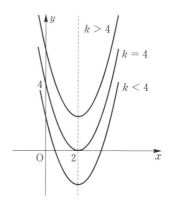

$k < 4$ のとき　2 個

$k = 4$ のとき　1 個

$k > 4$ のとき　0 個

である。

練習 3 2 次関数 $y = -x^2 + 6x - k$ のグラフと x 軸の共有点の個数を調べよ。

2 ▶ 2次関数のグラフと2次不等式

1 ▶ 不等式とその基本性質

数の大小関係は，不等号 $>$，$<$，$\geqq$，$\leqq$ を用いて表すことができる。

「ある数 x を3倍して5を引いた数は，7より大きい」という関係は，次のように表すことができる。

$$3x - 5 > 7$$

このように，不等号を用いて表した式を **不等式** といい，不等号の左側を **左辺**，右側を **右辺**，両方を合わせて **両辺** という。

不等式
$3x - 5 > 7$
左辺　右辺
両辺

2つの実数 a，b について，数直線上の2点 $A(a)$，$B(b)$ の位置関係から大小が定まり，次のいずれか1つの関係だけが成り立つ。

$$a > b, \qquad a = b, \qquad a < b$$

ここで，実数の大小に関するいろいろな性質について考えてみよう。

[1] 実数 a，b，c について

$$a < b,\ b < c \text{ のとき } \quad a < c$$

が成り立つ。

[2] $a < b$ である2数 a，b について

$$a + 2 < b + 2, \qquad a - 2 < b - 2$$

が成り立ち，両辺に2を加えても，両辺から2を引いても大小関係は変わらない。

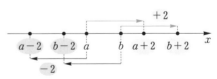

[3] $a < b$ である2数 a，b について

$$2a < 2b, \qquad \frac{a}{2} < \frac{b}{2}$$

が成り立ち，両辺に2を掛けても，両辺を2で割っても大小関係は変わらない。

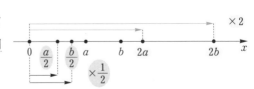

[4]　$a < b$ である2数 a, b に -2 を掛けると，大小関係が変わり，次式が成り立つ。

$$(-2)a > (-2)b$$

また，$a < b$ である2数 a, b を -2 で割ると，大小関係が変わり，次式が成り立つ。

$$\frac{a}{-2} > \frac{b}{-2}$$

$4 < 6$ について
$(-2) \times 4 > (-2) \times 6$
$\dfrac{4}{-2} > \dfrac{6}{-2}$

このように不等式では，両辺に同じ負の数を掛けたり，両辺を同じ負の数で割ったりすると不等号の向きが変わる。

一般に，不等式に関して次の基本性質が成り立つ。

⮕ 不等式の基本性質

[1]　$a < b,\ b < c \implies a < c$

[2]　$a < b \implies a+c < b+c,\ a-c < b-c$

[3]　$a < b,\ c > 0 \implies ac < bc,\quad \dfrac{a}{c} < \dfrac{b}{c}$

[4]　$a < b,\ c < 0 \implies ac > bc,\quad \dfrac{a}{c} > \dfrac{b}{c}$

注意　虚数に関しては，大小関係や正・負などは考えない。

2　1次不等式の解法

不等式のすべての項を左辺に移項して整理したとき

$$ax + b > 0, \qquad ax + b \leqq 0$$

のように，左辺が x の1次式になる不等式を x の **1次不等式** という。ただし，a, b は定数で，$a \neq 0$ とする。

注意　$a \geqq b$ は，$a > b$ または $a = b$ であることを表す。

x についての不等式を満たす x の値を，その不等式の **解** といい，不等式のすべての解を求めることを **不等式を解く** という。なお，通常は不等式のすべての解の集まりを，その不等式の解という。

実数の大小の基本性質を用いて，1次不等式を解いてみよう。

例2 不等式 $3x-4>2$ の解は

両辺に4を加えると $3x-4+4>2+4$ ←── 基本性質 [2]

$$3x>6$$

両辺を3で割ると $x>2$ ←── 基本性質 [3]

すなわち，2より大きいすべての実数が不等式の解である。この解を数直線上に図示すると，右の図のようになる。

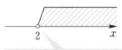

○は2を含まないことを表す

不等式においても，等式と同じように基本性質[2]を用いて **移項** することができる。

例3 不等式 $\dfrac{x-1}{3} \geqq 2x+3$ の解は，

両辺に3を掛けて

$$x-1 \geqq 6x+9$$

移項して $x-6x \geqq 9+1$

$$-5x \geqq 10$$

両辺を -5 で割って

$x \leqq -2$ ←── 負の数で割ると
　　　　　　　　不等号の向きが
　　　　　　　　変わる

不等式における移項

$$x-1 \geqq \boxed{6x} + 9$$

$$x - \boxed{6x} \geqq 9 + 1$$

●は -2 を含むことを表す

練習4 次の不等式を解け。

(1) $2x-5>3$

(2) $-4x+3 \geqq -9$

(3) $8-x>3-6x$

(4) $x-9 \leqq 5x+3$

(5) $2x+1 > \dfrac{x-7}{3}$

(6) $\dfrac{x-4}{2} \leqq \dfrac{5x+1}{4}$

3 **2 次不等式の解法**

不等式のすべての項を左辺に移項して整理したとき

$$ax^2 + bx + c > 0, \qquad ax^2 + bx + c \leqq 0$$

のように，左辺が x の 2 次式になる不等式を **2 次不等式** という。ただし，a, b, c は定数で，$a \neq 0$ とする。

2 次関数のグラフを利用して 2 次不等式を解いてみよう。

[1] グラフが x 軸と 2 点で交わる場合

2 次不等式 $x^2 - 2x - 3 > 0$ を解いてみよう。

2 次関数 $y = x^2 - 2x - 3$ のグラフと x 軸との共有点の x 座標は，2 次方程式 $x^2 - 2x - 3 = 0$ の解であるから

$$(x+1)(x-3) = 0 \quad \text{より}$$

$$x = -1, \ 3$$

したがって，グラフは図のように x 軸と 2 点で交わっている。

ここで，$x^2 - 2x - 3 > 0$ の解は，グラフで $y > 0$ となる x の値の範囲であるから

$$x < -1, \ 3 < x$$

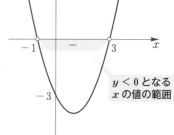

同様にして，$x^2 - 2x - 3 < 0$ の解は，グラフで $y < 0$ となる x の値の範囲であるから

$$-1 < x < 3$$

また，$x^2 - 2x - 3 \geqq 0$ の解は

$$x \leqq -1, \ 3 \leqq x$$

$x^2 - 2x - 3 \leqq 0$ の解は

$$-1 \leqq x \leqq 3$$

である。

　一般に，2次関数 $y = ax^2 + bx + c$ のグラフが x 軸と2点で交わるとき，2次不等式の解は次のようになる。

➡ 2次不等式の解［1］

　$a > 0$ として，2次方程式 $ax^2 + bx + c = 0$ が異なる2つの実数解をもつとき，その2つの解を α，β $(\alpha < \beta)$ とすると

　$ax^2 + bx + c > 0$ の解は　$x < \alpha,\ \beta < x$

　$ax^2 + bx + c < 0$ の解は　$\alpha < x < \beta$

　$ax^2 + bx + c \geqq 0$ の解は　$x \leqq \alpha,\ \beta \leqq x$

　$ax^2 + bx + c \leqq 0$ の解は　$\alpha \leqq x \leqq \beta$

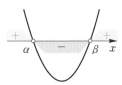

例題 2　次の2次不等式を解け。

(1)　$x^2 - 6x + 5 > 0$ 　　　　(2)　$-x^2 - 4x + 1 \geqq 0$

解　(1)　$x^2 - 6x + 5 = 0$ を解くと

$$(x-1)(x-5) = 0 \text{ より}$$

$$x = 1,\ 5$$

よって，求める解は，右図より

$$\boldsymbol{x < 1,\ 5 < x}$$

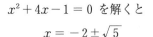

$y = x^2 - 6x + 5$

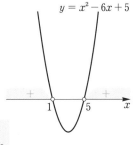

(2)　$-x^2 - 4x + 1 \geqq 0$

$$x^2 + 4x - 1 \leqq 0$$

両辺に -1 を掛けて x^2 の係数を正にする。

$x^2 + 4x - 1 = 0$ を解くと

$$x = -2 \pm \sqrt{5}$$

よって，求める解は，右図より

$$-2 - \sqrt{5} \leqq x \leqq -2 + \sqrt{5}$$

$y = x^2 + 4x - 1$

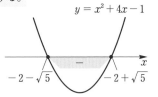

練習 5　次の2次不等式を解け。

(1)　$x^2 - 5x - 14 > 0$ 　　(2)　$x^2 - 2x < 0$ 　　(3)　$x^2 - 5 \geqq 0$

(4)　$2x^2 - 6x + 1 < 0$ 　　(5)　$-2x^2 + 4x + 3 \leqq 0$

[2] グラフが x 軸と接する場合

2次不等式 $x^2 - 2x + 1 > 0$ を解いてみよう。

2次関数 $y = x^2 - 2x + 1$ は変形すると

$$y = (x-1)^2$$

となる。グラフは下に凸で, x 軸と点 $(1, 0)$ で接している。

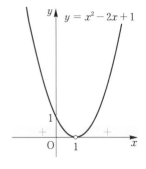

したがって, $x \neq 1$ のとき $y > 0$

$\qquad\qquad x = 1$ のとき $y = 0$

よって, $x^2 - 2x + 1 > 0$ の解は, グラフで $y > 0$ となる x の値の範囲であるから, 1以外のすべての実数である。

同様にして, $x^2 - 2x + 1 < 0$ の 解はない。

さらに, グラフから次のこともわかる。

$\qquad x^2 - 2x + 1 \geqq 0$ の解は すべての実数

$\qquad x^2 - 2x + 1 \leqq 0$ の解は $x = 1$

一般に, 2次関数 $y = ax^2 + bx + c$ のグラフが x 軸と接しているとき, 2次不等式の解は次のようになる。ただし, $D = b^2 - 4ac$ である。

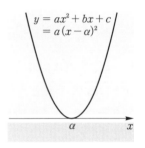

➡ 2次不等式の解 [2]

$a > 0$, $D = 0$ のとき, $ax^2 + bx + c = 0$ の重解を α とすると

2次不等式	左辺を変形	2次不等式の解
$ax^2 + bx + c > 0$	$a(x-\alpha)^2 > 0$	α 以外のすべての実数
$ax^2 + bx + c \geqq 0$	$a(x-\alpha)^2 \geqq 0$	すべての実数
$ax^2 + bx + c < 0$	$a(x-\alpha)^2 < 0$	解はない
$ax^2 + bx + c \leqq 0$	$a(x-\alpha)^2 \leqq 0$	$x = \alpha$

練習 6　次の2次不等式を解け。

(1) $x^2 - 10x + 25 > 0$　　　(2) $-x^2 + 6x - 9 \leqq 0$

(3) $4x^2 + 4x + 1 < 0$　　　(4) $9x^2 + 4 \leqq 12x$

[3] グラフが x 軸と共有点をもたない場合

2次不等式 $x^2-2x+3>0$ を解いてみよう。

2次関数 $y=x^2-2x+3$ は変形すると

$$y=(x-1)^2+2$$

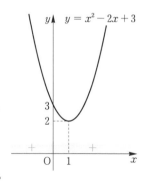

となる。グラフは下に凸で，x 軸と共有点をもたない。

したがって，つねに $y>0$ である。

よって，$x^2-2x+3>0$ の解は，グラフで $y>0$ となる x の値の範囲であるから，すべての実数である。

同様にして，$x^2-2x+3<0$ の　解はない。

さらに，グラフから次のこともわかる。

$$x^2-2x+3 \geqq 0 \text{ の解は　すべての実数}$$

$$x^2-2x+3 \leqq 0 \text{ の解は　ない}$$

一般に，2次関数 $y=ax^2+bx+c$ のグラフが下に凸で，x 軸と共有点をもたないとき，すなわち $a>0,\ D<0$ のとき，2次不等式の解は次のようになる。

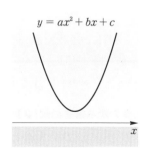

➡ 2次不等式の解[3]

$a>0,\ D<0$ のとき，2次不等式

$ax^2+bx+c>0,\ ax^2+bx+c \geqq 0$ の解は　**すべての実数**

$ax^2+bx+c<0,\ ax^2+bx+c \leqq 0$ の解は　**ない**

練習**7**　次の2次不等式を解け。

(1) $x^2-6x+10>0$ 　　　　(2) $2x^2-4x+3 \leqq 0$

(3) $-x^2+5x-7>0$ 　　　　(4) $3x^2+1 \geqq 4(x-1)$

4 連立不等式

2 つ以上の不等式を組み合わせたものを **連立不等式** といい，これらの不等式を同時に満たす値の範囲を求めることを，連立不等式を **解く** という。

例題 3 — 連立不等式 $\begin{cases} 2x+3 > 5x-6 \\ 3x+1 \geqq x-3 \end{cases}$ を解け。

解　$2x+3 > 5x-6$ から　$-3x > -9$

　　よって　　$x < 3$　　　……①

　　$3x+1 \geqq x-3$ から　$2x \geqq -4$

　　よって　　$x \geqq -2$　　……②

　　求める解は，①と②の共通の範囲であるから

　　　　　$-2 \leqq x < 3$

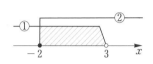

練習 8　次の連立不等式を解け。

(1) $\begin{cases} 4-2x \leqq 6 \\ 2x-1 \leqq 3(3-x) \end{cases}$ 　(2) $\begin{cases} 4x-7 > 8-x \\ 2(x+1) \leqq 3x+2 \end{cases}$ 　(3) $\begin{cases} 3x+1 > -5x-7 \\ 4(x-1) > 6x-2 \end{cases}$

$A < B < C$ は，$A < B$ と $B < C$ が同時に成り立つことである。

例題 4 — 不等式 $1 < 3x-8 < x$ を解け。

解　$1 < 3x-8$　……①　かつ　$3x-8 < x$　……②

　　を解けばよい。

　　①から　$x > 3$　……③，　②から　$x < 4$　……④

　　よって，③と④の共通の範囲を求めて

　　　　　$3 < x < 4$

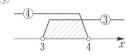

練習 9　次の不等式を解け。

(1) $-7 < 3x+2 < 8$ 　　　(2) $3-x \leqq 4x-2 < x+10$

例題
5

連立不等式 $\begin{cases} -2x+4 < x+7 \\ x^2+4x-3 \leqq 0 \end{cases}$ を解け。

解
$-2x+4 < x+7$ の解は $-3x < 3$ より $x > -1$ ……①

$x^2+4x-3 = 0$ を解くと，$x = -2 \pm \sqrt{7}$

ゆえに $x^2+4x-3 \leqq 0$ の解は

$-2-\sqrt{7} \leqq x \leqq -2+\sqrt{7}$ ……②

①，②から，求める連立不等式の解は

$$-1 < x \leqq -2+\sqrt{7}$$

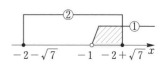

練習**10** 次の連立不等式を解け。

(1) $\begin{cases} x+5 \leqq 3(x-1) \\ x^2-3x-18 < 0 \end{cases}$

(2) $\begin{cases} x^2-3x > 0 \\ x^2-4x-5 < 0 \end{cases}$

例題
6

2つの2次方程式 $x^2+2x-k = 0$，$x^2-(k+1)x+1 = 0$ がどちらも実数解をもたないように，定数 k の値の範囲を定めよ。

解
$x^2+2x-k = 0$ の判別式を D_1，$x^2-(k+1)x+1 = 0$ の判別式を D_2 とすると

$D_1 < 0$ かつ $D_2 < 0$ ならばよい。

$D_1 = 2^2-4 \cdot 1 \cdot (-k) < 0$ より $k < -1$ ……①

$D_2 = \{-(k+1)\}^2-4 \cdot 1 \cdot 1 = k^2+2k-3$

$= (k+3)(k-1) < 0$ より $-3 < k < 1$ ……②

求める k の値の範囲は①と②の共通範囲である。

よって，$-3 < k < -1$

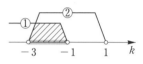

練習**11** 2つの2次方程式 $2x^2+(k+3)x+2 = 0$，$x^2-kx+k^2-6 = 0$ が，どちらも実数解をもつように，定数 k の値の範囲を定めよ。

5 絶対値を含む方程式・不等式

ここでは，絶対値を含む方程式や不等式について考えてみよう。

30ページで学んだように，$|x|$ は数直線上で点 $\mathrm{P}(x)$ と原点 O との距離を表している。したがって，$a > 0$ のとき，次のことが成り立つ。

> **絶対値と方程式・不等式**
>
> $$|x| = a \iff x = \pm a$$
>
> $$|x| < a \iff -a < x < a$$
>
> $$|x| > a \iff x < -a,\ a < x$$
>
>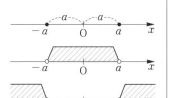

例4 方程式 $|x - 2| = 3$ を解くと

$$x - 2 = \pm 3 \quad \text{より} \quad x = 2 \pm 3$$

よって $x = 5,\ -1$

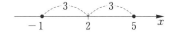

練習12 次の方程式を解け。

(1) $|x - 4| = 1$ (2) $|x + 3| = 5$ (3) $|1 - x| = 6$

例5 (1) 不等式 $|x - 2| < 3$ を解くと

$$-3 < x - 2 < 3$$

各辺に2を加えて

$$-1 < x < 5$$

である。

(2) 不等式 $|x - 2| > 3$ を解くと

$$x - 2 < -3,\ 3 < x - 2$$

よって

$$x < -1,\ 5 < x$$

である。

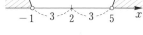

練習13 次の不等式を解け。

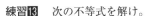

(1) $|x + 1| < 2$ (2) $|x - 3| > 4$ (3) $|2x - 1| \leqq 3$

$\boxed{\begin{matrix}\text{例題} \\ \textbf{7}\end{matrix}}$　次の方程式，不等式を解け。

(1)　$|x+3| = 2x$　　　　　　(2)　$|2x-6| < x$

$\boxed{\text{解}}$（1）　(i)　$x+3 \geqq 0$ すなわち $x \geqq -3$ ……① の場合

　　　　　　$|x+3| = x+3$ より　　$x+3 = 2x$

　　　　よって，$x = 3$

　　　　これは①を満たす。

　　　(ii)　$x+3 < 0$ すなわち $x < -3$ ……② の場合

　　　　　　$|x+3| = -(x+3)$ より　　$-x-3 = 2x$

　　　　よって，$x = -1$

　　　　これは②を満たさない。

　　(i)，(ii)より，方程式の解は　**$x = 3$**

（2）　(i)　$2x-6 \geqq 0$ すなわち $x \geqq 3$ ……③ の場合

　　　　　　$|2x-6| = 2x-6$ より $2x-6 < x$

　　　　よって，$x < 6$

　　　　③との共通範囲は

　　　　　　$3 \leqq x < 6$　……④

　　　(ii)　$2x-6 < 0$ すなわち $x < 3$ ……⑤ の場合

　　　　　　$|2x-6| = -(2x-6)$ より $-2x+6 < x$

　　　　よって，$x > 2$

　　　　⑤との共通範囲は

　　　　　　$2 < x < 3$　……⑥

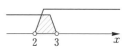

　　(i)，(ii)より，不等式の解は，

　　④と⑥を合わせて

　　　　$2 < x < 6$

練習⑭　次の方程式および，不等式を解け。

(1)　$|x+1| = 3x-1$　　　　　(2)　$|2x-8| \leqq x-1$

◀ 節|末|問|題 ▶

1. $-2 \leqq a \leqq 3$, $1 \leqq b \leqq 4$ のとき，次の値の範囲を求めよ。

(1) $3a$ (2) $\dfrac{1}{b}$ (3) $a+b$ (4) $2a-3b$

2. 次の2次不等式を解け。

(1) $8x^2 - 10x - 3 > 0$ (2) $-x^2 + 2x + 4 \geqq 0$

(3) $x^2 - 5x + 7 \leqq 0$ (4) $x^2 - x + \dfrac{1}{4} > 0$

3. 2次関数 $y = x^2 + kx + k$ のグラフと x 軸の共有点の個数は，定数 k の値によってどのように変わるか調べよ。

4. 2次方程式 $2x^2 - 12x + 9 - k^2 = 0$ が正の解と負の解を1つずつもつような定数 k の値の範囲を求めよ。

5. 2次不等式 $x^2 + bx + c < 0$ の解が $-3 < x < 4$ であるとき，定数 b, c の値を求めよ。

6. すべての実数 x に対して，$x^2 - (k+3)x + 1 \geqq 0$ となるとき，定数 k の値の範囲を求めよ。

7. 次の問いに答えよ。

(1) a を定数とするとき，2次不等式 $x^2 - (a+1)x + a < 0$ を解け。

(2) (1)の2次不等式を満たす整数 x がちょうど2個であるとき，a の値の範囲を求めよ。

8. 5%の食塩水と20%の食塩水を混合して $500\,\mathrm{g}$ の食塩水を作る。このとき，作った食塩水の濃度を8%以上11%以下にするには，5%の食塩水を何 g 以上何 g 以下にすればよいか。

研究 **絶対値を含む関数のグラフ**

絶対値を含むいろいろな関数のグラフをかいてみよう。

例題 次の関数のグラフをかいてみよう。

(1) $y = |x - 1|$　　　　　　(2) $y = |x^2 - 2x - 3|$

解 (1) $x - 1 \geqq 0$，すなわち $x \geqq 1$ のとき　$y = x - 1$

$x - 1 < 0$，すなわち $x < 1$ のとき　$y = -x + 1$

よって，この関数のグラフは下の図の実線部分である。

(2) $x^2 - 2x - 3 \geqq 0$，すなわち $x \leqq -1$，$3 \leqq x$ のとき

$$y = x^2 - 2x - 3 = (x - 1)^2 - 4$$

$x^2 - 2x - 3 < 0$，すなわち $-1 < x < 3$ のとき

$$y = -x^2 + 2x + 3 = -(x - 1)^2 + 4$$

よって，この関数のグラフは下の図の実線部分である。

(1)

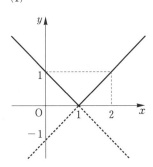

(2)

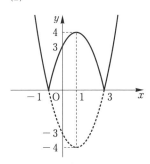

一般に，関数 $y = |f(x)|$ のグラフは，関数 $y = f(x)$ のグラフの x 軸より下の部分を x 軸に関して対称に折り返すことで得られる。

演習 次の関数のグラフをかけ。

(1) $y = |x + 1|$　　　　　　(2) $y = |x^2 - 3x|$

高次方程式・式と証明

··· 1 ···
高次方程式
··· 2 ···
式と証明

　2次方程式は，実数の範囲では解をもつとは限らない。いつでも解が存在するために，数の範囲を拡げ考えられたものが複素数である。さらに，3次方程式，4次方程式などの高次方程式についても，複素数の範囲で考えれば必ず解をもつことが知られている。

◆ 1 ◆ 高次方程式

1 恒等式

等式

$$(a+b)^2 = a^2 + 2ab + b^2, \qquad \frac{1}{x-1} - \frac{1}{x+1} = \frac{2}{x^2-1}$$

などは，どちらも，左辺を変形すると右辺に等しくなる。このように，式に含まれる文字にどのような値を代入しても両辺の値が等しくなる等式を **恒等式** という。たとえば展開公式や因数分解の公式は恒等式である。

これに対して，等式 $x^2 - x - 2 = 0$ は，$x = 2$ または $x = -1$ という特定の値を代入したときだけ成り立つ。このような等式は方程式である。

練習**1** 次の等式のうち，恒等式はどれか。

① $a^2 - 4a - 12 = (a+2)(a-6)$ ② $(a+1)^2 = a^2 + 1$

③ $(x-1)(x+3) = x^2 - 2x - 3$ ④ $\dfrac{1}{x} - \dfrac{1}{x+1} = \dfrac{1}{x^2+x}$

恒等式の両辺が x の整式のときは，x について整理すれば，両辺の同じ次数の項の係数は等しくなる。

たとえば，x についての2次式では，次のことが成り立つ。

> ➡ **恒等式の条件**
>
> $$ax^2 + bx + c = a'x^2 + b'x + c' \text{ が } x \text{ についての } \textbf{恒等式}$$
> $$\Longleftrightarrow a = a', \ b = b', \ c = c'$$
> とくに，$ax^2 + bx + c = 0$ が x についての **恒等式**
> $$\Longleftrightarrow a = 0, \ b = 0, \ c = 0$$

> **例題 1** 次の等式が x についての恒等式となるように，定数 a, b, c の値を定めよ。
>
> $$a(x-1)^2 + b(x-1) + c = x^2 + x$$
>
> ---
>
> **解** 等式の左辺を展開して整理すると
>
> $$ax^2 + (-2a+b)x + a - b + c = x^2 + x$$
>
> これが x についての恒等式となる条件は，両辺の同じ次数の項の係数を比較して
>
> $$a = 1, \quad -2a+b = 1, \quad a-b+c = 0$$
>
> これを解いて $\quad \boldsymbol{a=1, \ b=3, \ c=2}$

　恒等式は，式に含まれる文字にどのような値を代入しても両辺の値は等しくなる。このことを用いて，例題 1 は次のように解いてもよい。

　与えられた等式が x についての恒等式となるためには，$x = 0, \ 1, \ 2$ を代入したとき，この等式が成り立たなければならない。すなわち

$$\begin{cases} a-b+c = 0 \\ c = 2 \\ a+b+c = 6 \end{cases}$$

この連立方程式を解いて $\quad a = 1, \ b = 3, \ c = 2$

　逆にこのとき，与えられた式の左辺は

$$(x-1)^2 + 3(x-1) + 2 = x^2 + x$$

となり，たしかに x についての恒等式になっている。

　よって $\quad a = 1, \ b = 3, \ c = 2$

練習 2 次の等式が x についての恒等式となるように，定数 a, b, c の値を定めよ。

(1) $a(x+3) + b(x-1) = 5x + 3$

(2) $a(x+1)^2 + b(x+1) + c = 2x^2 - x - 4$

(3) $(a-2)x^2 + (a-2b+c)x + 3a + b - c = 0$

(4) $ax(x+1) + bx(x-1) + c(x+1)(x-1) = x^2 + 3$

例題 2

$x^3 + 6x^2 + ax - 6$ を $x + b$ で割ると，商が $x^2 + 4x + c$ で余りが 0 である。このとき，定数 a，b，c の値を求めよ。

・・

解　条件より，次の等式が成り立つ。
$$x^3 + 6x^2 + ax - 6 = (x + b)(x^2 + 4x + c)$$
展開して整理すると
$$x^3 + 6x^2 + ax - 6 = x^3 + (b + 4)x^2 + (4b + c)x + bc$$
両辺の同じ次数の項を比較して
$$b + 4 = 6, \ \ 4b + c = a, \ \ bc = -6$$
これを解いて　$\boldsymbol{a = 5, \ b = 2, \ c = -3}$

練習 3　$x^3 + ax^2 - x - 2$ を $x - b$ で割ると，商が $x^2 + x + c$ で余りが 0 である。このとき，定数 a，b，c の値を求めよ。

例題 3

等式 $\dfrac{3}{(x-1)(x+2)} = \dfrac{a}{x-1} + \dfrac{b}{x+2}$ が恒等式となるように，定数 a，b の値を定めよ。

・・

解　両辺に $(x-1)(x+2)$ を掛けて得られる等式
$$3 = a(x+2) + b(x-1)$$
が恒等式であればよい。右辺を整理すると
$$3 = (a + b)x + 2a - b$$
両辺の同じ次数の項の係数を比較して
$$a + b = 0, \ \ 2a - b = 3 \ \ \ \ これを解いて \ \ \boldsymbol{a = 1, \ b = -1}$$

　例題 3 のように，分数式を，もとの分母の次数より低い次数の，いくつかの分数式の和の形にすることを **部分分数に分解** するという。

練習 4　次の等式が恒等式となるように，定数 a，b の値を定めよ。

(1) $\dfrac{2}{x(x+2)} = \dfrac{a}{x} + \dfrac{b}{x+2}$

(2) $\dfrac{x-3}{x^2 - 3x + 2} = \dfrac{a}{x-1} + \dfrac{b}{x-2}$

2 剰余の定理と因数定理

1 剰余の定理

文字 x についての整式を $P(x)$, $Q(x)$ などで表し, $P(x)$ の x に数 a を代入したときの $P(x)$ の値を $P(a)$ と書く。

例1 $P(x) = x^3 - 2x + 3$ のとき

$$P(2) = 2^3 - 2 \cdot 2 + 3 = 7$$
$$P(-1) = (-1)^3 - 2 \cdot (-1) + 3 = 4$$

整式を 1 次式で割ったときの余りについて考えてみよう。

20 ページの整式の除法で学んだように, 余りの次数は割る整式の次数より低くなるので, 整式 $P(x)$ を 1 次式 $x - \alpha$ で割ったときの余りは定数となる。そのときの商を $Q(x)$, 余りを R とおくと

$$P(x) = (x - \alpha)Q(x) + R \qquad \text{(割られる式)} = \text{(割る式)} \times \text{(商)} + \text{(余り)}$$

が成り立つ。この等式に $x = \alpha$ を代入すると $\longleftarrow$ (割る式) $= 0$ つまり $x - \alpha = 0$ となる値を代入

$$P(\alpha) = (\alpha - \alpha)Q(\alpha) + R = R$$

となる。したがって, 次の **剰余の定理** が成り立つ。

> **剰余の定理**
>
> 整式 $P(x)$ を $x - \alpha$ で割ったときの余りは $\boldsymbol{P(\alpha)}$

例2 $P(x) = x^3 + 3x^2 - 2x - 4$ を

$x - 1$ で割ったときの余りは $P(1) = -2$

$x + 3$ で割ったときの余りは $P(-3) = 2$

練習5 $2x^3 - 7x^2 - 5x + 4$ を次の式で割ったときの余りを求めよ。

(1) $x - 1$ (2) $x - 2$ (3) $x + 1$

また, 整式 $P(x)$ を x の 1 次式 $ax + b$ で割ったときの余りは $P\left(-\dfrac{b}{a}\right)$ である。

練習6 $4x^3 - 3x + 1$ を次の式で割ったときの余りを求めよ。

(1) $2x + 1$ (2) $3x - 2$

例 ③ x^3+ax^2-1 を $x-2$ で割ったときの余りが -5 になるとき，

$P(x)=x^3+ax^2-1$ とすると $P(2)=-5$ であるから

$$P(2)=2^3+a\cdot2^2-1=-5$$

よって，$a=-3$ である。

練習 **7** x^3+ax+8 を $x+3$ で割ったときの余りが 2 になるとき，定数 a の値を求めよ。

2　2次式で割ったときの余り

整式の割り算では，余りの次数は割る式の次数より低くなる。したがって，整式 $P(x)$ を x の2次式で割ったときの余りは1次式または定数となるから，$ax+b$ の形で表される。

例題 4 整式 $P(x)$ を $x-1$ で割ると3余り，$x+2$ で割ると6余る。$P(x)$ を $(x-1)(x+2)$ で割ったときの余りを求めよ。

解 $P(x)$ を2次式 $(x-1)(x+2)$ で割ったときの商を $Q(x)$ とし，余りを $ax+b$ とおくと

$$P(x)=(x-1)(x+2)Q(x)+ax+b$$

$P(x)$ を $x-1$ で割ると3余り，$x+2$ で割ると6余るから

$$P(1)=3 \quad かつ \quad P(-2)=6 \qquad \text{←—剰余の定理より}$$

すなわち

$$\begin{cases} a+b=3 \\ -2a+b=6 \end{cases}$$

$$P(1)=a+b$$
$$P(-2)=-2a+b$$

である。これを解いて

$$a=-1, \ b=4$$

よって，求める余りは $-x+4$

練習 **8** 整式 $P(x)$ を $x+1$ で割ると7余り，$x-3$ で割ると -9 余る。$P(x)$ を $(x+1)(x-3)$ で割ったときの余りを求めよ。

3 ▶ 因数定理

整式 $P(x)$ を $x-\alpha$ で割ったときの余りは $P(\alpha)$ であるから，整式 $P(x)$ が $x-\alpha$ で割り切れるのは余りが 0，すなわち $P(\alpha)=0$ となるときである。このときの商を $Q(x)$ とすると

$$P(x)=(x-\alpha)\,Q(x)$$

と書ける。したがって，次の **因数定理** が成り立つ。

> **因数定理**
>
> $$\text{整式 } P(x) \text{ が } \boldsymbol{x-\alpha} \text{ を因数にもつ} \iff P(\boldsymbol{\alpha})=0$$

例 4 $P(x)=x^3-6x+4$ について，
$$P(2)=2^3-6\cdot2+4=0$$
よって，$P(x)$ は $x-2$ を因数にもつ。

練習 9 $x+1$，$x-2$，$x-3$ のうち，x^3-x^2-5x-3 の因数であるものはどれか。

例題 5 因数定理を用いて，x^3-3x-2 を因数分解せよ。

解 $P(x)=x^3-3x-2$ とおく。
$$P(-1)=(-1)^3-3\cdot(-1)-2=0$$
であるから，$P(x)$ は $x+1$ を因数にもつ。

右の計算から
$$\begin{aligned}P(x)&=(x+1)(x^2-x-2)\\&=(x+1)(x+1)(x-2)\\&=(x+1)^2(x-2)\end{aligned}$$
よって $x^3-3x-2=(\boldsymbol{x+1})^2(\boldsymbol{x-2})$

代入する数は，定数項の約数のなかからさがす

$$
\begin{array}{r}
x^2-x-2 \\
x+1\,\overline{)\,x^3\quad\,-3x-2} \\
\underline{x^3+x^2}\quad\quad \\
-x^2-3x \\
\underline{-x^2-\,x}\quad \\
-2x-2 \\
\underline{-2x-2} \\
0
\end{array}
$$

練習 10 次の式を因数分解せよ。
(1) x^3-7x+6
(2) x^3-3x^2+4
(3) $x^3+x^2-8x-12$
(4) $2x^3+x^2-13x+6$

3 高次方程式

x の整式 $P(x)$ が n 次式のとき，$P(x) = 0$ の形で表される方程式を x の **n 次方程式** という。また，3 次以上の方程式を **高次方程式** という。

高次方程式 $P(x) = 0$ の解法は，一般に容易ではないが，$P(x)$ が 1 次式や 2 次式の積に因数分解できるときは，簡単に解くことができる。

［1］ 因数分解の公式を用いた解法

例 5 3 次方程式 $x^3 = 1$ の解は

1 を左辺に移項して $\quad x^3 - 1 = 0$

左辺を因数分解して $\quad (x-1)(x^2+x+1) = 0$

$$x - 1 = 0 \quad \text{または} \quad x^2 + x + 1 = 0$$

よって $\qquad\qquad x = 1, \ \dfrac{-1 \pm \sqrt{3}\,i}{2}$

練習 11 次の方程式を解け。

   (1) $\quad x^3 + 1 = 0$ (2) $\quad x^3 = 27$ (3) $\quad 8x^3 - 1 = 0$

例題 6   4 次方程式 $x^4 - 3x^2 - 4 = 0$ を解け。

解   左辺を因数分解して

$$(x^2 - 4)(x^2 + 1) = 0 \qquad \longleftarrow x^2 = X \text{ とおくと}$$
$$(x+2)(x-2)(x^2+1) = 0 \qquad\quad X^2 - 3X - 4 = 0$$
$$x + 2 = 0, \ x - 2 = 0, \ x^2 + 1 = 0 \qquad (X-4)(X+1) = 0$$

よって $\quad \boldsymbol{x = \pm 2, \ \pm i}$

練習 12 次の方程式を解け。

   (1) $\quad x^4 - 1 = 0$ (2) $\quad x^4 + 2x^2 - 8 = 0$

   (3) $\quad (x^2 + x)^2 - 8(x^2 + x) + 12 = 0$ (4) $\quad x^4 + 3x^2 + 4 = 0$

［2］ 因数定理を用いた因数分解による解法

例題 7　方程式 $x^3 - x + 6 = 0$ を解け。

解　$P(x) = x^3 - x + 6$ とおく。

$P(-2) = 0$ であるから，

$P(x)$ は $x + 2$ を因数にもつ。

$$P(x) = (x+2)(x^2-2x+3)$$

したがって　$(x+2)(x^2-2x+3) = 0$

$$x+2 = 0 \quad または \quad x^2-2x+3 = 0$$

よって　$x = -2, \ 1 \pm \sqrt{2}\,i$

$$\begin{array}{r} x^2-2x+3 \\ x+2\overline{)\ x^3 \qquad -x+6} \\ \underline{x^3+2x^2} \\ -2x^2-x \\ \underline{-2x^2-4x} \\ 3x+6 \\ \underline{3x+6} \\ 0 \end{array}$$

練習13　次の方程式を解け。

(1) $x^3 + 4x^2 - 8 = 0$ 　　(2) $x^3 - 2x^2 - 7x - 4 = 0$

(3) $x^3 - 4x^2 + 4x - 3 = 0$ 　　(4) $x^4 - x^3 - 5x^2 + 3x + 2 = 0$

例題 8　方程式 $2x^3 + 5x^2 - 2x - 2 = 0$ を解け。

解　$P(x) = 2x^3 + 5x^2 - 2x - 2$ とおくと

$P\left(-\dfrac{1}{2}\right) = 0$ であるから

$P(x)$ は $2x+1$ を因数にもつ。

$$P(x) = (2x+1)(x^2+2x-2)$$

したがって，$(2x+1)(x^2+2x-2) = 0$

$$2x+1 = 0 \quad または \quad x^2+2x-2 = 0$$

よって　$x = -\dfrac{1}{2}, \ -1 \pm \sqrt{3}$

$$\begin{array}{r} x^2+2x-2 \\ 2x+1\overline{)\ 2x^3+5x^2-2x-2} \\ \underline{2x^3+\ x^2} \\ 4x^2-2x \\ \underline{4x^2+2x} \\ -4x-2 \\ \underline{-4x-2} \\ 0 \end{array}$$

練習14　次の方程式を解け。

(1) $3x^3 - 4x^2 - 2x + 1 = 0$ 　　(2) $2x^3 - 3x^2 + 4x + 3 = 0$

◀ 節|末|問|題 ▶

1. 次の等式が x についての恒等式になるように，定数 a，b，c の値を定めよ。

(1) $x^3 + ax + 3 = (x-1)(x^2 + bx + c)$

(2) $\dfrac{1}{x^3 + 1} = \dfrac{a}{x+1} + \dfrac{bx + c}{x^2 - x + 1}$

2. 次の分数式を部分分数に分解せよ。

(1) $\dfrac{1}{(x-3)(x+1)}$

(2) $\dfrac{3x-1}{x^2-1}$

3. 整式 $P(x)$ は $x-4$ で割り切れ，$x+1$ で割ると 5 余る。$P(x)$ を $x^2 - 3x - 4$ で割ったときの余りを求めよ。

4. $P(x) = x^3 + ax^2 + b$ とおく。次の(1), (2)の各場合について，定数 a，b の値を求めよ。また，そのときの商を求めよ。

(1) $P(x)$ を $x^2 + x - 2$ で割ると，余りが $5x - 3$ となる。

(2) $P(x)$ が $x^2 - 2x + 2$ で割り切れる。

5. 次の方程式を解け。

(1) $2x^4 + 7x^2 + 3 = 0$

(2) $(x^2 + 2x)(x^2 + 2x - 1) = 6$

(3) $3x^3 - 8x + 8 = 0$

(4) $x(x+1)(x+2) = 3 \cdot 4 \cdot 5$

6. 3 次方程式 $x^3 + ax^2 + x + b = 0$ の解の 1 つが $2 + i$ であるとき，実数の定数 a，b の値を求めよ。また，他の解を求めよ。

7. $P(x) = x^3 + (a-1)x^2 + (2-a)x - 2$ について，次の問いに答えよ。ただし，a は定数とする。

(1) $P(1)$ の値を求めよ。

(2) 3 次方程式 $P(x) = 0$ の異なる実数解の個数を調べよ。

◆ 2 ◆ 式と証明

1 等式の証明

1 等式の証明

等式 $A = B$ を証明するには，次の 1，2，3 のような方法がある。

1. A か B の一方を変形して，他方を導く。

2. A，B をそれぞれ変形して，同じ式を導く。

3. $A - B = 0$ を示す。

例題 1

次の等式を証明せよ。
$$(a^2 + b^2)(x^2 + y^2) = (ax + by)^2 + (ay - bx)^2$$

証明

$(左辺) = (a^2 + b^2)(x^2 + y^2)$

$\qquad = a^2x^2 + a^2y^2 + b^2x^2 + b^2y^2$

$(右辺) = (ax + by)^2 + (ay - bx)^2$

$\qquad = (a^2x^2 + 2abxy + b^2y^2) + (a^2y^2 - 2abxy + b^2x^2)$

$\qquad = a^2x^2 + a^2y^2 + b^2x^2 + b^2y^2$

よって $(a^2 + b^2)(x^2 + y^2)$

$\qquad = (ax + by)^2 + (ay - bx)^2$ ⟵ 上記 2 の方法 **終**

練習1 次の等式を証明せよ。

(1) $(x^2 + x + 1)(x^2 - x + 1) = x^4 + x^2 + 1$

(2) $(a^2 - b^2)(x^2 - y^2) = (ax + by)^2 - (ay + bx)^2$

(3) $(a + b + c)(a^2 + b^2 + c^2 - ab - bc - ca) = a^3 + b^3 + c^3 - 3abc$

2 比例式を条件とする等式の証明

$\dfrac{a}{b} = \dfrac{c}{d}$ のように，比の値が等しいことを示す式を **比例式** という。

このとき，$\dfrac{a}{b} = \dfrac{c}{d} = k$ とおくと，$a = bk$，$c = dk$ と表せる。

例題
2

$\dfrac{a}{b} = \dfrac{c}{d}$ のとき，$\dfrac{a+c}{b+d} = \dfrac{a-c}{b-d}$ を証明せよ。

証明 $\dfrac{a}{b} = \dfrac{c}{d} = k$ とおくと，$a = bk$，$c = dk$ であるから

$$(左辺) = \dfrac{a+c}{b+d} = \dfrac{bk+dk}{b+d} = \dfrac{k(b+d)}{b+d} = k$$

$$(右辺) = \dfrac{a-c}{b-d} = \dfrac{bk-dk}{b-d} = \dfrac{k(b-d)}{b-d} = k$$

よって $\dfrac{a+c}{b+d} = \dfrac{a-c}{b-d}$　　終

練習2 $\dfrac{a}{b} = \dfrac{c}{d}$ のとき，次の等式を証明せよ。

(1) $\dfrac{a}{a+b} = \dfrac{c}{c+d}$　　　　(2) $\dfrac{a+b}{a-b} = \dfrac{c+d}{c-d}$

3 ある条件のもとで成り立つ等式の証明

等式のなかには，ある条件のもとではつねに成り立つ等式がある。

例題
3

$a+b+c = 0$ のとき，次の等式を証明せよ。
$$a^2 + ac = b^2 + bc$$

証明 条件 $a+b+c = 0$ を $c = -(a+b)$ と変形し，これを代入すると
$$(左辺) = a^2 + ac = a^2 - a(a+b) = -ab$$
$$(右辺) = b^2 + bc = b^2 - b(a+b) = -ab$$
よって $a^2 + ac = b^2 + bc$　　終

練習3 $a+b+c = 0$ のとき，次の等式を証明せよ。

(1) $a^2 - bc = b^2 - ca = c^2 - ab$

(2) $ab(a+b) + bc(b+c) + ca(c+a) = -3abc$

2 ▸ 不等式の証明

不等式 $A \geqq B$ を証明するには，$A - B \geqq 0$ を示せばよい。69 ページの不等式の基本性質を使って不等式を証明してみよう。

例題 4　$a > b,\ c > d$ のとき，次の不等式を証明せよ。

$$ac + bd > ad + bc$$

証明　(左辺) $-$ (右辺) $= (ac + bd) - (ad + bc)$

$$= a(c - d) - b(c - d)$$

$$= (a - b)(c - d)$$

$a > b,\ c > d$ から　$a - b > 0,\ c - d > 0$

したがって　(左辺) $-$ (右辺) $= (a - b)(c - d) > 0$

よって　　$ac + bd > ad + bc$　　　　　　　　　　　　　**終**

練習 4　$a > b > c > d$ のとき，次の不等式を証明せよ。

$$ab + cd > ac + bd$$

1 ▸ 実数の平方

すべての実数 a について　$a^2 \geqq 0$ だから，2 つの実数 $a,\ b$ について，

$$a^2 + b^2 \geqq 0$$

が成り立つ。ここで，等号が成り立つのは $a^2 = 0$ かつ $b^2 = 0$ のとき，すなわち，$a = 0$ かつ $b = 0$ のときである。

▶ 実数の平方の性質

実数 $a,\ b$ について

$$a^2 \geqq 0 \qquad とくに, \qquad a^2 = 0 \iff a = 0$$

$$a^2 + b^2 \geqq 0 \quad とくに, \quad a^2 + b^2 = 0 \iff a = 0 \ かつ \ b = 0$$

例題
5
次の不等式を証明せよ。また，等号が成り立つときの条件を求めよ。

$$a^2 + b^2 \geqq ab$$

証明　　$(左辺) - (右辺) = a^2 - ab + b^2$

$$= \left\{ a^2 - 2a \cdot \frac{b}{2} + \left(\frac{b}{2} \right)^2 \right\} - \left(\frac{b}{2} \right)^2 + b^2 \qquad \longleftarrow a についての平方完成$$

$$= \left(a - \frac{b}{2} \right)^2 + \frac{3}{4} b^2 \geqq 0 \qquad\qquad (実数)^2 + (実数)^2 \geqq 0$$

よって $a^2 + b^2 \geqq ab$ が成り立つ。　　　　　　　　　　　　　　　終

等号が成り立つのは，$a - \dfrac{b}{2} = 0$ かつ $b = 0$ より **$a = b = 0$ のとき**である。

練習**5**　　次の不等式を証明せよ。また，等号が成り立つときの条件を求めよ。

(1) $a^2 + ab + b^2 \geqq 0$ 　　　　　　(2) $(a^2 + b^2)(x^2 + y^2) \geqq (ax + by)^2$

2　相加平均と相乗平均

$a > 0$，$b > 0$ のとき，

$$\frac{a+b}{2} を a, b の \textbf{相加平均}, \quad \sqrt{ab} を a, b の \textbf{相乗平均}$$

という。相加平均と相乗平均の大小について次の関係が成り立つ。

相加平均と相乗平均の関係

$a > 0$，$b > 0$ のとき　$\dfrac{a+b}{2} \geqq \sqrt{ab}$　$(a + b \geqq 2\sqrt{ab})$

とくに，等号が成り立つのは，$a = b$ のときである。

証明　　$\dfrac{a+b}{2} - \sqrt{ab} = \dfrac{1}{2} \{ (\sqrt{a})^2 - 2\sqrt{a}\sqrt{b} + (\sqrt{b})^2 \}$

$$= \frac{1}{2} (\sqrt{a} - \sqrt{b})^2 \geqq 0 \qquad\qquad (実数)^2 \geqq 0$$

よって　$\dfrac{a+b}{2} \geqq \sqrt{ab}$

ここで，等号が成り立つのは，$\sqrt{a} - \sqrt{b} = 0$ すなわち $a = b$ のときである。終

例題
6

$x > 0$ のとき，不等式 $x + \dfrac{9}{x} \geqq 6$ を証明せよ。また，等号が成り立つときの条件を求めよ。

(証明)

$x > 0$, $\dfrac{9}{x} > 0$ であるから，相加平均と相乗平均の関係より

$$x + \dfrac{9}{x} \geqq 2\sqrt{x \cdot \dfrac{9}{x}} \quad \text{よって} \quad x + \dfrac{9}{x} \geqq 6 \quad \boxed{終}$$

$\dfrac{a+b}{2} \geqq \sqrt{ab}$
より
$a + b \geqq 2\sqrt{ab}$

等号が成り立つのは，$x = \dfrac{9}{x}$ より $x^2 = 9$ であり，

さらに，$x > 0$ であるから，**$x = 3$ のとき** である。

練習**6**　$x > 0$, $y > 0$ のとき，次の不等式を証明せよ。また，等号が成り立つときの条件を求めよ。

(1) $x + \dfrac{1}{x} \geqq 2$　　　　　　(2) $(x+y)\left(\dfrac{1}{x} + \dfrac{1}{y}\right) \geqq 4$

---

3 ▶ **根号を含む不等式の証明**

例題
7

$a > 0$, $b > 0$ のとき，次の不等式を証明せよ。
$$\sqrt{a} + \sqrt{b} > \sqrt{a+b}$$

(証明)

$\sqrt{a} + \sqrt{b} > 0$, $\sqrt{a+b} > 0$ であるから，両辺の平方の差を調べると

$$(\sqrt{a} + \sqrt{b})^2 - (\sqrt{a+b})^2 \quad \longleftarrow \text{両辺は正だから，両辺の平方の大小を調べる}$$
$$= a + 2\sqrt{a}\sqrt{b} + b - (a+b)$$
$$= 2\sqrt{ab} > 0$$

したがって　$(\sqrt{a} + \sqrt{b})^2 > (\sqrt{a+b})^2$

よって　$\sqrt{a} + \sqrt{b} > \sqrt{a+b}$ 　　　　　　$\boxed{終}$

$A > 0$, $B > 0$ のとき
$A^2 > B^2$
$\Updownarrow$
$A > B$

練習**7**　$a > 0$, $b > 0$ のとき，不等式 $\sqrt{2(a+b)} \geqq \sqrt{a} + \sqrt{b}$ を証明せよ。また，等号が成り立つときの条件を求めよ。

◀ 節末問題

1. $a+b+c=0$ のとき，次の等式を証明せよ。

(1) $2a^2+bc=(b-a)(c-a)$ (2) $a^3+b^3+c^3=3abc$

2. $\dfrac{x}{a}=\dfrac{y}{b}=\dfrac{z}{c}$ のとき，次の等式を証明せよ。

$$(a^2+b^2+c^2)(x^2+y^2+z^2)=(ax+by+cz)^2$$

3. a, b, c を相異なる 0 でない数とする。$a^2=bc$, $b^2=ac$ が成り立つとき，次の式が成り立つことを証明せよ。

(1) $ab=c^2$ (2) $a+b+c=0$ (3) $\dfrac{1}{a}+\dfrac{1}{b}+\dfrac{1}{c}=0$

4. 次の不等式を証明せよ。また，等号が成り立つときの条件を求めよ。

(1) $5(a^2+b^2)\geqq(a+2b)^2$ (2) $a^2+b^2\geqq2(a-b-1)$

5. $a<b$, $m>0$, $n>0$ のとき，次の不等式を証明せよ。

$$a<\frac{na+mb}{m+n}<b$$

6. $a>0$, $b>0$, $c>0$ のとき，次の不等式を証明せよ。また，等号が成り立つときの条件を求めよ。

(1) $\sqrt{ab}\geqq\dfrac{2}{\dfrac{1}{a}+\dfrac{1}{b}}$ (2) $\left(a+\dfrac{1}{b}\right)\left(b+\dfrac{4}{a}\right)\geqq9$

(3) $(a+b)(b+c)(c+a)\geqq8abc$

7. 次の不等式を証明せよ。また，等号が成り立つときの条件を求めよ。

(1) $a\geqq0$, $b\geqq0$ のとき，$\sqrt{a+4b}\leqq\sqrt{a}+2\sqrt{b}$

(2) $a\geqq b\geqq0$ のとき，$\sqrt{a}-\sqrt{b}\leqq\sqrt{a-b}$

8. $a>b$, $c>d$ のとき $a+c>b+d$ であることを，不等式の基本性質（69 ページ）を使って証明せよ。

第 4 章

関数とグラフ

···· 1 ····

関数とグラフ

　関数をグラフで表すことは，関数を理解する上で極めて重要なことである。この章では，1次関数，2次関数に続いて，べき関数，分数関数，無理関数をグラフを通して考察していこう。さらに，逆関数，合成関数について学ぼう。

◆ 1 ◆ 関数とグラフ

1 べき関数

1 $y = x^n$ のグラフ

n を自然数として $y = x^n$ の形で表される関数を **べき関数** という。

$y = x^2$, $y = x^3$, $y = x^4$ などはべき関数である。$0 < a < b$ を満たす実数 a, b に対して

$$0 < a^n < b^n$$

が成り立つから, べき関数 $y = x^n$ は $x \geqq 0$ の範囲で増加する。

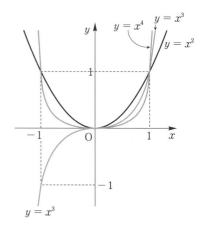

一般に, ある変域内の任意の値 a, b に対して

$a < b$ のとき $f(a) < f(b)$ ならば, $f(x)$ はその変域で **単調に増加**

$a < b$ のとき $f(a) > f(b)$ ならば, $f(x)$ はその変域で **単調に減少**

するという。

任意の x について

(i) **n が偶数のとき**

$$(-x)^n = x^n$$

であるから, グラフは y 軸に関して対称になる。$x \leqq 0$ の範囲で単調に減少, $x \geqq 0$ で単調に増加する。

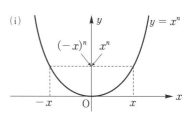

(ii) **n が奇数のとき**

$$(-x)^n = -x^n$$

であるから, グラフは原点に関して対称になる。すべての x の範囲で単調に増加する。

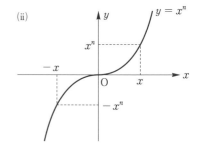

2 偶関数と奇関数

関数 $f(x)$ について，定義域内の任意の x で $f(-x) = f(x)$ が成り立つとき，$f(x)$ は **偶関数** であるといい，$f(-x) = -f(x)$ が成り立つとき，$f(x)$ は **奇関数** であるという。

たとえば，前ページの (i) n が偶数のときのべき関数は偶関数，(ii) n が奇数のときのべき関数は奇関数である。

偶関数のグラフは y 軸に関して対称であり，奇関数のグラフは原点に関して対称である。

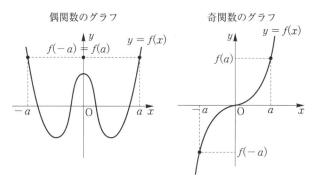

偶関数のグラフ　　　　　　　奇関数のグラフ

➡ **偶関数と奇関数**

$f(x)$ は**偶関数** $\Longleftrightarrow f(-x) = f(x)$ ←（グラフは y 軸に関して対称）

$f(x)$ は**奇関数** $\Longleftrightarrow f(-x) = -f(x)$ ←（グラフは原点に関して対称）

例1 (1) $f(x) = 2x^2$ は $f(-x) = 2(-x)^2 = 2x^2 = f(x)$ であり，
$f(-x) = f(x)$ が成り立つから偶関数である。

(2) $f(x) = -x^3$ は $f(-x) = -(-x)^3 = x^3 = -f(x)$ であり，
$f(-x) = -f(x)$ が成り立つから奇関数である。

(3) $f(x) = 2x + 1$ は $f(-x) = -2x + 1$，$-f(x) = -2x - 1$ であるから $f(-x) \neq f(x)$，$f(-x) \neq -f(x)$ であり，偶関数でも奇関数でもない。

練習1 次の関数 $f(x)$ が偶関数であるか奇関数であるか調べよ。

(1) $f(x) = 3x$　　　　(2) $f(x) = -x^2 + 3$　　(3) $f(x) = x + 1$

(4) $f(x) = x^2 + x$　　(5) $f(x) = x^3 - x$　　　(6) $f(x) = |x|$

3 グラフの平行移動

57 ページで学んだように，2次関数 $y = a(x - p)^2 + q$ のグラフは，$y = ax^2$ のグラフを x 軸方向に p，y 軸方向に q だけ平行移動したものである。

この考えは，一般の関数 $y = f(x)$ のグラフでも成り立つ。このことは次のように示される。

関数 $y = f(x)$ のグラフ上の点 P(s, t) を
　　　x 軸方向に p，y 軸方向に q
平行移動した点を Q(x, y) とすると
　　　$x = s + p,\ y = t + q$ ……①
　　　$t = f(s)$ ……②
の関係が成り立つ。

①を $s = x - p,\ t = y - q$ として
②に代入すると，次の式が得られる。
　　　$y - q = f(x - p)$

よって，点 Q(x, y) は関数 $y - q = f(x - p)$ のグラフ上の点である。

> **➡ グラフの平行移動**
>
> 関数 $y = f(x)$ のグラフを **x 軸方向に p，y 軸方向に q** だけ平行移動したグラフの方程式は
> $$y - q = f(x - p) \quad \text{または} \quad y = f(x - p) + q$$

例2 $y = (x - 3)^4 - 1$ のグラフは
　　　$y = x^4$ のグラフを
　　　　　x 軸方向に 3
　　　　　y 軸方向に -1
　　　だけ平行移動したものである。

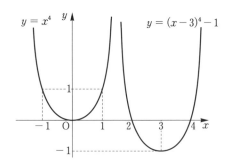

練習2　次の関数のグラフは（　）内の関数をどのように平行移動したものか。また，そのグラフをかけ。

(1) $y = (x + 1)^3 + 2$　$(y = x^3)$　　　(2) $y = -(x - 1)^4 - 3$　$(y = -x^4)$

2 ▶ 分数関数

$y = \dfrac{1}{x}$ や $y = \dfrac{4x+1}{2x-3}$ などのように，x についての分数式で表された関数で，分母に x を含む式があるものを x の **分数関数** という。

とくに指定のないとき分数関数の定義域は，分母を 0 にする x の値を除く実数全体である。

例 3 (1) $y = \dfrac{1}{x}$ の定義域は $x \neq 0$

(2) $y = \dfrac{4x+1}{2x-3}$ の定義域は $2x-3 \neq 0$ すなわち $x \neq \dfrac{3}{2}$

1 ▶ $y = \dfrac{k}{x}$ のグラフ

分数関数 $y = \dfrac{k}{x}$ $(k \neq 0)$ の定義域は $x \neq 0$，値域は $y \neq 0$ であり，グラフは下の図のようになる。$y = \dfrac{k}{x}$ は，中学で学んだ反比例である。

そのグラフは双曲線とよばれる曲線であり，原点に関して対称で，x 軸，y 軸に限りなく近づいていく。このように曲線がある直線に限りなく近づくとき，その直線を曲線の **漸近線** という（双曲線については 207 ページ参照）。

双曲線 $y = \dfrac{k}{x}$ の漸近線は直線 $x = 0$ $(y$ 軸$)$ と $y = 0$ $(x$ 軸$)$ である。

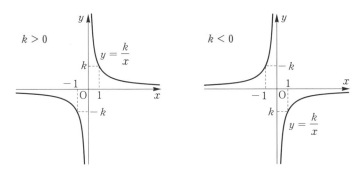

なお，このグラフのように，互いに垂直に交わる 2 直線を漸近線とする双曲線を **直角双曲線** という。

2 $y = \dfrac{k}{x-p} + q$ のグラフ

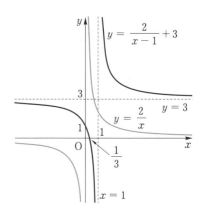

$y = \dfrac{2}{x-1} + 3$ のグラフは，

$y = \dfrac{2}{x}$ のグラフを

x 軸方向に 1，y 軸方向に 3 だけ
平行移動したもので，漸近線も同様に平
行移動するから，漸近線は

　　　2 直線 $x = 1$，$y = 3$

である。

　したがって，そのグラフは右の図のよ
うな直角双曲線である。

　一般に，次のことが成り立つ。

> **⇒ 分数関数のグラフ**
>
>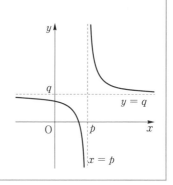
>
> 　分数関数 $y = \dfrac{k}{x-p} + q$ のグラフは，
>
> 　　$y = \dfrac{k}{x}$ のグラフを
>
> 　　**x 軸方向に p，y 軸方向に q**
>
> だけ平行移動したもので，2 直線
>
> 　　**$x = p$，$y = q$**
>
> を漸近線とする直角双曲線である。

練習3　次の分数関数のグラフの漸近線を求め，そのグラフをかけ。

(1) $y = \dfrac{3}{x-2}$

(2) $y = -\dfrac{3}{x} + 1$

(3) $y = \dfrac{1}{x+1} - 2$

(4) $y = -\dfrac{2}{x+3} - 1$

分数関数 $y = \dfrac{cx+d}{ax+b}$ $(a \neq 0,\ ad-bc \neq 0)$ を $y = \dfrac{k}{x-p} + q$ の形に変形することによって，そのグラフをかいてみよう。

分子 $cx+d$ を分母 $ax+b$ で割ったときの商を q，余りを r とすると，$y = \dfrac{cx+d}{ax+b}$ は次のように変形できる。

$$\begin{array}{r} \dfrac{c}{a} \cdots\cdots \rightarrow q \\[2pt] ax+b\,\overline{)\,cx+d} \\ cx + \dfrac{bc}{a} \\ \hline d - \dfrac{bc}{a} \cdots\cdots \rightarrow r \end{array}$$

$$y = \frac{cx+d}{ax+b} = \frac{r}{ax+b} + q = \frac{\dfrac{r}{a}}{x + \dfrac{b}{a}} + q = \frac{k}{x-p} + q$$

$$\left(\text{ただし，}\ k = \frac{r}{a},\ \ p = -\frac{b}{a},\ \ q = \frac{c}{a} \right)$$

注意 $ad-bc = 0$ のとき，$r = d - \dfrac{bc}{a} = \dfrac{1}{a}(ad-bc) = 0$ となり分数関数とならない

例題 1 分数関数 $y = \dfrac{2x-7}{x-3}$ のグラフをかけ。

解
$$y = \frac{2x-7}{x-3} = \frac{2(x-3)-1}{x-3} = \frac{-1}{x-3} + 2$$

と変形できるから，グラフは

$\quad y = -\dfrac{1}{x}$ のグラフを

$\quad x$ 軸方向に 3，y 軸方向に 2

だけ平行移動したもので，

$\quad 2$ 直線 $x = 3,\ y = 2$

を漸近線とする右の図のような直角双曲線である。

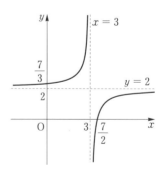

練習 4 次の分数関数のグラフの漸近線を求め，そのグラフをかけ。

(1) $y = \dfrac{x-2}{x-4}$ $\qquad$ (2) $y = \dfrac{-2x-1}{x-1}$ $\qquad$ (3) $y = \dfrac{3x}{2x-1}$

3 無理関数

$\sqrt{x+1}$, $\sqrt{2x^2-3}$ などのように，根号内に文字を含む式をその文字についての **無理式** といい，x についての無理式で表された関数を x の **無理関数** という。

無理関数の定義域は，根号内を 0 以上とする x の値の範囲である。

◀ 1 ▶ $y = \sqrt{ax}$ のグラフ

無理関数

$$y = \sqrt{x}$$

の定義域は $x \geq 0$ であり，値域は $y \geq 0$ である。定義域の x の値に対応する y の値を求めてグラフをかくと，右の図のようになる。

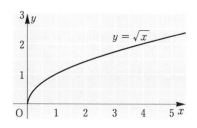

これは，$y = x^2$ のグラフを時計まわりに $90°$ 回転したものになっている。

一般に，無理関数 $y = \sqrt{ax}$ について，次のことがいえる。

> $a > 0$ のとき，定義域は $x \geq 0$，値域は $y \geq 0$
>
> $a < 0$ のとき，定義域は $x \leq 0$，値域は $y \geq 0$

例 4 無理関数 $y = \sqrt{2x}$ と $y = \sqrt{-2x}$ のグラフは次のようになる。

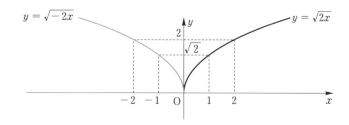

練習 5 次の無理関数のグラフをかけ。

(1) $y = -\sqrt{2x}$ (2) $y = -\sqrt{-2x}$

2 $y = \sqrt{ax + b} + q$ のグラフ ————————

グラフの平行移動の考えから次のことがいえる。

⇒ **無理関数のグラフ**

無理関数 $y = \sqrt{ax + b} + q$ のグラフは $y = \sqrt{a\left(x - \dfrac{b}{a}\right)} + q$ と変形で

きるから，$y = \sqrt{ax}$ のグラフを x 軸方向に $\dfrac{b}{a}$，y 軸方向に q だけ平行移

動したものである。

例 **5** 無理関数 $y = \sqrt{3x - 6}$ は
$$y = \sqrt{3(x - 2)}$$
と変形できるから，グラフは
$$y = \sqrt{3x}$$
のグラフを x 軸方向に 2 だけ平行移動
したものである。

また，定義域は $x \geqq 2$，値域は $y \geqq 0$ である。

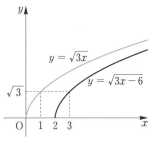

例題 **2** 無理関数 $y = \sqrt{2x + 4} + 1$ のグラフをかけ。また，定義域と値域を求めよ。

解 $y = \sqrt{2(x + 2)} + 1$ と変形で
きるから，グラフは，$y = \sqrt{2x}$
のグラフを x 軸方向に -2，y 軸
方向に 1 だけ平行移動したもので，
右図のようになる。

また，**定義域は $x \geqq -2$，**
値域は $y \geqq 1$

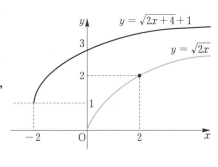

練習 **6** 次の無理関数のグラフをかけ。また，定義域と値域を求めよ。

(1) $y = \sqrt{3x + 3}$ (2) $y = \sqrt{1 - 2x}$

(3) $y = \sqrt{2x - 6} - 1$ (4) $y = -\sqrt{3x + 9} + 2$

◀ **3** ▶ **分数不等式・無理不等式**

分数方程式・不等式，無理方程式・不等式を，グラフを利用して解いてみよう。

例題3 方程式 $\dfrac{2x+1}{x-1} = x+3$ を解け。また，不等式 $\dfrac{2x+1}{x-1} \leqq x+3$ を解け。

解 $\dfrac{2x+1}{x-1} = x+3$ より

$$2x+1 = (x+3)(x-1)$$

$$(x+2)(x-2) = 0$$

$$x = 2, \; -2$$

$y = \dfrac{2x+1}{x-1} = \dfrac{3}{x-1} + 2$ のグラ

フが $y = x+3$ のグラフの下側

(交点を含む)にある範囲であるか

ら $\;-2 \leqq x < 1, \; 2 \leqq x$

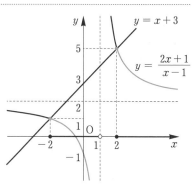

練習7 方程式 $\dfrac{3x+1}{x-1} = x+2$ を解け。また，不等式 $\dfrac{3x+1}{x-1} > x+2$ を解け。

例題4 方程式 $\sqrt{3-x} = x-1$ を解け。また，不等式 $\sqrt{3-x} < x-1$ を解け。

解 $\sqrt{3-x} = x-1$ より $3-x = (x-1)^2$

$$(x-2)(x+1) = 0 \quad x = 2, \; -1$$

右のグラフより $\;x = 2$

$y = \sqrt{3-x}$ のグラフが $y = x-1$ のグ

ラフの下側(交点を含まない)にある範囲で

あるから $\;2 < x \leqq 3$

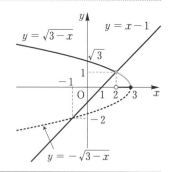

注意 $x = -1$ は方程式 $-\sqrt{3-x} = x-1$ の解であり，方程式の両辺を 2 乗
して求めたため，この解も一緒に求まった。

練習8 方程式 $\sqrt{2x+8} = x+1$ を解け。また，不等式 $\sqrt{2x+8} > x+1$ を解け。

4 ▶ 逆関数・合成関数

1 ▶ 逆関数

関数 $y = 2x + 1$ の式を x について解くと

$$x = \frac{1}{2}y - \frac{1}{2}$$

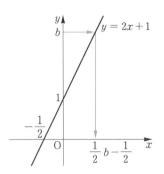

となり，任意の実数 y のそれぞれの値に対して
x の値がそれぞれただ 1 つ定まる。すなわち，
x は y の関数であることがわかる。

一般に，関数 $y = f(x)$ において，y の値を
定めると，対応する x の値がただ 1 つに定まる
とき，x は y の関数となる。

これを $x = g(y)$ と表すとき，x と y を入れかえて $y = g(x)$ と表したもの
を，もとの関数 $y = f(x)$ の **逆関数** といい，$\boldsymbol{y = f^{-1}(x)}$ で表す。

例6 関数 $y = 2x + 3$ ……① ← $y = f(x)$

の逆関数を求める。

①を x について解くと

$$x = \frac{1}{2}y - \frac{3}{2} \quad ……②　← x = g(y)$$

①の逆関数は，②の x と y を入れかえて

$$y = \frac{1}{2}x - \frac{3}{2} \quad \begin{array}{l} \leftarrow y = g(x) \\ \quad つまり \ y = f^{-1}(x) \end{array}$$

である。

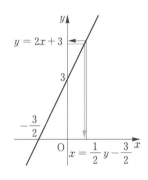

例 6 の結果から，$f(x) = 2x + 3$ のとき，$f^{-1}(x) = \dfrac{1}{2}x - \dfrac{3}{2}$ である。

なお，例 6 は x と y を入れかえて　$x = 2y + 3$

これを y について解いて　$y = \dfrac{1}{2}x - \dfrac{3}{2}$

としても求めることができる。

➡ **$y = f(x)$ の逆関数 $y = g(x)$ の求め方**

[1]　$y = f(x)$ を x について解き，$x = g(y)$ の形に変形する。

[2]　x と y を入れかえて，$y = g(x)$ とする。

例題
5

関数 $y = \sqrt{x+1}$ の逆関数を求めよ。

解　$y = \sqrt{x+1}$　……①

について，

定義域は $x \geqq -1$,

値域は $y \geqq 0$

である。

①から $\sqrt{x+1} = y$

両辺を 2 乗して

$x + 1 = y^2$

よって　$x = y^2 - 1$ $(y \geqq 0)$　……②

①の逆関数は，②の x と y を入れかえて

$$y = x^2 - 1 \quad (x \geqq 0)$$

である。

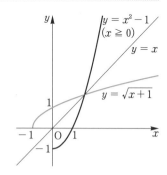

例題 5 において

関数　$y = \sqrt{x+1}$ の定義域は $x \geqq -1$, 値域は $y \geqq 0$,

逆関数 $y = x^2 - 1$ の定義域は $x \geqq 0$, 値域は $y \geqq -1$

このように，関数とその逆関数では，定義域と値域が入れかわる。

また，それぞれのグラフは直線 $y = x$ に関して対称である。

練習 9　次の関数の逆関数を求めよ。また，その逆関数の定義域と値域を答えよ。

(1)　$y = 3x + 1$ $(x \geqq 0)$

(2)　$y = -2x + 2$ $(-1 \leqq x \leqq 1)$

(3)　$y = \sqrt{x+2}$ $(-1 \leqq x \leqq 2)$

(4)　$y = \dfrac{1}{x+1}$

2 2次関数の逆関数

関数 $y = x^2$ の逆関数を考えてみよう。

$y = x^2$ を x について解くと

$$x = \pm\sqrt{y}$$

これは，1つの y の正の値に対して，x の
値が1つには定まらないことを示している。
すなわち，このままでは x は y の関数ではな
い。

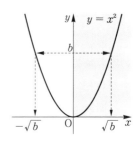

そこで，定義域を $x \geqq 0$ と制限すると $x = \sqrt{y}$ となり，逆関数 $y = \sqrt{x}$ を
もつ。

このように，関数のなかには逆関数をもたないものがあるが，定義域を制限し
て逆関数を考えることができる。

例題 6 関数 $y = x^2 + 1$ $(x \geqq 0)$ の逆関数を求めよ。また，その逆関数の定義
域と値域を答えよ。

....

解 $y = x^2 + 1$ ……①

の定義域が $x \geqq 0$ であるから，
値域は $y \geqq 1$ である。

①から $x^2 = y - 1$

したがって

$$x = \pm\sqrt{y-1}$$

$x \geqq 0$ より

$$x = \sqrt{y-1} \quad (y \geqq 1)$$

よって，逆関数は

$$y = \sqrt{x-1}$$

であり，定義域は $x \geqq 1$，値域は $y \geqq 0$ である。

練習 10 次の関数の逆関数を求めよ。また，その逆関数の定義域と値域を答えよ。

(1) $y = -x^2 - 2$ $(x \leqq 0)$ 　　　　　(2) $y = \dfrac{1}{2}x^2 + 2$ $(x \leqq 0)$

108 ページの例題 5 で,

関数 $y = \sqrt{x+1}$ とその逆関数 $y = x^2 - 1$ $(x \geqq 0)$

の定義域と値域がいれかわるのがわかった。これは一般の関数でも同様である。
すなわち,

関数 $y = f(x)$ の定義域は逆関数 $y = f^{-1}(x)$ の値域であり,

$y = f(x)$ の値域は, $y = f^{-1}(x)$ の定義域である。

また, 例題 5 で, 関数 $y = \sqrt{x+1}$ のグラフと逆関数 $y = x^2 - 1$ $(x \geqq 0)$ の
グラフは, 直線 $y = x$ に関して互いに対称になっていることがわかる。

これらの性質は例題 6 によっても確かめられる。

一般に, 関数 $y = f(x)$ のグラフと逆関数 $y = f^{-1}(x)$ のグラフは, 直線
$y = x$ に関して互いに対称になる。このことは次のように示される。

$y = f(x)$ のグラフ上の任意の点を

P$(a,\ b)$ とすると $b = f(a)$ であり

$b = f(a) \iff a = f^{-1}(b)$

が成り立つから, 点 Q$(b,\ a)$ は

$y = f^{-1}(x)$ のグラフ上にある。

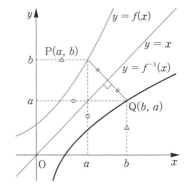

ところで, 点 P$(a,\ b)$ と点 Q$(b,\ a)$
は直線 $y = x$ に関して対称であるから,
$y = f(x)$ のグラフと $y = f^{-1}(x)$
のグラフは直線 $y = x$ に関して互いに
対称である。

以上のことから, 次の性質が成り立つ。

⇒ **逆関数の性質**

関数 $y = f(x)$ とその逆関数 $y = f^{-1}(x)$ について

[1]　定義域と値域が入れかわる。

[2]　グラフは, 直線 $y = x$ に関して互いに対称である。

4 　合成関数

2 つの関数 $f(x) = x + 3$ と $g(x) = 2x^2$ について，x に対応する $f(x)$ の値を u とすると $u = f(x)$，u に対応する $g(x)$ の値を y とすると $y = g(u)$ である。

ここで，$u = f(x)$ を $y = g(u)$ に代入すると

$$y = g(u) = g(f(x))$$
$$= g(x + 3) = 2(x + 3)^2$$

となり，y は x の関数として表される。

一般に，$f(x)$ の値域が $g(x)$ の定義域に含まれているとき関数 $f(x)$，$g(x)$ について，

$$u = f(x), \quad y = g(u) \quad とおくと，\quad y = g(u) = g(f(x))$$

が得られる。このとき，関数 $g(f(x))$ を，$f(x)$ と $g(x)$ の **合成関数** という。

合成関数 $g(f(x))$ を $(g \circ f)(x)$ と表すこともある。すなわち

$$(g \circ f)(x) = g(f(x))$$

である。

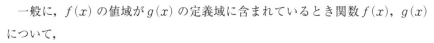

例題 7　2 つの関数 $f(x) = 2x + 3$，$g(x) = x^2 - 1$ について，次の合成関数を求めよ。

(1) $(g \circ f)(x)$ 　　　　　　　(2) $(f \circ g)(x)$

解 (1) $(g \circ f)(x) = g(f(x)) = g(2x + 3)$
$$= (2x + 3)^2 - 1 = 4x^2 + 12x + 8$$

(2) $(f \circ g)(x) = f(g(x)) = f(x^2 - 1)$
$$= 2(x^2 - 1) + 3 = 2x^2 + 1$$

この例題からわかるように，一般には $(g \circ f)(x)$ と $(f \circ g)(x)$ は等しくない。

練習11　$f(x) = x^2 - 3$，$g(x) = 2x + 1$ のとき，次の合成関数を求めよ。

(1) $(g \circ f)(x)$ 　　　　(2) $(f \circ g)(x)$ 　　　　(3) $(f \circ f)(x)$

◀ 節|末|問|題 ▦▦▦▦▦▦

1. 次の関数のグラフをかけ。

(1) $y = \dfrac{3x-7}{x-1}$ (2) $y = \sqrt{3x+4} - 1$

2. (1), (2)の方程式を解け。また, (3), (4)の不等式をグラフを利用して解け。

(1) $\dfrac{2}{x-1} = x$ (2) $\sqrt{3x+1} = x-1$

(3) $\dfrac{2}{x-1} < x$ (4) $\sqrt{3x+1} > x-1$

3. 次の関数①のグラフを, どのように平行移動すると関数②のグラフに重ねることができるか。

(1) $y = \dfrac{x}{x+1}$ ……①, $y = \dfrac{1-2x}{x-1}$ ……②

(2) $y = \sqrt{-2x+4} + 1$ ……①, $y = \sqrt{-2x-6} + 3$ ……②

4. $f(x) = ax + b$ について, $f(-1) = 8$, $f^{-1}(2) = 1$ のとき, 定数 a, b の値を求めよ。

5. 次の関数の逆関数を求めよ。

(1) $y = -\dfrac{1}{3}x + 2 \ (x \geqq 0)$ (2) $y = -x^2 + 1 \ (x \geqq 0)$

(3) $y = \sqrt{2x-1}$ (4) $y = \dfrac{2x-1}{x-2}$

6. 2つの関数 $f(x) = \dfrac{1}{x-1}$, $g(x) = \dfrac{x+a}{x}$ について, $(g \circ f)(x)$ と $(f \circ g)(x)$ が同じ関数となるように, 定数 a の値を定めよ。ただし, $a \neq 0$ とする。

第 5 章

指数関数・対数関数

··· 1 ···
指数関数
··· 2 ···
対数関数

指数法則を満たす関数，つまり指数の値を決めると値が定まる関数を指数関数という。逆に指数関数の値を定めて，そのときの指数の値を求めてみよう。この考え方は，対数関数を生んだ。歴史的にも対数関数の発見によって数学を活用する場面が大きく広がった。

◆ 1 ◆ 指数関数

1 指数の拡張

1章で学んだように，$a \neq 0$，$b \neq 0$ で，m，n が正の整数のとき，次の指数法則が成り立つ。

[1]　$a^m a^n = a^{m+n}$

[2]　$(a^m)^n = a^{mn}$

[3]　$(ab)^n = a^n b^n$

1 0と負の整数の指数

$a \neq 0$ とする。指数法則をもとにして，指数 n が 0 や負の整数の場合にも a^n を定義してみよう。

指数法則[1]が，n を正の整数として $m = 0$ のときも成り立つものとすると

$$(左辺) = a^0 a^n, \quad (右辺) = a^{0+n} = a^n \text{ から，} a^0 a^n = a^n$$

よって，$a^0 = 1$　←——$a \neq 0$ であれば，どんな数でも 0 乗したら 1 になる。

また，指数法則[1]が，$m = -n$ のときも成り立つものとすると

$$(左辺) = a^{-n} a^n, \quad (右辺) = a^{-n+n} = a^0 = 1 \text{ から，} a^{-n} a^n = 1$$

よって，$a^{-n} = \dfrac{1}{a^n}$　←——逆数はマイナス乗

以上のことから，0 と負の整数の指数について，次のように定義する。

> **⇒0と負の整数の指数**
>
> $$a \neq 0 \text{ で，} n \text{ が正の整数のとき} \quad a^0 = 1, \quad a^{-n} = \dfrac{1}{a^n}$$

例1 (1) $4^0 = 1$　　(2) $2^{-3} = \dfrac{1}{2^3} = \dfrac{1}{8}$　　(3) $(-2)^{-4} = \dfrac{1}{(-2)^4} = \dfrac{1}{16}$

練習1 次の値を求めよ。

(1) 5^{-1}　　　(2) 2^{-5}　　　(3) 10^0　　　(4) $(-5)^{-3}$

a^0, a^{-n} を前ページのように定めると，任意の整数 m, n について，前ページの指数法則[1]，[2]，[3]がすべて成り立つ。たとえば，$m = 5$，$n = -3$ とすると，[1]，[2]，[3]が成り立つことが次のようにして確かめられる。

[1]　$a^5 a^{-3} = a^5 \times \dfrac{1}{a^3} = a^2 = a^{5+(-3)}$

[2]　$(a^5)^{-3} = \dfrac{1}{(a^5)^3} = \dfrac{1}{a^{5\times3}} = \dfrac{1}{a^{15}} = a^{-15} = a^{5\times(-3)}$

[3]　$(ab)^{-3} = \dfrac{1}{(ab)^3} = \dfrac{1}{a^3 b^3} = \dfrac{1}{a^3} \times \dfrac{1}{b^3} = a^{-3} b^{-3}$

ところで，任意の整数 m, n について，次のことも成り立つ。

$$a^m \div a^n = \frac{a^m}{a^n} = a^m \times \frac{1}{a^n} = a^m a^{-n} = a^{m+(-n)} = a^{m-n}$$

$$\left(\frac{a}{b}\right)^n = (ab^{-1})^n = a^n (b^{-1})^n = a^n b^{-n} = a^n \times \frac{1}{b^n} = \frac{a^n}{b^n}$$

以上のことから，指数が整数のとき，次の指数法則が成り立つ。

> **指数法則（指数が整数）**
>
> $a \neq 0$，$b \neq 0$ で，m，n が整数のとき
>
> [1]　$a^m a^n = a^{m+n}$　　　　[2]　$(a^m)^n = a^{mn}$　　　　[3]　$(ab)^n = a^n b^n$
>
> [4]　$\dfrac{a^m}{a^n} = a^{m-n}$　　　　[5]　$\left(\dfrac{a}{b}\right)^n = \dfrac{a^n}{b^n}$

例2 (1)　$a^{-3} \times a^2 = a^{-3+2} = a^{-1} = \dfrac{1}{a}$

(2)　$a^{-3} \div a^2 = \dfrac{a^{-3}}{a^2} = a^{-3-2} = a^{-5} = \dfrac{1}{a^5}$

(3)　$(a^2 b^{-3})^2 = (a^2)^2 (b^{-3})^2 = a^{2\times2} \times b^{(-3)\times2} = a^4 b^{-6} = \dfrac{a^4}{b^6}$

練習2　$a \neq 0$，$b \neq 0$ のとき，次の計算をせよ。

(1)　$a^4 a^{-2}$　　　　　　　(2)　$(a^{-3})^2$　　　　　　　(3)　$(a^{-2}b)^2$

(4)　$a^3 \div a^{-5}$　　　　　(5)　$a^4 \times a^{-3} \div (a^2)^{-1}$　　(6)　$(a^3 b^{-2})^2 \div (a^4 b^{-3})$

2 累乗根

実数 a と 2 以上の整数 n に対して，n 乗して a になる数，すなわち

$$x^n = a$$

を満たす x を a の **n 乗根** という。a の 2 乗根（平方根），a の 3 乗根（立方根），a の 4 乗根，…… をまとめて a の **累乗根** という。

例3 (1) $(-4)^3 = -64$ であるから，-4 は $x^3 = -64$ の解，すなわち -64 の 3 乗根である。

(2) $2^4 = 16$，$(-2)^4 = 16$ であるから，2 と -2 は $x^4 = 16$ の解，すなわち 16 の 4 乗根である。

一般に，$a \neq 0$ のとき，a の n 乗根について，次のことがいえる。

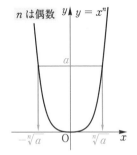

(i) **n が奇数のとき**

a の正負に関係なく，a の n 乗根はただ 1 つあり，これを $\sqrt[n]{a}$ で表す。

例4 $\sqrt[3]{8} = 2$，$\sqrt[3]{-8} = -2$

(ii) **n が偶数のとき**

$a > 0$ のとき，a の n 乗根は正と負の 2 つあり，

正の方を $\sqrt[n]{a}$ で表し，

負の方は $-\sqrt[n]{a}$ と表す。

$a < 0$ のとき，a の n 乗根は実数の範囲で存在しない。

例5 $\sqrt[4]{81} = 3$，$-\sqrt[4]{81} = -3$

練習3 次の値を求めよ。

(1) $\sqrt[6]{64}$ (2) $-\sqrt[4]{625}$ (3) $\sqrt[5]{-243}$

注意 $\sqrt[2]{a}$ は $\sqrt{a}$ と書く。また，n が奇数，偶数のいずれであっても $\sqrt[n]{0} = 0$ である。

◀ **3** ▶ 累乗根の性質

$a > 0$ で，n が 2 以上の整数のとき，

$\sqrt[n]{a}$ は a のただ 1 つの正の n 乗根である。

すなわち，$a > 0$ のとき，

$$(\sqrt[n]{a})^n = a, \quad \sqrt[n]{a} > 0$$

$$x^n = a$$
$$\Updownarrow$$
$$x \text{ は } a \text{ の } n \text{ 乗根}$$

一般に，累乗根について，次の性質が成り立つ。

> **累乗根の性質**
>
> $a > 0$，$b > 0$ で，m，n が 2 以上の整数のとき
>
> [1] $\sqrt[n]{a}\,\sqrt[n]{b} = \sqrt[n]{ab}$ [2] $\dfrac{\sqrt[n]{a}}{\sqrt[n]{b}} = \sqrt[n]{\dfrac{a}{b}}$
>
> [3] $(\sqrt[n]{a})^m = \sqrt[n]{a^m}$ [4] $\sqrt[m]{\sqrt[n]{a}} = \sqrt[mn]{a}$

[1]の証明   左辺を n 乗すると，指数法則により

$$(\sqrt[n]{a}\,\sqrt[n]{b})^n = (\sqrt[n]{a})^n(\sqrt[n]{b})^n = ab$$

また，$\sqrt[n]{a} > 0$，$\sqrt[n]{b} > 0$ から $\sqrt[n]{a}\,\sqrt[n]{b} > 0$

よって，$\sqrt[n]{a}\,\sqrt[n]{b}$ は ab の正の n 乗根であるから

$$\sqrt[n]{a}\,\sqrt[n]{b} = \sqrt[n]{ab}$$ 終

練習 4   上と同様にして，累乗根の性質[2]，[3]，[4]を証明せよ。

また，累乗根の性質[3]より $\sqrt[n]{a^n} = (\sqrt[n]{a})^n = a$ である。

例 6 (1) $\sqrt[3]{2}\,\sqrt[3]{4} = \sqrt[3]{2 \times 4} = \sqrt[3]{2^3} = 2$

  (2) $\dfrac{\sqrt[5]{64}}{\sqrt[5]{2}} = \sqrt[5]{\dfrac{64}{2}} = \sqrt[5]{32} = \sqrt[5]{2^5} = 2$

  (3) $\sqrt{\sqrt[3]{729}} = \sqrt[6]{729} = \sqrt[6]{3^6} = 3$

練習 5   次の値を求めよ。

  (1) $\sqrt[5]{4}\,\sqrt[5]{8}$ (2) $\dfrac{\sqrt[3]{54}}{\sqrt[3]{2}}$ (3) $\sqrt[5]{\sqrt{1024}}$ (4) $\sqrt[3]{27^4}$ (5) $\sqrt[6]{125}$

4 有理数の指数

指数が有理数の場合も，115 ページの指数法則[1]，[2]が成り立つものとすると，たとえば，$a > 0$ として，$(a^{\frac{2}{3}})^3 = a^{\frac{2}{3} \times 3} = a^2$ であるから $a^{\frac{2}{3}}$ は a^2 の 3 乗根，すなわち $a^{\frac{2}{3}} = \sqrt[3]{a^2}$ である。

また，$a^{-\frac{1}{3}} \times a^{\frac{1}{3}} = a^{-\frac{1}{3}+\frac{1}{3}} = a^0 = 1$ であるから $a^{-\frac{1}{3}} = \dfrac{1}{a^{\frac{1}{3}}}$ である。

そこで，有理数の指数を次のように定義する。

▶**有理数の指数**

> $a > 0$ で，m が正の，n が 2 以上の整数，r が正の有理数のとき
> $$a^{\frac{m}{n}} = \sqrt[n]{a^m}, \qquad a^{-r} = \frac{1}{a^r}$$

例7 (1) $8^{\frac{2}{3}} = \sqrt[3]{8^2} = \sqrt[3]{(2^3)^2} = \sqrt[3]{(2^2)^3} = 2^2 = 4$

(2) $16^{-\frac{3}{4}} = \dfrac{1}{16^{\frac{3}{4}}} = \dfrac{1}{\sqrt[4]{16^3}} = \dfrac{1}{\sqrt[4]{(2^4)^3}} = \dfrac{1}{\sqrt[4]{(2^3)^4}} = \dfrac{1}{2^3} = \dfrac{1}{8}$

練習6 次の値を求めよ。

(1) $9^{\frac{1}{2}}$ (2) $27^{\frac{2}{3}}$ (3) $125^{-\frac{1}{3}}$ (4) $16^{-\frac{3}{2}}$

練習7 次の式を a^r の形に書け。ただし，$a > 0$ とする。

(1) $\sqrt[5]{a^2}$ (2) $\sqrt{a^{-3}}$ (3) $\dfrac{1}{\sqrt[7]{a^5}}$ (4) $\dfrac{1}{(\sqrt[3]{a})^5}$

一般に，指数が有理数のときにも，指数法則が成り立つ。

▶**指数法則（指数が有理数）**

> $a > 0$，$b > 0$ で，r，s が有理数のとき
> [1] $a^r a^s = a^{r+s}$ [2] $(a^r)^s = a^{rs}$ [3] $(ab)^r = a^r b^r$
> [4] $\dfrac{a^r}{a^s} = a^{r-s}$ [5] $\left(\dfrac{a}{b}\right)^r = \dfrac{a^r}{b^r}$

$a > 0$, $b > 0$ のとき，たとえば，$r = \dfrac{1}{3}$, $s = \dfrac{2}{3}$ の場合について，前ページの指数法則[1]が成り立つことが，次のようにして確かめられる。

$$a^r a^s = a^{\frac{1}{3}} a^{\frac{2}{3}} = \sqrt[3]{a} \times \sqrt[3]{a^2} = \sqrt[3]{a^{1+2}} = a^{\frac{1+2}{3}} = a^{\frac{1}{3}+\frac{2}{3}} = a^{r+s}$$

練習8 $r = \dfrac{1}{3}$, $s = \dfrac{2}{3}$ のとき，前ページの指数法則[2]，[3]が成り立つことを確かめよ。

例8 (1) $9^{\frac{5}{3}} \times 3^{-\frac{1}{3}} = (3^2)^{\frac{5}{3}} \times 3^{-\frac{1}{3}} = 3^{\frac{10}{3} - \frac{1}{3}} = 3^3 = 27$

(2) $(81^{\frac{3}{4}})^{\frac{1}{3}} = 81^{\frac{3}{4} \times \frac{1}{3}} = 81^{\frac{1}{4}} = (3^4)^{\frac{1}{4}} = 3^{4 \times \frac{1}{4}} = 3$

(3) $a > 0$ とすると

$$\sqrt{a} \times \sqrt[4]{a} \div \sqrt[3]{a^2} = a^{\frac{1}{2}} \times a^{\frac{1}{4}} \div a^{\frac{2}{3}}$$
$$= a^{\frac{1}{2} + \frac{1}{4} - \frac{2}{3}} = a^{\frac{1}{12}} = \sqrt[12]{a}$$

練習9 次の計算をせよ。ただし，$a > 0$, $b > 0$ とする。

(1) $2^{\frac{3}{4}} \times 2^{\frac{1}{12}} \div 2^{\frac{1}{3}}$　　(2) $(27^{\frac{4}{9}})^{-\frac{3}{2}}$　　(3) $\sqrt[4]{25} \times \sqrt[6]{125}$

(4) $\sqrt{a} \div \sqrt[6]{a^5} \times \sqrt[3]{a}$　　(5) $ab^2 \times \sqrt[4]{a^{-3}b} \div \sqrt{ab^5}$

COLUMN　無理数の指数

$a > 0$ で，指数 r が無理数のとき，a^r について考えてみよう。

たとえば，

$$\sqrt{3} = 1.7320508\cdots\cdots$$

に対して，有理数を指数とする数の列

$$2^{1.7},\ 2^{1.73},\ 2^{1.732},\ 2^{1.7320},\ 2^{1.73205},\ \cdots\cdots$$

は，右の表のように一定の値に限りなく近づいていく。そこで，その値を $2^{\sqrt{3}}$ と定める。

このようにして，$a > 0$ のとき，任意の無理数 r に対して a^r を定めることができる。

$2^{1.7}$	$= 3.249009585\cdots\cdots$
$2^{1.73}$	$= 3.317278183\cdots\cdots$
$2^{1.732}$	$= 3.321880096\cdots\cdots$
$2^{1.7320}$	$= 3.321880096\cdots\cdots$
$2^{1.73205}$	$= 3.321995225\cdots\cdots$
$\vdots$	$\vdots$
$2^{\sqrt{3}}$	$= 3.321997085\cdots\cdots$

注意 指数法則は，指数が任意の実数のときにも成り立つ。

2 ▶ 指数関数とそのグラフ

a を 1 でない正の定数とするとき, $y = a^x$ は x の関数である。

この関数

$$y = a^x$$

を, a を **底** とする x の **指数関数** という。

1 ▶ 指数関数のグラフ

関数 $y = 2^x$ のグラフをかいてみよう。

$x = \dfrac{1}{2}, \ \dfrac{3}{2}, \ -\dfrac{1}{2}$ のときの 2^x の値は, 次のようになる。

$$2^{\frac{1}{2}} = \sqrt{2} \fallingdotseq 1.414, \qquad 2^{\frac{3}{2}} = 2\sqrt{2} \fallingdotseq 2.828,$$

$$2^{-\frac{1}{2}} = \frac{1}{\sqrt{2}} = \frac{\sqrt{2}}{2} \fallingdotseq 0.707$$

このようにして, いろいろな x の値に対する 2^x の値を計算すると, 次の表のようになる。

x	$\cdots$	-2	$-\dfrac{3}{2}$	-1	$-\dfrac{1}{2}$	0	$\dfrac{1}{2}$	1	$\dfrac{3}{2}$	2	$\dfrac{5}{2}$	3	$\cdots$
2^x	$\cdots$	0.25	0.354	0.5	0.707	1	1.414	2	2.828	4	5.657	8	$\cdots$

この表をもとに, 関数 $y = 2^x$ における値の組 (x, y) を座標とする点を座標平面上にとると, 右の図のような曲線上に並ぶことがわかる。

この曲線が $y = 2^x$ のグラフである。

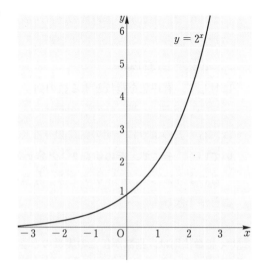

次に，指数関数 $y = 2^x$ と $y = \left(\dfrac{1}{2}\right)^x$ のグラフを考えてみよう。

x の値に対する y の値を求めて表をつくり，同じ座標平面上にグラフをかくと，次のようになる。

x	$\cdots$	-4	-3	-2	-1	0	1	2	3	4	$\cdots$
$y = 2^x$	$\cdots$	$\dfrac{1}{16}$	$\dfrac{1}{8}$	$\dfrac{1}{4}$	$\dfrac{1}{2}$	1	2	4	8	16	$\cdots$
$y = \left(\dfrac{1}{2}\right)^x$	$\cdots$	16	8	4	2	1	$\dfrac{1}{2}$	$\dfrac{1}{4}$	$\dfrac{1}{8}$	$\dfrac{1}{16}$	$\cdots$

$$\left(\dfrac{1}{2}\right)^{-x} = (2^{-1})^{-x} = 2^{(-1) \times (-x)} = 2^x$$

であり，右の図のように $y = \left(\dfrac{1}{2}\right)^x$ のグラフは
$y = 2^x$ のグラフと y 軸に関して対称で，右の図
の黒の実線で表された曲線となる。

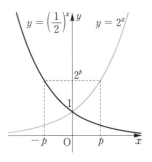

この曲線が，指数関数 $y = \left(\dfrac{1}{2}\right)^x$ のグラフで
ある。

一般に，$y = \left(\dfrac{1}{a}\right)^x$ は $y = \left(\dfrac{1}{a}\right)^x = a^{-x}$ と変形できるので，そのグラフは，
$y = a^x$ のグラフと y 軸に関して対称である。

$a > 0$, $a \neq 1$ のとき，指数関数 $y = a^x$ のグラフは次のようになる。

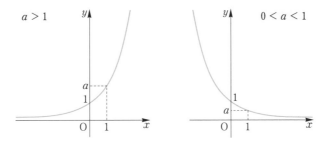

練習**10** 同じ座標平面上に，関数 $y = 3^x$, $y = \left(\dfrac{1}{3}\right)^x$ のグラフをかけ。

2 指数関数の性質

指数関数 $y = a^x$ $(a > 0,\ a \neq 1)$ には，次の性質がある。

➡ 指数関数 $y = a^x$ の性質

[1] 定義域は実数全体，値域は正の実数全体である。

[2] グラフは点 $(0,\ 1)$，$(1,\ a)$ を通る。

[3] x 軸が漸近線である。

[4] $a > 1$ のとき

　　x の値が増加すると y の値も増加する。

　　すなわち

　　$s < t \iff a^s < a^t$ （単調増加）

　　$0 < a < 1$ のとき

　　x の値が増加すると y の値は減少する。

　　すなわち

　　$s < t \iff a^s > a^t$ （単調減少）

以上により $s = t \iff a^s = a^t$ もいえる。

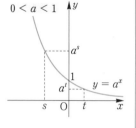

例題 1 $\sqrt[7]{64}$，$\sqrt[5]{16}$，$\sqrt[4]{32}$ を小さい方から順に並べよ。

解 $\sqrt[7]{64} = \sqrt[7]{2^6} = 2^{\frac{6}{7}}$，$\sqrt[5]{16} = \sqrt[5]{2^4} = 2^{\frac{4}{5}}$，

$\sqrt[4]{32} = \sqrt[4]{2^5} = 2^{\frac{5}{4}}$

指数を比較すると $\dfrac{4}{5} < \dfrac{6}{7} < \dfrac{5}{4}$

底 2 は 1 より大きいから ← $y = 2^x$ のグラフは単調増加

　　$2^{\frac{4}{5}} < 2^{\frac{6}{7}} < 2^{\frac{5}{4}}$

よって，$\sqrt[5]{16} < \sqrt[7]{64} < \sqrt[4]{32}$

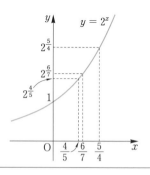

練習11 次の各数を小さい方から順に並べよ。

(1) $\sqrt[4]{3^3}$，$\sqrt[3]{3^4}$，$\sqrt{3}$

(2) $\sqrt{\dfrac{1}{2}}$，$\sqrt[3]{\dfrac{1}{4}}$，$\sqrt[4]{\dfrac{1}{8}}$

3 指数関数を含む方程式・不等式

例題2 次の方程式，不等式を解け。

(1) $8^x = 4$

(2) $\left(\dfrac{1}{3}\right)^x < \dfrac{1}{81}$

解 (1) $8^x = (2^3)^x = 2^{3x}$ より $2^{3x} = 2^2$ ←——両辺の底をそろえる

$3x = 2$ より $x = \dfrac{2}{3}$ ←——指数部分を等しくおく

(2) $\dfrac{1}{81} = \left(\dfrac{1}{3}\right)^4$ より $\left(\dfrac{1}{3}\right)^x < \left(\dfrac{1}{3}\right)^4$ ←—— $y = \left(\dfrac{1}{3}\right)^x$ のグラフは単調減少

底 $\dfrac{1}{3}$ は 1 より小さいから $x > 4$ 　底が 1 より小さいとき指数が大きくなるほど，値が小さくなる

練習12 次の方程式，不等式を解け。

(1) $27^x = 81$

(2) $25^x = \dfrac{1}{\sqrt{5}}$

(3) $\left(\dfrac{1}{2}\right)^{3x} = 16^{-x+2}$

(4) $3^{-x} < 3\sqrt{3}$

(5) $4^{1-x} \geqq 128$

(6) $5 \cdot \left(\dfrac{1}{5}\right)^{2x} \geqq \dfrac{1}{\sqrt[3]{5}}$

例題3 方程式 $2^{2x} + 2^{x+1} = 8$ を解け。

解 $2^{2x} = (2^x)^2$, $2^{x+1} = 2^x \cdot 2^1 = 2 \cdot 2^x$ であるから，方程式を変形すると

$(2^x)^2 + 2 \cdot 2^x - 8 = 0$

$2^x = t$ とおくと $t > 0$ であり ←——つねに $a^x > 0$

$t^2 + 2t - 8 = 0$ ←——置き換えて 2 次方程式

$(t+4)(t-2) = 0$

$t > 0$ より $t = 2$ すなわち $2^x = 2$ よって $x = 1$

練習13 次の方程式，不等式を解け。

(1) $2^{2x} - 9 \cdot 2^x + 8 = 0$

(2) $9^x - 3^{x+1} - 54 = 0$

(3) $4^x - 3 \cdot 2^x + 2 \leqq 0$

(4) $3^{2x+1} + 5 \cdot 3^x - 2 > 0$

◀ 節末問題

1. 次の式を a^r の形に書け。ただし，$a > 0$ とする。

(1) $a^{\frac{5}{3}} \div a^{\frac{1}{6}} \times a^{\frac{1}{2}}$

(2) $\sqrt[3]{a^2} \times \sqrt[4]{a} \div \sqrt[6]{a^5}$

(3) $\sqrt[3]{\sqrt[4]{a\sqrt[3]{a}}}$

(4) $\dfrac{a\sqrt[4]{a}}{\sqrt{a\sqrt{a}}}$

2. 次の計算をせよ。

(1) $2^{\frac{1}{3}} \times 8^{\frac{1}{2}} \times 4^{\frac{1}{12}}$

(2) $6^{\frac{1}{2}} \times 12^{\frac{1}{4}} \div 9^{\frac{1}{4}}$

(3) $\left\{ \left(\dfrac{16}{25} \right)^{\frac{3}{4}} \right\}^{-\frac{2}{3}}$

(4) $(\sqrt[3]{2} + 1)(\sqrt[3]{4} - \sqrt[3]{2} + 1)$

3. 次の各数を小さい方から順に並べよ。

(1) $8^{\frac{1}{2}}$，$4^{-\frac{2}{3}}$，1，$(2\sqrt{2})^3$，$16^{\frac{3}{4}}$

(2) $\sqrt{2}$，$\sqrt[3]{3}$，$\sqrt[5]{5}$

4. 次の方程式を解け。

(1) $5^x = 25\sqrt{5}$

(2) $16 \cdot 8^x = 1$

(3) $\left(\dfrac{1}{9} \right)^x = 3^{x+3}$

5. 次の不等式を解け。

(1) $3^{3x-1} < \sqrt{3}$

(2) $\left(\dfrac{1}{2} \right)^3 < \left(\dfrac{1}{2} \right)^x < 1$

(3) $\left(\dfrac{1}{3} \right)^{2x-1} > 27^{2-x}$

6. 次の方程式，不等式を解け。

(1) $9^{x+\frac{1}{2}} - 10 \cdot 3^x + 3 = 0$

(2) $\left(\dfrac{1}{4} \right)^x - \left(\dfrac{1}{2} \right)^{x-1} - 8 \geqq 0$

7. $3^x + 3^{-x} = 3$ のとき，次の式の値を求めよ。

(1) $9^x + 9^{-x}$

(2) $27^x + 27^{-x}$

◆ 2 ◆ 対数関数

1 対数とその性質

1 対数の定義

　前節で学んだように，$a > 0$, $a \neq 1$ とするとき，指数関数 $y = a^x$ のグラフは右の図のようになる。

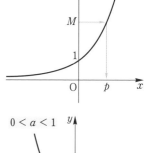

　グラフからわかるように，任意の正の数 M に対して，M に対応する p の値が 1 つ存在する。すなわち

$$a^p = M \qquad \cdots\cdots ①$$

を満たす p の値がただ 1 つ定まる。

　この p を

　　a を **底** とする M の **対数**

といい

$$p = \log_a M \qquad \cdots\cdots ②$$

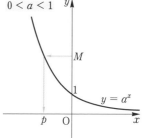

で表す。また，このとき，M を

　　a を底とする対数 p の **真数**

という。

　底は 1 以外の正の数であり，真数は正の数である。

> **指数と対数の関係**
>
> 　$a > 0$, $a \neq 1$ で，$M > 0$ のとき
>
> $$a^p = M \iff p = \log_a M$$

　対数の定義から，$a > 0$, $a \neq 1$ で，$M > 0$ のとき，$a^{\log_a M} = M$ である。これは，上の②を①に代入しても確かめることができる。

　|注意|　$\log$ は，対数を意味する logarithm からきた記号である。

例1 (1) $2^3 = 8$ であるから $3 = \log_2 8$

(2) $4^{0.5} = 2$ であるから $0.5 = \log_4 2$

$$a^p = M$$
$$\Updownarrow$$
$$p = \log_a M$$

練習1 次の等式を $p = \log_a M$ の形で表せ。

(1) $3^2 = 9$ (2) $2^5 = 32$ (3) $8^{-\frac{2}{3}} = \frac{1}{4}$ (4) $5^0 = 1$

練習2 次の等式を $a^p = M$ の形で表せ。

(1) $\log_{10} 100 = 2$ (2) $\log_{\frac{1}{2}} 8 = -3$ (3) $\log_3 \frac{1}{81} = -4$

$a > 0,\ a \neq 1$ で，$M > 0$ のとき

$$M = a^p \iff \log_a M = p$$

であるから，一般に次の等式が成り立つ。

$$\log_a a^p = p$$

例2 $\log_3 81$ の値は，$81 = 3^4$ より $\log_3 81 = 4$ である。

練習3 次の値を求めよ。

(1) $\log_5 125$ (2) $\log_2 \frac{1}{4}$ (3) $\log_3 \sqrt{3}$

例題 1 $\log_4 8$ の値を求めよ。

解 $\log_4 8 = x$ とおくと，定義より $4^x = 8$

$4^x = (2^2)^x = 2^{2x},\ 8 = 2^3$ であるから $2^{2x} = 2^3$

ゆえに，$2x = 3$ より $x = \frac{3}{2}$ よって，$\log_4 8 = \frac{3}{2}$

練習4 次の値を求めよ。

(1) $\log_8 2$ (2) $\log_4 2\sqrt{2}$ (3) $\log_{\frac{1}{9}} 27$

練習5 次の等式を満たす $p,\ M,\ a$ の値をそれぞれ求めよ。

(1) $\log_{10} 10\sqrt{10} = p$ (2) $\log_5 M = -2$ (3) $\log_a 27 = 3$

2 対数の性質

対数に関するいろいろな性質を調べてみよう。

$a > 0$, $a \ne 1$ のとき, $a^0 = 1$, $a^1 = a$ であるから, 次のことがいえる。

$$\log_a 1 = 0, \quad \log_a a = 1$$

さらに, 指数法則と対数の定義から, 次の性質が導かれる。

対数の性質

$a > 0$, $a \ne 1$, $M > 0$, $N > 0$ で, r を実数とするとき

[1] $\log_a MN = \log_a M + \log_a N$

[2] $\log_a \dfrac{M}{N} = \log_a M - \log_a N$

[3] $\log_a M^r = r \log_a M$

[1]の証明 $\log_a M = p$, $\log_a N = q$ とおくと, $M = a^p$, $N = a^q$

よって $MN = a^p a^q = a^{p+q}$

ゆえに $p + q = \log_a MN$

したがって $\log_a MN = \log_a M + \log_a N$ 　終

[3]の証明 $\log_a M = p$ とおくと, $M = a^p$

両辺を r 乗すると $M^r = a^{pr}$

ゆえに $\log_a M^r = pr$

よって $\log_a M^r = r \log_a M$ 　終

練習6 上の [1]の証明 にならって, 対数の性質[2]を証明せよ。

例3 (1) $\log_{10} 2 + \log_{10} 5 = \log_{10}(2 \times 5) = \log_{10} 10 = 1$

(2) $\log_2 7 - \log_2 56 = \log_2 \dfrac{7}{56} = \log_2 \dfrac{1}{8} = \log_2 2^{-3} = -3$

練習7 次の式を簡単にせよ。

(1) $\log_6 3 + \log_6 12$ 　　　　(2) $\log_5 7 - \log_5 35$

対数の性質として，次のことが成り立つ。

$$\log_a \frac{1}{N} = -\log_a N, \qquad \log_a \sqrt[n]{M} = \frac{1}{n}\log_a M$$

例題 2

次の式を簡単にせよ。

$$3\log_3 \sqrt{2} + \frac{1}{2}\log_3 6 - \log_3 4$$

解

$3\log_3 \sqrt{2} + \frac{1}{2}\log_3 6 - \log_3 4$

$= \log_3 (\sqrt{2})^3 + \log_3 6^{\frac{1}{2}} - \log_3 4$

$= \log_3 \left(2\sqrt{2} \times \sqrt{6} \times \frac{1}{4}\right) = \log_3 \sqrt{3} = \log_3 3^{\frac{1}{2}} = \dfrac{1}{2}$

練習 8　次の式を簡単にせよ。

(1)　$\log_2 \sqrt{10} + \log_2 \sqrt{\dfrac{2}{5}}$　　　　(2)　$2\log_3 3\sqrt{2} - \log_3 2$

(3)　$\dfrac{1}{3}\log_{10} 8 + \log_{10} \dfrac{3}{2} - \log_{10} 3$　　(4)　$\log_3 \dfrac{\sqrt{2}}{3} - 2\log_3 \sqrt{6} + \dfrac{1}{2}\log_3 2$

例題 3

$\log_{10} 2 = p,\ \log_{10} 3 = q$ とするとき，次の値を $p,\ q$ で表せ。

(1)　$\log_{10} \sqrt{18}$　　　　　(2)　$\log_{10} 5$

解 (1)　$\log_{10} \sqrt{18} = \log_{10} 3\sqrt{2} = \log_{10} \sqrt{2} + \log_{10} 3$

$\qquad\qquad = \log_{10} 2^{\frac{1}{2}} + \log_{10} 3 = \dfrac{1}{2}\log_{10} 2 + \log_{10} 3 = \dfrac{1}{2}p + q$

(2)　$\log_{10} 5 = \log_{10} \dfrac{10}{2} = \log_{10} 10 - \log_{10} 2 = 1 - p$

練習 9　$\log_{10} 2 = p,\ \log_{10} 3 = q$ とするとき，次の値を $p,\ q$ で表せ。

(1)　$\log_{10} 12$　　　　(2)　$\log_{10} \dfrac{27}{8}$　　　　(3)　$\log_{10} \sqrt{15}$

◀ 3 ▶ 底の変換公式

次の公式を利用することにより，ある底の対数を，別の底の対数に書き直すことができる。この公式を **底の変換公式** という。

> **➡ 底の変換公式**
>
> a, b, c が正の数で，$a \neq 1$，$c \neq 1$ のとき
> $$\log_a b = \frac{\log_c b}{\log_c a}$$

証明 $\log_a b = p$ とおくと

$$a^p = b$$

$c \neq 1$ であるから，両辺の c を底とする対数をとると

$$\log_c a^p = \log_c b$$

したがって $p \log_c a = \log_c b$

ここで，$a \neq 1$ より，$\log_c a \neq 0$ であるから $p = \dfrac{\log_c b}{\log_c a}$

よって $\log_a b = \dfrac{\log_c b}{\log_c a}$

$\bigcirc = \bullet$

$\Updownarrow$

$\log_c \bigcirc = \log_c \bullet$

例題 4 次の式を簡単にせよ。

(1) $\log_4 8$ (2) $\log_3 4 \cdot \log_4 9$

解 (1) $\log_4 8 = \dfrac{\log_2 8}{\log_2 4} = \dfrac{\log_2 2^3}{\log_2 2^2} = \dfrac{3\log_2 2}{2\log_2 2} = \dfrac{3}{2}$

(2) $\log_3 4 \cdot \log_4 9 = \log_3 4 \cdot \dfrac{\log_3 9}{\log_3 4}$ ←── 対数の底をそろえる

$= \log_3 9 = \log_3 3^2 = \mathbf{2}$

練習 10 次の式を簡単にせよ。

(1) $\log_{16} 32$ (2) $\log_3 8 \cdot \log_4 3$ (3) $\log_2 48 - \log_4 36$

練習 11 a, b, c は正の数で，$a \neq 1$，$b \neq 1$，$c \neq 1$ のとき，次の等式を証明せよ。

(1) $\log_a b = \dfrac{1}{\log_b a}$ (2) $\log_a b \cdot \log_b c \cdot \log_c a = 1$

2 対数関数とそのグラフ

a を1でない正の定数とするとき，関数

$$y = \log_a x$$

を，a を **底** とする x の **対数関数** という。

1 対数関数のグラフ

関数 $y = \log_2 x$ のグラフをかいてみよう。

$x = \dfrac{1}{2}$, 1, 2 のときの $\log_2 x$ の値は，次のようになる。

$$x = \frac{1}{2} = 2^{-1} \text{ のとき } \quad \log_2 2^{-1} = -\log_2 2 = -1$$

$$x = 1 \qquad\qquad \text{のとき } \quad \log_2 1 = 0$$

$$x = 2 \qquad\qquad \text{のとき } \quad \log_2 2 = 1$$

このようにして，いろいろな x の値に対する y の値を求めると，次の表のようになる。

x	$\cdots$	$\dfrac{1}{8}$	$\dfrac{1}{4}$	$\dfrac{1}{2}$	1	2	4	8	$\cdots$
y	$\cdots$	-3	-2	-1	0	1	2	3	$\cdots$

この表をもとに，関数 $y = \log_2 x$ における値の組 (x, y) を座標とする点を座標平面上にとると，右の図のような曲線上に並ぶことがわかる。この曲線が $y = \log_2 x$ のグラフである。

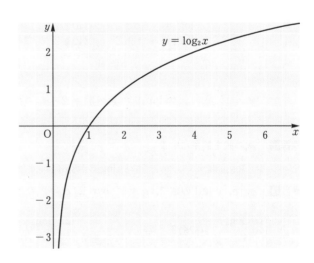

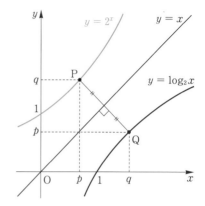

2 対数関数と指数関数

対数関数のグラフと指数関数のグラフの位置関係を調べてみよう。

いま,点 $P(p, q)$ が関数 $y = 2^x$ のグラフ上にあれば $q = 2^p$ が成り立つ。

対数の定義より

$$q = 2^p \iff p = \log_2 q$$

であるから,点 $Q(q, p)$ は,関数 $y = \log_2 x$ のグラフ上にある。

ここで,点 $P(p, q)$ と点 $Q(q, p)$ は,図のように,直線 $y = x$ に関して対称である。

一般に,対数関数 $y = \log_a x$ は指数関数 $y = a^x$ の逆関数であり,指数関数 $y = a^x$ は対数関数 $y = \log_a x$ の逆関数である。

これらのグラフは,直線 $y = x$ に関して対称である。

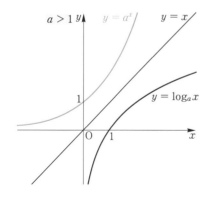

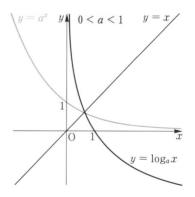

練習12 次の関数のグラフをかけ。

(1) $y = \log_3 x$

(2) $y = \log_{\frac{1}{2}} x$

3　**対数関数の性質**

▶ **対数関数 $y = \log_a x$ の性質**

   [1]　定義域は正の実数全体，値域は実数全体である。

   [2]　グラフは点 $(1,\ 0)$，$(a,\ 1)$ を通る。

   [3]　y 軸が漸近線である。

   [4]　$a > 1$ のとき

      x が増加すると y も増加する。

    すなわち

      $s < t \iff \log_a s < \log_a t$

       （単調増加）

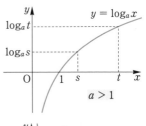

    $0 < a < 1$ のとき

      x が増加すると y は減少する。

    すなわち

      $s < t \iff \log_a s > \log_a t$

       （単調減少）

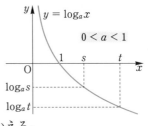

以上により　$s = t \iff \log_a s = \log_a t$　もいえる。

例題 5　$\dfrac{1}{2}\log_2 5$，2，$\log_2 3$　を小さい方から順に並べよ。

解

   $\dfrac{1}{2}\log_2 5 = \log_2 5^{\frac{1}{2}} = \log_2 \sqrt{5}$

   $2 = 2\log_2 2 = \log_2 2^2 = \log_2 4$

である。$\sqrt{5} < 3 < 4$ であり，底 2 は

1 より大きいから

   $\log_2 \sqrt{5} < \log_2 3 < \log_2 4$ ←$y = \log_2 x$
                                    は単調増加

よって，$\dfrac{1}{2}\log_2 5 < \log_2 3 < 2$

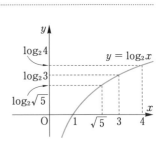

練習13　次の各数を小さい方から順に並べよ。

(1)　$\log_3 \sqrt{7}$，1，$3\log_3 \sqrt{2}$　　　　(2)　$3\log_{\frac{1}{2}} 3$，$2\log_{\frac{1}{2}} 5$，$\dfrac{5}{2}\log_{\frac{1}{2}} 4$

4　対数関数を含む方程式・不等式

対数関数の性質を利用して，対数関数を含む方程式や不等式を解いてみよう。

例4 方程式 $\log_2(x-1)=3$ において

真数は正であるから，$x-1>0$ より　$x>1$ ……①

また，$3=3\log_2 2=\log_2 2^3=\log_2 8$ であるから

$$\log_2(x-1)=\log_2 8$$

したがって　$x-1=8$

よって　　　$x=9$（①を満たす）である。

注意　真数が正という条件を **真数条件** という。

練習14　次の方程式を解け。

(1)　$\log_2(x+1)=2$　　(2)　$\log_4(x-3)=\dfrac{1}{2}$　　(3)　$\log_3(x-2)=-1$

例題 6　次の方程式を解け。
$$\log_2(x+2)+\log_2(x-4)=4$$

解　真数は正であるから

$$x+2>0 \quad \text{かつ} \quad x-4>0$$

これより　$x>4$ ……①

与えられた方程式を変形すると

$$\log_2(x+2)(x-4)=\log_2 2^4 \quad \longleftarrow \log_2○=\log_2△ \text{ のように}$$
$$\text{真数を一つにまとめる}$$

したがって　$(x+2)(x-4)=16$

$$x^2-2x-24=0$$

$$(x-6)(x+4)=0$$

よって　　　$x=6,\ -4$

①より　　　$\boldsymbol{x=6}$　　　　　$\longleftarrow$ 真数条件を確かめる

練習15　次の方程式を解け。

(1)　$\log_2 x+\log_2(x+1)=1$　　　(2)　$\log_2 x=2-\log_2(x-3)$

例 5 不等式 $\log_3 x < 2$ において,

真数は正であるから $\quad x > 0 \quad \cdots\cdots①$

また,$2 = 2\log_3 3 = \log_3 3^2 = \log_3 9$ であるから

$$\log_3 x < \log_3 9$$

底 3 は 1 より大きいから

$$x < 9 \quad \longleftarrow y = \log_3 x \text{ は単調増加}$$

①より $\quad 0 < x < 9$

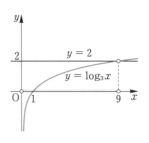

底が 1 より大きいとき
対数と真数の不等号
の向きは一致する。

練習16 次の不等式を解け。

(1) $\log_2 x > 3$　　　(2) $\log_{\frac{1}{2}} x < 4$　　　(3) $\log_3 x < -2$

例題 7 次の不等式を解け。
$$\log_3 (x-3) + \log_3 (x-5) < 1$$

解 真数は正であるから

$$x - 3 > 0 \quad \text{かつ} \quad x - 5 > 0 \qquad \longleftarrow \text{真数の条件}$$

これより $\quad x > 5 \quad \cdots\cdots①$

与えられた不等式を変形すると

$$\log_3 (x-3)(x-5) < \log_3 3 \quad \longleftarrow \log_3 \bigcirc < \log_3 \triangle \text{ の形にする}$$

底 3 は 1 より大きいから　　$\longleftarrow$ 底の大きさを確認して,真数を比較

$$(x-3)(x-5) < 3$$
$$x^2 - 8x + 12 < 0$$
$$(x-2)(x-6) < 0$$

よって $\quad 2 < x < 6 \quad \cdots\cdots②$

①,②より $\quad 5 < x < 6$

底が 1 より大きいとき
対数と真数の不等号
の向きは一致する。

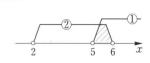

練習17 次の不等式を解け。

(1) $\log_3 x + \log_3 (x-2) > 1$　　　(2) $\log_3 (x+5) + \log_3 (x-3) < 2$

(3) $2\log_2 (x+1) \leqq 2 + \log_2 (x+4)$　　　(4) $\log_{\frac{1}{2}} (3-x) > \frac{1}{2} \log_{\frac{1}{2}} x - 1$

3 常用対数

1 常用対数とその値

10 を底とする対数 $\log_{10} M$ を M の **常用対数** という。

1.00 から 9.99 までの数の常用対数の表が巻末にある。

一般に，正の数 N の常用対数 $\log_{10} N$ の値は，

$$N = a \times 10^n \quad (n \text{ は整数}, \ 1 \leqq a < 10)$$

の形に表し，常用対数表を用いて求めることができる。

例6 $\log_{10} 0.0345$ の値を求めるには，$0.0345 = 3.45 \times 10^{-2}$ と変形できることを用いる。

$$\log_{10} 0.0345 = \log_{10}(3.45 \times 10^{-2}) = \log_{10} 3.45 + \log_{10} 10^{-2}$$

ここで，常用対数表により $\log_{10} 3.45 = 0.5378$ であるから

$$\log_{10} 0.0345 = 0.5378 - 2 = \mathbf{-1.4622}$$

練習18 常用対数表を用いて，次の対数の値を求めよ。

(1) $\log_{10} 59$ (2) $\log_{10} 0.123$

例題8 $\log_{10} 2 = 0.3010$, $\log_{10} 3 = 0.4771$ として，次の対数の値を求めよ。

(1) $\log_{10} 72$ (2) $\log_{10} 5$ (3) $\log_2 3$

解 (1) $\log_{10} 72 = \log_{10}(2^3 \times 3^2)$
$$= 3\log_{10} 2 + 2\log_{10} 3$$
$$= 3 \times 0.3010 + 2 \times 0.4771 = \mathbf{1.8572}$$

(2) $\log_{10} 5 = \log_{10} \dfrac{10}{2} = \log_{10} 10 - \log_{10} 2$
$$= 1 - 0.3010 = \mathbf{0.6990}$$

(3) $\log_2 3 = \dfrac{\log_{10} 3}{\log_{10} 2} = \dfrac{0.4771}{0.3010} \fallingdotseq \mathbf{1.585}$ （$\fallingdotseq$ は，ほぼ等しいの意味）

練習19 $\log_{10} 2 = 0.3010$, $\log_{10} 3 = 0.4771$ として，次の対数の値を求めよ。

(1) $\log_{10} 54$ (2) $\log_{10} 0.6$ (3) $\log_{10} 25$ (4) $\log_3 4$

2 常用対数の応用

N を整数部分が3桁の正の数とすると

$$100 \leqq N < 1000 \quad \text{すなわち} \quad 10^2 \leqq N < 10^3$$

が成り立つ。各辺の常用対数をとると

$$\log_{10} 10^2 \leqq \log_{10} N < \log_{10} 10^3 \quad \text{すなわち} \quad 2 \leqq \log_{10} N < 3$$

である。

逆に、正の数 N が $2 \leqq \log_{10} N < 3$ を満たすならば、$10^2 \leqq N < 10^3$ が成り立ち、N の整数部分は3桁である。

一般に、次のことがいえる。

> **正の数 N の整数部分が n 桁 $\iff$ $n-1 \leqq \log_{10} N < n$**

例題 9　2^{35} の桁数を求めよ。ただし、$\log_{10} 2 = 0.3010$ とする。

解　$\log_{10} 2^{35} = 35 \log_{10} 2 = 35 \times 0.3010 = 10.5350$

これより　$10 < \log_{10} 2^{35} < 11$

すなわち　$10^{10} < 2^{35} < 10^{11}$

よって　2^{35} は **11桁** の整数である。

練習20　3^{20} の桁数を求めよ。ただし、$\log_{10} 3 = 0.4771$ とする。

N を小数第3位にはじめて0でない数字が現れる正の数とすると

$$0.001 \leqq N < 0.01 \quad \text{すなわち} \quad 10^{-3} \leqq N < 10^{-2}$$

が成り立つ。各辺の常用対数をとると

$$\log_{10} 10^{-3} \leqq \log_{10} N < \log_{10} 10^{-2} \quad \text{すなわち} \quad -3 \leqq \log_{10} N < -2$$

逆に、正の数 N が $-3 \leqq \log_{10} N < -2$ を満たすならば、$10^{-3} \leqq N < 10^{-2}$ が成り立ち、N を小数で表すと、小数第3位にはじめて0でない数字が現れる。

一般に、次のことがいえる。

> **1より小さい正の数 N の小数第 n 位にはじめて0以外の数字**
> **$\iff$ $-n \leqq \log_{10} N < -n+1$**

例題 10

0.3^{20} を小数で表すと，小数第何位にはじめて 0 でない数字が現れるか。ただし，$\log_{10} 3 = 0.4771$ とする。

解

$$\log_{10} 0.3^{20} = 20 \log_{10} \frac{3}{10} = 20(\log_{10} 3 - 1)$$

$$= 20 \times (0.4771 - 1) = -10.4580$$

これより $\quad -11 < \log_{10} 0.3^{20} < -10$

すなわち $\quad 10^{-11} < 0.3^{20} < 10^{-10}$

よって，0.3^{20} は **小数第 11 位** にはじめて 0 でない数字が現れる。

練習21 0.2^{28} を小数で表すと，小数第何位にはじめて 0 でない数字が現れるか。ただし，$\log_{10} 2 = 0.3010$ とする。

例題 11

あるバクテリアは分裂して，1 時間ごとにその数が 2 倍に増えていく。バクテリアの数が，はじめの 10 万倍を超えるのは何時間後か。ただし，$\log_{10} 2 = 0.3010$ とする。

解

はじめのバクテリアの量を a とする。1 時間ごとに 2 倍に増えるから，x 時間後には 2^x 倍になる。したがって，$a \times 2^x > a \times 100000$ を満たす x を求めればよい。

$$2^x > 100000$$

の両辺の常用対数をとると

$$\log_{10} 2^x > \log_{10} 100000 \quad \text{から} \quad x \log_{10} 2 > 5$$

$$x > \frac{5}{\log_{10} 2} = \frac{5}{0.3010} = 16.61\cdots\cdots$$

よって，**17 時間後** に，はじめの 10 万倍を超える。

練習22 ある食塩水から一定の重量をくみ出して同じ重量の水を加えると，濃度がはじめの 80% になるという。この操作を何回以上くり返すと，濃度がはじめの 10% 以下になるか。ただし，$\log_{10} 2 = 0.3010$ とする。

◀ 節｜末｜問｜題 ▰▰▰▰▰▰▰▰▰▰▰▰▰▰▰▰▰▰▰▰▰▰▰▰▰

1. 次の式を簡単にせよ。

(1) $\log_3 2 - \dfrac{1}{2}\log_3 36$　　　　　(2) $\log_{10}\dfrac{1}{4} + 2\log_{10}\dfrac{3}{5} - \log_{10} 9$

(3) $\dfrac{1}{2}\log_2 3 + 3\log_2\sqrt{2} - \dfrac{3}{2}\log_2\sqrt[3]{6}$　　(4) $\dfrac{\log_5 27}{\log_5\sqrt{3}}$

2. $\log_2 3 = a,\ \log_3 5 = b$ とするとき，次の値を $a,\ b$ で表せ。

(1) $\log_2 5$　　　　　(2) $\log_3 10$　　　　　(3) $\log_{10} 36$

3. 次の式を簡単にせよ。ただし，$a,\ x$ は正の数とし，$a \neq 1$ とする。

(1) $10^{2\log_{10} 3}$　　　　(2) $10^{1-\log_{10} 5}$　　　　(3) $a^{2\log_a x}$

4. $2^x = 3^y = 6^{\frac{3}{2}}$ のとき，$\dfrac{1}{x} + \dfrac{1}{y}$ の値を求めよ。

5. 関数 $f(x) = 2^x + 1\ (-1 \leqq x \leqq 3)$ について，その逆関数 $f^{-1}(x)$ を求めよ。また，$y = f(x)$ と $y = f^{-1}(x)$ の定義域と値域を求め $y = f(x)$ と $y = f^{-1}(x)$ のグラフを同じ座標平面上にかけ。

6. 次の方程式，不等式を解け。

(1) $\log_3(x^2 + 2) = 3$　　　　(2) $\log_3(x+5) + 1 = 2\log_3(1-x)$

(3) $2\log_5(x-2) \leqq \log_5(x+4)$　　(4) $\log_{\frac{1}{3}}(x-2) \geqq \dfrac{1}{2}\log_{\frac{1}{3}}(8-x)$

7. 1.28^{10000} は何桁の数か。ただし，$\log_{10} 2 = 0.30103$ とする。

8. 光が，あるガラス板を 1 枚通るごとに，その光度が 96% になるという。光がこのガラス板を少なくとも何枚以上通過すると，光度がもとの $\dfrac{1}{2}$ 以下になるか。ただし，$\log_{10} 2 = 0.3010,\ \log_{10} 3 = 0.4771$ とする。

第 6 章

三角関数

··· 1 ···

三角比

··· 2 ···

三角関数

··· 3 ···

三角関数の加法定理

　三角比は，実際的な必要性から生じた概念である。素朴な数学だけで十分という具体的な課題からは離れるが，一般的な場合を考えることは，数学の汎用性を増し，自然科学の新たな発展や，その高度な技術への応用を可能にする。三角比から三角関数という概念の一般化もそのために必要であった。

◆ 1 ◆ 三角比

1 鋭角の三角比

1 正弦・余弦・正接

　相似な三角形では，対応する辺の長さの比や角の大きさは等しい。このことを利用して，三角形の辺や角の間の関係について考えてみよう。

　右の図のような ∠A を共有する直角三角形

$$\triangle ABC, \triangle AB'C', \triangle AB''C'', \cdots\cdots$$

は相似であるから，2辺の長さの比の値はつねに一定である。

　すなわち

$$\frac{BC}{AB} = \frac{B'C'}{AB'} = \frac{B''C''}{AB''} = \cdots\cdots$$

$$\frac{AC}{AB} = \frac{AC'}{AB'} = \frac{AC''}{AB''} = \cdots\cdots$$

$$\frac{BC}{AC} = \frac{B'C'}{AC'} = \frac{B''C''}{AC''} = \cdots\cdots$$

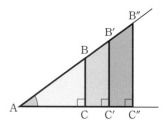

であり，これら2辺の比の値は ∠A の大きさだけで定まる。

　一般に，∠C が直角である直角三角形において，∠A の大きさを A で表すとき，

$$\frac{BC}{AB} \text{ の値を } A \text{ の } \textbf{正弦} \text{ または } \textbf{サイン},$$

$$\frac{AC}{AB} \text{ の値を } A \text{ の } \textbf{余弦} \text{ または } \textbf{コサイン},$$

$$\frac{BC}{AC} \text{ の値を } A \text{ の } \textbf{正接} \text{ または } \textbf{タンジェント}$$

といい，それぞれ $\sin A, \cos A, \tan A$ で表す。正弦，余弦，正接をまとめて**三角比** という。

　三角比は，次のように表すこともできる。

$$\sin A = \frac{高さ}{斜辺}, \quad \cos A = \frac{底辺}{斜辺}, \quad \tan A = \frac{高さ}{底辺}$$

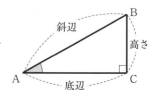

 **正弦・余弦・正接**

$$\sin A = \frac{a}{c}, \quad \cos A = \frac{b}{c}, \quad \tan A = \frac{a}{b}$$

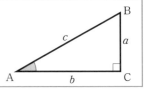

例1 右の図の直角三角形 ABC において

三平方の定理より

$$AB^2 = 12^2 + 5^2 = 169$$

すなわち $AB = 13$

よって $\sin A = \dfrac{5}{13}$, $\cos A = \dfrac{12}{13}$, $\tan A = \dfrac{5}{12}$

練習1 次の直角三角形において，$\sin A$，$\cos A$，$\tan A$ の値を求めよ。

(1)

(2)
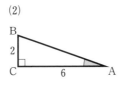

(3)
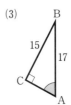

とくに，30°，45°，60° の三角比の値は下の表のようになる。

A	30°	45°	60°
$\sin A$	$\dfrac{1}{2}$	$\dfrac{1}{\sqrt{2}}$	$\dfrac{\sqrt{3}}{2}$
$\cos A$	$\dfrac{\sqrt{3}}{2}$	$\dfrac{1}{\sqrt{2}}$	$\dfrac{1}{2}$
$\tan A$	$\dfrac{1}{\sqrt{3}}$	1	$\sqrt{3}$

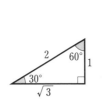
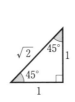
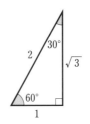

例題 1 右の図のように，木の根も
とから 20 m 離れた地点に立
って，木の上端を見上げたと
きの仰角が 36° であった。

目の高さを 1.5 m とする
とき，木の高さは何 m か。
小数第 1 位まで求めよ。ただ
し，tan 36° = 0.7265 とする。

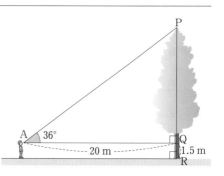

解 $\tan 36° = \dfrac{PQ}{AQ}$ より

$$PQ = AQ \tan 36° = 20 \times 0.7265$$
$$= 14.53$$

であるから，求める木の高さ PR は

$$PR = PQ + QR = 14.53 + 1.5 = 16.03 ≒ \mathbf{16.0} \ (m)$$

練習2 右の図のように，ビルから 25 m 離れた地
点に立って，ビルの上端を見上げたときの
仰角は 22° であった。目の高さを 1.6 m と
するとき，ビルの高さは何 m か。小数第 1
位まで求めよ。ただし，tan 22° = 0.4040
とする。

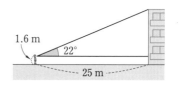

注意 0° から 90° まで 1° ごとの角について，その正弦・余弦・正接の値を小数第
4 位まで示した表を巻末に付してある。

練習3 傾斜が 12° の坂道を 100 m 進むと，鉛直方向には何 m 上がったことになるか。
また，水平方向には何 m 進んだことにな
るか。巻末の表を用いて，それぞれ小数
第 1 位まで求めよ。

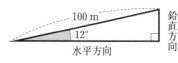

2 90° − A の三角比

右の図の直角三角形 ABC において，
$B = 90° - A$ であるから

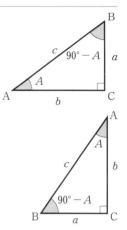

$$\sin A = \frac{a}{c}, \quad \sin(90° - A) = \frac{b}{c}$$

$$\cos A = \frac{b}{c}, \quad \cos(90° - A) = \frac{a}{c}$$

$$\tan A = \frac{a}{b}, \quad \tan(90° - A) = \frac{b}{a}$$

となる。

よって，次のことが成り立つ。

▶ 90° − A の三角比

$$\sin(90° - A) = \cos A \qquad \cos(90° - A) = \sin A$$

$$\tan(90° - A) = \frac{1}{\tan A}$$

例 2 (1) $\sin 70° = \sin(90° - 20°) = \cos 20°$

(2) $\cos 80° = \cos(90° - 10°) = \sin 10°$

(3) $\tan 50° = \tan(90° - 40°) = \dfrac{1}{\tan 40°}$

練習 4 次の三角比を 45° 以下の三角比で表せ。

(1) $\sin 80°$ (2) $\cos 65°$ (3) $\tan 75°$

練習 5 次の式の値を求めよ。

(1) $\cos(90° - A)\cos A - \sin(90° - A)\sin A$

(2) $\dfrac{\cos A}{\sin(90° - A)} + \dfrac{\sin A}{\cos(90° - A)}$

(3) $\tan A - \dfrac{1}{\tan(90° - A)}$

2　三角比の拡張

これまでは直角三角形を用いて鋭角の三角比を定義してきたが、ここでは、座標を用いて、角を $0°$ から $180°$ まで拡張して新たに三角比を定義しよう。

1　三角比の拡張

座標平面上に原点を中心とする半径 r の円の上半分をかき、この半円と x 軸の正の部分との交点を $A(r,\ 0)$ とする。$0° \leqq \theta \leqq 180°$ の範囲の角 θ に対して、$\angle AOP = \theta$ となる点 P を半円周上にとり、その座標を $(x,\ y)$ とする。

$0° < \theta < 90°$ のとき

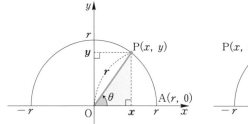

$90° < \theta < 180°$ のとき

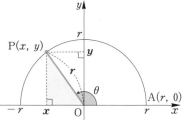

ここで、$0° < \theta < 90°$ のとき、鋭角の三角比の定義から

$$\sin\theta = \frac{y}{r}, \quad \cos\theta = \frac{x}{r}, \quad \tan\theta = \frac{y}{x}$$

であるが、これらの値は、$90° < \theta < 180°$ のときや、$\theta = 0°,\ 90°,\ 180°$ のときも r の値にかかわらず、角 θ の大きさによって定まる。

そこで、$0° \leqq \theta \leqq 180°$ の範囲の角 θ に対する三角比を次のように定める。ただし、$\dfrac{y}{x}$ の値は $\theta = 90°$ の場合は定義されない。

> **⇒三角比の定義**
>
> $0° \leqq \theta \leqq 180°$ のとき
>
> $$\sin\theta = \frac{y}{r}, \quad \cos\theta = \frac{x}{r}, \quad \tan\theta = \frac{y}{x}$$
>
>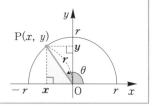

例③ $\theta = 120°$ のとき，$r = 2$ とすれば，

点 P の座標は $(-1,\ \sqrt{3}\ )$ であるから

$$\sin 120° = \frac{\sqrt{3}}{2}$$

$$\cos 120° = -\frac{1}{2}$$

$$\tan 120° = -\sqrt{3}$$

である。

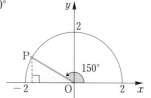

練習⑥ 下の図を用いて，次の角の三角比を求めよ。

(1) 135°

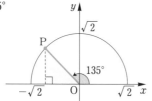

(2) 150°

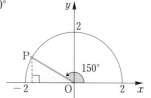

また，半径 r の円において，$\theta = 0°,\ 90°,\ 180°$ のとき点 P の座標は，それぞれ

$$(r,\ 0),\quad (0,\ r),\quad (-r,\ 0)$$

であるから，$\theta = 0°,\ 90°,\ 180°$ の三角比の値は次
のようになる。

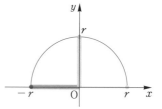

θ	0°	90°	180°
$\sin\theta$	0	1	0
$\cos\theta$	1	0	-1
$\tan\theta$	0	定義されない	0

$0° \leqq \theta \leqq 180°$ のとき，三角比の符号は下の図のようになる。

$\sin\theta$ の正負

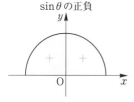

$\cos\theta$ の正負

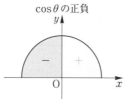

$\tan\theta$ の正負

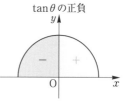

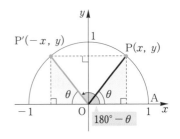

2　180°−θ の三角比

半径が1の円を **単位円** という。

　三角比の定義において，右の図のように単位円の半円周上に ∠AOP = θ となる点 P(x, y) をとると，r = 1 であるから

$$\sin\theta = y, \ \cos\theta = x, \ \tan\theta = \frac{y}{x}$$

　このとき，y 軸に関して点 P と対称な点を P′ とすると，点 P′ の座標は (−x, y) となり，∠AOP′ = 180°−θ であるから

$$\sin(180°-\theta) = y, \quad \cos(180°-\theta) = -x, \quad \tan(180°-\theta) = -\frac{y}{x}$$

よって，次のことが成り立つ。

> **180°−θ の三角比**
>
> $$\sin(180°-\theta) = \sin\theta \qquad \cos(180°-\theta) = -\cos\theta$$
> $$\tan(180°-\theta) = -\tan\theta$$

　上のことから鈍角の三角比は，鋭角の三角比を使って表される。

例4　(1)　$\sin 130° = \sin(180°-50°) = \sin 50°$

　　　　(2)　$\cos 100° = \cos(180°-80°) = -\cos 80°$

　　　　(3)　$\tan 165° = \tan(180°-15°) = -\tan 15°$

練習7　次の角の三角比を鋭角の三角比で表せ。

　(1)　$\sin 108°$　　　　　(2)　$\cos 162°$　　　　　(3)　$\tan 130°$

練習8　次の三角比の表を完成させよ。

θ	0°	30°	45°	60°	90°	120°	135°	150°	180°
$\sin\theta$									
$\cos\theta$									
$\tan\theta$									

3 180° ≦ θ ≦ 360° の角 θ の三角比

$0° ≦ θ ≦ 360°$ の範囲の角 $θ$ に対しても，座標を用いることにより 144 ページと同様に三角比を拡張して定義することができる。

$$\sin θ = \frac{y}{r}, \quad \cos θ = \frac{x}{r}, \quad \tan θ = \frac{y}{x}$$

例 5 $θ = 210°$ のとき，$r = 2$ とすると，右の図から，

点 P の座標は $(-\sqrt{3}, -1)$ であるから

$$\sin 210° = \frac{-1}{2} = -\frac{1}{2}$$

$$\cos 210° = \frac{-\sqrt{3}}{2} = -\frac{\sqrt{3}}{2}$$

$$\tan 210° = \frac{-1}{-\sqrt{3}} = \frac{1}{\sqrt{3}}$$

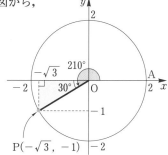

練習 9 $0° ≦ θ ≦ 360°$ の範囲の角 $θ$ に対して，座標を調べることにより三角比を求め，下の表を完成させよ。

$θ$	180°	210°	225°	240°	270°	300°	315°	330°	360°
$\sin θ$									
$\cos θ$									
$\tan θ$				/					

$0°$ から $360°$ までの三角比の符号をまとめると，次のようになる。

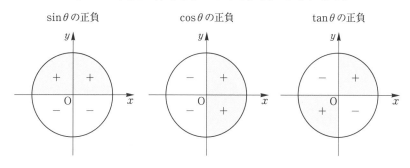

4 三角比の相互関係

単位円の円周上に $\angle AOP = \theta$ となる点
$P(x,\ y)$ をとると $x = \cos\theta,\ y = \sin\theta$ で
あるから

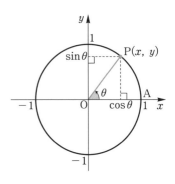

$$\tan\theta = \frac{y}{x} = \frac{\sin\theta}{\cos\theta}$$

また，三平方の定理より $x^2 + y^2 = 1$
が成り立つから

$$(\sin\theta)^2 + (\cos\theta)^2 = 1$$

である。ここで

$$(\sin\theta)^2 = \sin^2\theta,\ \ (\cos\theta)^2 = \cos^2\theta$$

とかくと

$$\sin^2\theta + \cos^2\theta = 1$$

さらに，この両辺を $\cos^2\theta$ で割ると

$$1 + \tan^2\theta = \frac{1}{\cos^2\theta}$$

・累乗の表し方
$(\sin\theta)^n = \sin^n\theta$
$(\cos\theta)^n = \cos^n\theta$
$(\tan\theta)^n = \tan^n\theta$

以上をまとめると，次のことが成り立つ。

> **三角比の相互関係**
>
> $$\tan\theta = \frac{\sin\theta}{\cos\theta}, \quad \sin^2\theta + \cos^2\theta = 1, \quad 1 + \tan^2\theta = \frac{1}{\cos^2\theta}$$

例題 2　$\sin\theta\tan\theta + \cos\theta = \dfrac{1}{\cos\theta}$　が成り立つことを示せ。

証明　$(左辺) = \sin\theta\dfrac{\sin\theta}{\cos\theta} + \dfrac{\cos^2\theta}{\cos\theta}$

$\qquad = \dfrac{\sin^2\theta + \cos^2\theta}{\cos\theta} = \dfrac{1}{\cos\theta} = (右辺)$ 　　終

練習10　次の等式が成り立つことを示せ。

(1)　$\sin\theta - \sin\theta\cos^2\theta = \sin^3\theta$ 　　(2)　$\tan\theta + \dfrac{1}{\tan\theta} = \dfrac{1}{\sin\theta\cos\theta}$

相互関係を用いると，$\sin\theta$, $\cos\theta$, $\tan\theta$ のうちのいずれか1つの値がわかれば，他の2つの値を求めることができる。

例題 3　$90° \leqq \theta \leqq 180°$ で，$\sin\theta = \dfrac{3}{4}$ のとき，$\cos\theta$, $\tan\theta$ の値を求めよ。

解　$\sin^2\theta + \cos^2\theta = 1$ から
$$\cos^2\theta = 1 - \sin^2\theta = 1 - \left(\dfrac{3}{4}\right)^2 = \dfrac{7}{16}$$
$90° \leqq \theta \leqq 180°$ のとき，$\cos\theta \leqq 0$ であるから
$$\cos\theta = -\dfrac{\sqrt{7}}{4}, \quad \tan\theta = \dfrac{3}{4} \div \left(-\dfrac{\sqrt{7}}{4}\right) = -\dfrac{3\sqrt{7}}{7}$$

練習11　$0° \leqq \theta \leqq 180°$ のとき，次の問いに答えよ。

(1)　$\cos\theta = -\dfrac{2}{\sqrt{5}}$ のとき，$\sin\theta$, $\tan\theta$ の値を求めよ。

(2)　$\sin\theta = \dfrac{2}{3}$ のとき，$\cos\theta$, $\tan\theta$ の値を求めよ。

例題 4　$0° \leqq \theta \leqq 180°$ で，$\tan\theta = -\sqrt{2}$ のとき，$\sin\theta$, $\cos\theta$ の値を求めよ。

解　$1 + \tan^2\theta = \dfrac{1}{\cos^2\theta}$ から　$\dfrac{1}{\cos^2\theta} = 1 + (-\sqrt{2})^2 = 3$

したがって　$\cos^2\theta = \dfrac{1}{3}$

$\tan\theta < 0$ より $90° < \theta < 180°$ であるから $\cos\theta < 0$

よって　$\cos\theta = -\sqrt{\dfrac{1}{3}} = -\dfrac{\sqrt{3}}{3}$

また　$\sin\theta = \tan\theta\cos\theta = -\sqrt{2}\cdot\left(-\dfrac{\sqrt{3}}{3}\right) = \dfrac{\sqrt{6}}{3}$ 　　　$\tan\theta = \dfrac{\sin\theta}{\cos\theta}$

練習12　$0° \leqq \theta \leqq 180°$ で，$\tan\theta = -\dfrac{3}{4}$ のとき，$\sin\theta$, $\cos\theta$ の値を求めよ。

3 正弦定理と余弦定理

1 正弦定理

　△ABC において，∠A，∠B，∠C の大きさをそれぞれ A, B, C で表し，それぞれの対辺の長さを a, b, c で表すことにする。

　三角形の 3 つの頂点を通る円を，その三角形の **外接円** といい，その中心を **外心** という。

　△ABC とその外接円について，次の **正弦定理** が成り立つ。

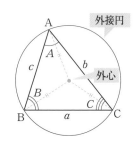

> **正弦定理**
>
> 　△ABC の外接円の半径を R とするとき
> $$\frac{a}{\sin A} = \frac{b}{\sin B} = \frac{c}{\sin C} = 2R$$

[証明]　△ABC において，$0° < A < 90°$ のとき $\dfrac{a}{\sin A} = 2R$ が成り立つことを示してみよう。

　△ABC の外接円において，直径 BA′ を引く。円周角の性質から，

$$A = A', \qquad \angle BCA' = 90°$$

であるから　$\sin A = \sin A' = \dfrac{a}{2R}$

よって，$\dfrac{a}{\sin A} = 2R$ が成り立つ。　　　[終]

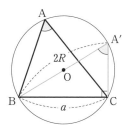

　これは $A = 90°$，$90° < A < 180°$ のときも成り立つ。

　また，同様に次のことが成り立つ。

$$\frac{b}{\sin B} = 2R, \quad \frac{c}{\sin C} = 2R$$

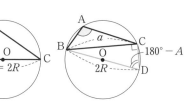

例題 5

△ABC において，$A = 60°$，$B = 45°$，$b = 2$ であるとき，a と外接円の半径 R を求めよ。

解

正弦定理から $\dfrac{a}{\sin A} = \dfrac{b}{\sin B}$ より

$$\frac{a}{\sin 60°} = \frac{2}{\sin 45°}$$

したがって

$$a = \frac{2\sin 60°}{\sin 45°} = \frac{2 \times \dfrac{\sqrt{3}}{2}}{\dfrac{\sqrt{2}}{2}} = \sqrt{6}$$

また $\quad 2R = \dfrac{2}{\sin 45°} = \dfrac{2}{\dfrac{1}{\sqrt{2}}} = 2\sqrt{2}$

よって $\quad R = \sqrt{2}$

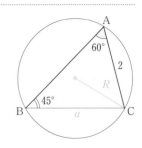

練習13 △ABC において，次の値を求めよ。ただし，R は △ABC の外接円の半径である。

(1) $b = 8$，$A = 45°$，$B = 60°$ のとき，a および R

(2) $a = 4$，$A = 30°$，$B = 15°$ のとき，c および R

(3) $A = 120°$，$b = c$，$R = 3$ のとき，a，b，c

練習14 100 m 離れた 2 点 A，B から，気球 P の真下の地点 H を見たとき，右の図のように，

$$\angle HAB = 60°, \quad \angle HBA = 75°,$$
$$\angle PBH = 60°$$

であった。次の問いに答えよ。

(1) ∠AHB の大きさを求めよ。

(2) HB の距離を求めよ。

(3) 気球の高さ PH を求めよ。

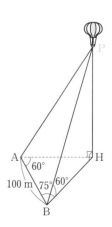

2 **余弦定理**

　△ABC において，それぞれの角の余弦と 3 つの辺の長さ a, b, c について，次の **余弦定理** が成り立つ。

➡**余弦定理**

$$a^2 = b^2 + c^2 - 2bc \cos A$$
$$b^2 = c^2 + a^2 - 2ca \cos B$$
$$c^2 = a^2 + b^2 - 2ab \cos C$$

|証明|　下の図のように，△ABC の頂点 C から辺 AB またはその延長上に引いた垂線を CH とする。

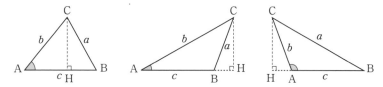

　いずれの場合も，三平方の定理から，

$$BC^2 = CH^2 + BH^2$$

が成り立つ。

$$CH = b \sin A, \quad BH = c - b \cos A \quad (\text{または，} b \cos A - c)$$

であるから，

$$\begin{aligned}
BC^2 = a^2 &= (b \sin A)^2 + (c - b \cos A)^2 \\
&= b^2 \sin^2 A + c^2 - 2bc \cos A + b^2 \cos^2 A \\
&= b^2 (\sin^2 A + \cos^2 A) + c^2 - 2bc \cos A \quad \longleftarrow \sin^2 A + \cos^2 A = 1
\end{aligned}$$

よって　$a^2 = b^2 + c^2 - 2bc \cos A$　　　　　　　　　　　　　　|終|

　なお，他の 2 つの式も同様に証明することができる。

　余弦定理から，次の等式が導ける。

$$\cos A = \frac{b^2 + c^2 - a^2}{2bc}, \quad \cos B = \frac{c^2 + a^2 - b^2}{2ca}, \quad \cos C = \frac{a^2 + b^2 - c^2}{2ab}$$

これにより，3 つの辺の長さから角の大きさを求めることができる。

例題
6

△ABC において，$b = 3$，$c = 5$，$A = 120°$ のとき，a を求めよ。

解 余弦定理から

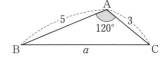

$$a^2 = b^2 + c^2 - 2bc \cos A$$
$$= 3^2 + 5^2 - 2 \cdot 3 \cdot 5 \cdot \cos 120°$$
$$= 34 - 30 \cdot \left(-\frac{1}{2} \right)$$
$$= 34 + 15 = 49$$

$a > 0$ より　$\boldsymbol{a = 7}$

練習15　△ABC において，次の問いに答えよ。

(1)　$a = 3$，$b = 4$，$C = 60°$ のとき，c を求めよ。

(2)　$a = 4$，$c = \sqrt{3}$，$B = 150°$ のとき，b を求めよ。

例題
7

△ABC において，$a = 7$，$b = 5$，$c = 8$ のとき，A を求めよ。

解 余弦定理から

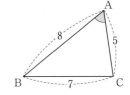

$$\cos A = \frac{b^2 + c^2 - a^2}{2bc}$$
$$= \frac{5^2 + 8^2 - 7^2}{2 \cdot 5 \cdot 8} = \frac{1}{2}$$

$0° < A < 180°$ より　$\boldsymbol{A = 60°}$

練習16　△ABC において，次の問いに答えよ。

(1)　$a = 7$，$b = 8$，$c = 13$ のとき，C を求めよ。

(2)　$a = \sqrt{3}$，$b = \sqrt{2} + 1$，$c = \sqrt{2}$ のとき，A を求めよ。

練習17　(1)　△ABC において，$a^2 = b^2 + c^2$ ならば $A = 90°$ であることを示せ。

(2)　△ABC において，$a = 7$，$b = 5$，$c = 4$ のとき，△ABC は鈍角三角形であることを示せ。

3 **三角形の面積**

△ABC の面積 S は，2辺とその間の角を用いて求めることができる。

△ABC の頂点 C から辺 AB またはその延長上に引いた垂線を CH とすると，下の図のように3つの場合が考えられる。

$0° < A < 90°$ のとき	$A = 90°$ のとき	$90° < A < 180°$ のとき
	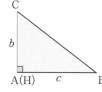	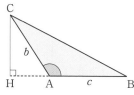
$CH = b\sin A$	$\sin A = \sin 90° = 1$ から $CH = b = b\sin A$	$CH = b\sin(180° - A)$ $= b\sin A$

いずれの場合でも $CH = b\sin A$ であるから

$$S = \frac{1}{2}AB\cdot CH = \frac{1}{2}bc\sin A$$

となる。同様にして

$$S = \frac{1}{2}ca\sin B, \quad S = \frac{1}{2}ab\sin C$$

である。

▶ **三角形の面積**

$$S = \frac{1}{2}bc\sin A = \frac{1}{2}ca\sin B = \frac{1}{2}ab\sin C$$

例6 △ABC において，$b = 4$，$c = 2\sqrt{3}$，$A = 60°$
のとき，△ABC の面積 S は

$$S = \frac{1}{2}\cdot 4\cdot 2\sqrt{3}\cdot \sin 60° = 6$$

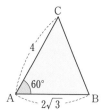

練習18 次の △ABC の面積を求めよ。

(1) $b = 3$，$c = 4$，$A = 30°$ (2) $a = 2\sqrt{2}$，$c = 6$，$B = 135°$

練習19 △ABC において，$a = 4$，$b = 6$，面積が $6\sqrt{3}$ のとき，c を求めよ。

例題
8
　△ABC において，$a = 4$，$b = 5$，$c = 6$ のとき，次の値を求めよ。

(1)　$\cos A$　　　　　　　　(2)　△ABC の面積 S

解　(1)　余弦定理から

$$\cos A = \frac{5^2 + 6^2 - 4^2}{2 \cdot 5 \cdot 6} = \frac{3}{4}$$

(2)　$\sin^2 A + \cos^2 A = 1$ から

$$\sin^2 A = 1 - \cos^2 A = 1 - \left(\frac{3}{4}\right)^2 = \frac{7}{16}$$

$\sin A > 0$ より　$\sin A = \dfrac{\sqrt{7}}{4}$　　←$0° < A < 180°$

よって　$S = \dfrac{1}{2}bc\sin A = \dfrac{1}{2} \cdot 5 \cdot 6 \cdot \dfrac{\sqrt{7}}{4} = \dfrac{15\sqrt{7}}{4}$

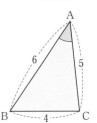

練習20　$a = 5$，$b = 6$，$c = 7$ のとき，△ABC において，次の値を求めよ。

(1)　$\cos A$　　　　　　　　(2)　△ABC の面積 S

◀ 節末問題

1. 右の図において，AC $= 1$ とする。
　このとき，次の問いに答えよ。

(1)　BD の長さを求めよ。

(2)　$\tan 15°$ を求めよ。

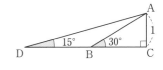

2. ある地点 A から，塔の先端 P の仰角を測ると $30°$ であった。次に塔に向かって，水平方向に 4 m すすんだ地点 B から P の仰角を測ると $45°$ であった。目の高さを 1.5 m として，塔の高さを小数第 1 位まで求めよ。ただし $\sqrt{3} = 1.732$ とする。

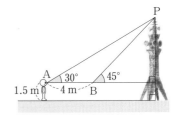

3. △ABC において，$a = 4$，$b = 2$，$c = 3$ とし，辺 BC の中点を M とする。このとき，次の問いに答えよ。

(1) $\cos B$ の値を求めよ。　　　　　(2) AM の長さを求めよ。

4. △ABC において，$b = 3$，$c = 8$，$A = 60°$ とし，∠A の二等分線が辺 BC と交わる点を D とする。このとき，次の問いに答えよ。

(1) △ABC の面積を求めよ。

(2) 面積について，△ABC ＝ △ABD ＋ △ACD が成り立つ。このことを利用して AD の長さを求めよ。

5. 辺 AD と辺 BC が平行な台形 ABCD において，AB ＝ 6，BC ＝ 15，CD ＝ 7，DA ＝ 10，∠ABC ＝ θ とする。このとき，次の問いに答えよ。

(1) $\cos\theta$，$\sin\theta$ の値を求めよ。

(2) 対角線 AC の長さを求めよ。

(3) 台形 ABCD の面積を求めよ。

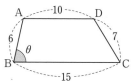

6. 円に内接する四角形 ABCD において，AB ＝ 5，BC ＝ 8，∠ABC ＝ 60°，∠ACD ＝ 45° とする。このとき，次の問いに答えよ。

(1) AC の長さを求めよ。

(2) AD の長さを求めよ。

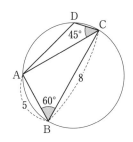

7. 1辺の長さが 2 の正四面体 OABC において，辺 AB の中点を M とし，頂点 O から直線 CM に引いた垂線を OH とする。∠OMC ＝ θ とするとき，次の問いに答えよ。

(1) $\cos\theta$ の値を求めよ。

(2) OH の長さを求めよ。

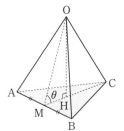

研究 ヘロンの公式

155 ページの例題 8 のような 3 辺の長さがわかっている △ABC において，面積 S を求める場合，次の公式で求めることもできる。

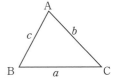

ヘロンの公式

$$S = \sqrt{s(s-a)(s-b)(s-c)}$$

ただし，$s = \dfrac{1}{2}(a+b+c)$ とする。

証明 余弦定理を用いると $\cos A = \dfrac{b^2+c^2-a^2}{2bc}$ であるから

$$\begin{aligned}
\sin^2 A &= 1 - \cos^2 A \\
&= (1 + \cos A)(1 - \cos A) \\
&= \left(1 + \frac{b^2+c^2-a^2}{2bc}\right)\left(1 - \frac{b^2+c^2-a^2}{2bc}\right) \\
&= \frac{\{(b+c)^2 - a^2\}\{a^2 - (b-c)^2\}}{(2bc)^2} \\
&= \frac{(b+c+a)(b+c-a)(a+b-c)(a-b+c)}{(2bc)^2} \\
&= \frac{4}{(bc)^2} \cdot \left(\frac{a+b+c}{2}\right)\left(\frac{b+c-a}{2}\right)\left(\frac{c+a-b}{2}\right)\left(\frac{a+b-c}{2}\right)
\end{aligned}$$

ここで，$s = \dfrac{1}{2}(a+b+c)$ とすると

$$\sin^2 A = \frac{4}{(bc)^2} \cdot s(s-a)(s-b)(s-c)$$

$\sin A > 0$ より $\sin A = \dfrac{2\sqrt{s(s-a)(s-b)(s-c)}}{bc}$ ←── △ABC において $0° < A < 180°$

よって $S = \dfrac{1}{2}bc\sin A = \sqrt{s(s-a)(s-b)(s-c)}$ **終**

演習 155 ページの例題 8 および練習 20 の △ABC の面積をヘロンの公式を用いて求めてみよう。

❖ 2 ❖ 三角関数

1 ▶ 一般角と弧度法

1 ▶ 一般角

　平面上で，点 O を中心に半直線 OP を回転
させるとき，この半直線 OP を **動径** といい，
動径のはじめの位置を表す半直線 OX を **始線**
という。

　動径 OP の回転には 2 つの向きがある。

　　時計の針の回転と逆の向きを **正の向き**

　　時計の針の回転と同じ向きを **負の向き**

といい，それぞれの向きに測った角の大きさに正，負の符号をつけて表す。

　動径 OP の回転する向きや 360° 以上回転する場合も考えに入れた角を **一般角**
という。また，始線 OX から角 θ だけ回転したときの動径 OP を **角 θ の動径** と
いう。

　動径は，360° の回転でもとの位置に戻るから，
たとえば

$$30°$$
$$390° = 30° + 360° \times 1$$
$$750° = 30° + 360° \times 2$$
$$-330° = 30° + 360° \times (-1)$$

などの角の動径は，すべて同じ位置にくる。

練習 1　次の角を表す動径を図示せよ。

　　(1)　240°　　　　　(2)　-120°　　　　(3)　510°　　　　(4)　-675°

　一般に，動径 OP と始線 OX のなす角の 1 つを α とすると

　　$θ = α + 360° \times n$　　（ただし，n は整数）

で表される角 θ の動径は，すべて同じ位置にくる。この角 θ を **動径 OP の表す
一般角** という。

練習**2** 次の角の動径の表す一般角を $\alpha + 360° \times n$ (n は整数)の形に表せ。ただし，$0° \leqq \alpha < 360°$ とする。

(1) $405°$ (2) $840°$ (3) $-270°$ (4) $1050°$

2 **弧度法**

これまでは，角の大きさを表すのに，**度数法** または **60分法** という，直角の $\dfrac{1}{90}$ の大きさを **1度** とする単位を用いてきたが，ここでは，別の方法で角の大きさを表してみよう。

半径 r の円において，長さが r の弧に対する中心角の大きさは，半径 r に関係なく一定である。この角の大きさを **1ラジアン**（radian，記号 rad）または **1弧度** といい，これを単位とする角の大きさの表し方を **弧度法** という。

半径 r の円において，半円の弧に対する中心角は $180°$ である。これを θ ラジアンとすると，中心角の大きさは弧の長さに比例するから

$$1 : \theta = r : \pi r$$

したがって $\theta = \pi$ すなわち

$$180° = \pi \text{ rad （ラジアン）}$$

である。このことから，度数法と弧度法の間には次の関係が成り立つ。

$$1° = \frac{\pi}{180} \text{ rad} \qquad 1 \text{ rad} = \frac{180°}{\pi} \fallingdotseq 57.2958°$$

注意 一般に，弧度法で角の大きさを表すとき，単位の rad は省略する。

$180° = \pi$ の関係から，度数法と弧度法の間には，次の関係式が成り立つ。

$$\alpha° = \theta \text{ rad} \quad \text{のとき}$$
$$\theta = \frac{\pi}{180} \times \alpha, \quad \alpha = \frac{180}{\pi} \times \theta$$

練習3 度数法で表された次の角を弧度法で表せ。

(1) 120° (2) 135° (3) 210° (4) −300°

練習4 弧度法で表された次の角を度数法で表せ。

(1) $\dfrac{3}{4}\pi$ (2) $-\dfrac{4}{3}\pi$ (3) $\dfrac{2}{5}\pi$ (4) $\dfrac{11}{3}\pi$

3 扇形の弧の長さと面積

半径 r，中心角 θ の扇形の弧の長さ l と面積 S を求めてみよう。

中心角 2π の扇形は円全体であり，半径 r の円の円周は $2\pi r$，面積は πr^2 である。

弧の長さ l も面積 S も中心角の大きさに比例するから

$$l : 2\pi r = \theta : 2\pi,$$
$$S : \pi r^2 = \theta : 2\pi$$

これより

$$l = \frac{2\pi r}{2\pi}\theta = r\theta,$$
$$S = \frac{\pi r^2}{2\pi}\theta = \frac{1}{2}r^2\theta$$

である。

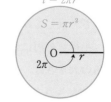

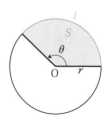

扇形の弧の長さと面積

$$l = r\theta, \qquad S = \frac{1}{2}r^2\theta = \frac{1}{2}rl$$

練習5 次のような扇形の弧の長さ l と面積 S を求めよ。

(1) 半径 4，中心角 $\dfrac{\pi}{4}$ (2) 半径 6，中心角 $150°$

練習6 右の斜線部分の面積を求めよ。ただし，円の半径は 3 で，斜線部分の弧の長さは π である。

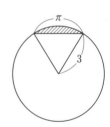

2 ▶ 三角関数

1 三角関数

座標平面上で，x 軸の正の部分を始線として，角 θ の動径と原点 O を中心とする半径 r の円との交点 P の座標を (x, y) とする。このとき，$\dfrac{y}{r}$，$\dfrac{x}{r}$，$\dfrac{y}{x}$ の値は半径 r の大きさに関係なく，角 θ だけで定まるから，三角比の場合と同様に，$\sin\theta$（正弦），$\cos\theta$（余弦），$\tan\theta$（正接）という。これらは θ の関数であり，まとめて，一般角 θ の **三角関数** という。

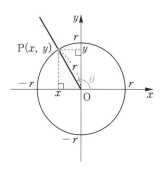

➡ **三角関数の定義**

$$\sin\theta = \frac{y}{r}, \quad \cos\theta = \frac{x}{r}, \quad \tan\theta = \frac{y}{x}$$

注意 $\tan\theta$ は $x = 0$ となるような θ に対しては定義されない。

例1 右の図のように，$\dfrac{4}{3}\pi$ の表す動径と，原点を中心とする半径 2 の円との交点 P の座標は $(-1, -\sqrt{3}\,)$ であるから

$$\sin\frac{4}{3}\pi = \frac{-\sqrt{3}}{2} = -\frac{\sqrt{3}}{2}$$

$$\cos\frac{4}{3}\pi = \frac{-1}{2} = -\frac{1}{2}$$

$$\tan\frac{4}{3}\pi = \frac{-\sqrt{3}}{-1} = \sqrt{3}$$

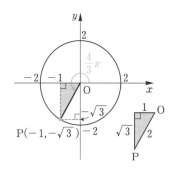

練習7 θ が次の値のとき，$\sin\theta$，$\cos\theta$，$\tan\theta$ の値を求めよ。

(1) $\dfrac{\pi}{3}$　　　(2) $-\dfrac{5}{4}\pi$　　　(3) $\dfrac{19}{6}\pi$　　　(4) $-\dfrac{\pi}{6}$

2 **三角関数の値の範囲**

右の図のように，角 θ の動径と単位円との
交点を $\mathrm{P}(x,\ y)$ とすると

$$\sin\theta = \frac{y}{1} = y,\ \ \cos\theta = \frac{x}{1} = x$$

であり，ここで点 P は単位円周上にあるから，
$x,\ y$ は

$$-1 \leqq x \leqq 1,\ \ -1 \leqq y \leqq 1$$

の範囲の値をとる。

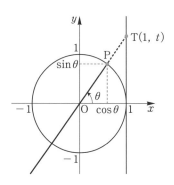

また，直線 OP と直線 $x = 1$ との交点を

$\mathrm{T}(1,\ t)$ とすると，$\tan\theta = \dfrac{t}{1} = t$ であり，

点 T は直線 $x = 1$ 上のすべてを動くから，
t はすべての実数値をとる。

以上をまとめると，次のようになる。

➡ **三角関数の値の範囲**

$$-1 \leqq \sin\theta \leqq 1,\ \ -1 \leqq \cos\theta \leqq 1,\ \ \tan\theta \text{ の値の範囲は } \textbf{実数全体}$$

三角関数の値の正負は，θ がどの象限の角であるかによって決まる。

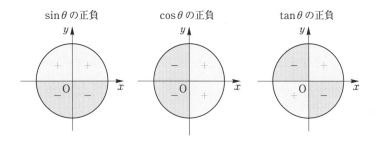

練習**8**　次の条件を満たす角 θ は第何象限の角か。

   (1)　$\sin\theta < 0,\ \cos\theta < 0$　　　　　(2)　$\cos\theta > 0,\ \tan\theta < 0$

3 三角関数の相互関係

三角関数についても，三角比と同様に次の関係が成り立つ。

▶ **三角関数の相互関係**

$$\sin^2\theta + \cos^2\theta = 1, \quad \tan\theta = \frac{\sin\theta}{\cos\theta}, \quad 1 + \tan^2\theta = \frac{1}{\cos^2\theta}$$

上の関係式は，三角関数 $\sin\theta$，$\cos\theta$，$\tan\theta$ のどれか 1 つの値から他の三角関数の値を求める場合や，式の変形などに利用される。

例題 1　θ が第 3 象限の角で $\sin\theta = -\dfrac{3}{5}$ のとき，$\cos\theta$，$\tan\theta$ の値を求めよ。

解　$\sin^2\theta + \cos^2\theta = 1$ より

$$\cos^2\theta = 1 - \sin^2\theta$$
$$= 1 - \left(-\frac{3}{5}\right)^2 = \frac{16}{25}$$

ここで，$\pi < \theta < \dfrac{3}{2}\pi$ であるから

$$\cos\theta < 0$$

よって　$\cos\theta = -\dfrac{4}{5}$

また，　$\tan\theta = \dfrac{\sin\theta}{\cos\theta} = \dfrac{-\dfrac{3}{5}}{-\dfrac{4}{5}} = \dfrac{3}{4}$

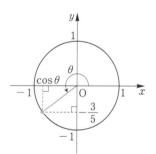

練習9　(1)　θ が第 4 象限の角で $\cos\theta = \dfrac{3}{4}$ のとき，$\sin\theta$，$\tan\theta$ の値を求めよ。

(2)　θ が第 3 象限の角で $\tan\theta = 3$ のとき，$\sin\theta$，$\cos\theta$ の値を求めよ。

練習10　$\sin\theta = -\dfrac{\sqrt{6}}{3}$ のとき，$\cos\theta$，$\tan\theta$ の値を求めよ。ただし，$0 < \theta < 2\pi$ とする。

4 三角関数の性質

x 軸の正の部分を始線とする角 θ の動径と単位円の交点を $\mathrm{P}(x, y)$ として，三角関数の性質を調べてみよう。

● $\theta + 2n\pi$ の三角関数 ●

n を整数とするとき，角 $\theta + 2n\pi$ の動径は角 θ の動径と同じ位置にくるから，次の公式が成り立つ。

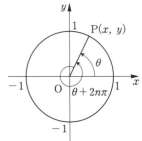

$$[1] \quad \begin{aligned} \sin(\theta + 2n\pi) &= \sin\theta \\ \cos(\theta + 2n\pi) &= \cos\theta \\ \tan(\theta + 2n\pi) &= \tan\theta \end{aligned}$$

例2 $\sin\dfrac{13}{3}\pi = \sin\left(\dfrac{\pi}{3} + 4\pi\right) = \sin\dfrac{\pi}{3} = \dfrac{\sqrt{3}}{2}$

$\cos\left(\dfrac{17}{6}\pi\right) = \cos\left(\dfrac{5}{6}\pi + 2\pi\right) = \cos\dfrac{5}{6}\pi = -\dfrac{\sqrt{3}}{2}$

練習11 次の値を求めよ。

(1) $\sin\dfrac{13}{6}\pi$ (2) $\cos\dfrac{8}{3}\pi$ (3) $\tan\dfrac{17}{4}\pi$

● $-\theta$ の三角関数 ●

角 θ の動径 OP と角 $-\theta$ の動径 OQ は，x 軸に関して対称であるので，点 P の座標を (x, y) とすると，点 Q の座標は $(x, -y)$ である。したがって，次の公式が成り立つ。

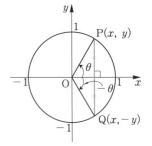

$$[2] \quad \begin{aligned} \sin(-\theta) &= -\sin\theta \\ \cos(-\theta) &= \cos\theta \\ \tan(-\theta) &= -\tan\theta \end{aligned}$$

例3 $\sin\left(-\dfrac{\pi}{6}\right) = -\sin\dfrac{\pi}{6} = -\dfrac{1}{2}$, $\quad \cos\left(-\dfrac{\pi}{4}\right) = \cos\dfrac{\pi}{4} = \dfrac{1}{\sqrt{2}}$

注意 $\sin\theta$，$\tan\theta$ は奇関数，$\cos\theta$ は偶関数である（99 ページ参照）。

練習12 次の値を求めよ。

(1) $\sin\left(-\dfrac{\pi}{4}\right)$ (2) $\cos\left(-\dfrac{2}{3}\pi\right)$ (3) $\tan\left(-\dfrac{5}{6}\pi\right)$

● $\theta + \pi$, $\theta + \dfrac{\pi}{2}$ の三角関数 ●

前ページと同様に角 θ に対応する点を $\mathrm{P}(x, y)$ とするとき，角 $\theta + \pi$ に対応する点 Q の座標は $(-x, -y)$ であり，次の公式が成り立つ。

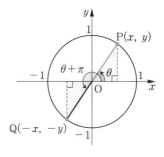

$$
[3] \quad
\begin{aligned}
\sin(\theta + \pi) &= -\sin\theta \\
\cos(\theta + \pi) &= -\cos\theta \\
\tan(\theta + \pi) &= \tan\theta
\end{aligned}
$$

また，角 $\theta + \dfrac{\pi}{2}$ に対応する点 Q の座標は $(-y, x)$ であり，次の公式が成り立つ。

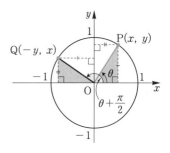

$$
[4] \quad
\begin{aligned}
\sin\left(\theta + \frac{\pi}{2}\right) &= \cos\theta \\
\cos\left(\theta + \frac{\pi}{2}\right) &= -\sin\theta \\
\tan\left(\theta + \frac{\pi}{2}\right) &= -\frac{1}{\tan\theta}
\end{aligned}
$$

さらに，上の[3]と[4]において，θ を $-\theta$ で置き換えると，[2]より，次の公式が得られる。

$$
[3'] \quad
\begin{aligned}
\sin(\pi - \theta) &= \sin\theta \\
\cos(\pi - \theta) &= -\cos\theta \\
\tan(\pi - \theta) &= -\tan\theta
\end{aligned}
\qquad
[4'] \quad
\begin{aligned}
\sin\left(\frac{\pi}{2} - \theta\right) &= \cos\theta \\
\cos\left(\frac{\pi}{2} - \theta\right) &= \sin\theta \\
\tan\left(\frac{\pi}{2} - \theta\right) &= \frac{1}{\tan\theta}
\end{aligned}
$$

例4 $\cos\dfrac{\pi}{10} = a$ のとき $\cos\dfrac{11}{10}\pi = \cos\left(\dfrac{\pi}{10} + \pi\right) = -\cos\dfrac{\pi}{10} = -a$

練習13 $\sin\dfrac{\pi}{5} = a$ のとき，次の値を a を用いて表せ。

(1) $\sin\dfrac{6}{5}\pi$ 　　　 (2) $\cos\dfrac{3}{10}\pi$ 　　　 (3) $\sin\left(-\dfrac{16}{5}\pi\right)$

3 三角関数のグラフ

1 $y = \sin\theta$, $y = \cos\theta$ のグラフ

角 θ の動径と単位円との交点を
P(a, b) とすると

$$a = \cos\theta, \ b = \sin\theta$$

より　点 P の x 座標は $\cos\theta$

　　　点 P の y 座標は $\sin\theta$

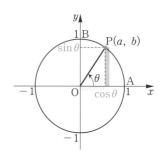

に等しい。このことを利用して，関数 $y = \sin\theta$
と $y = \cos\theta$ のグラフをかくことができる。

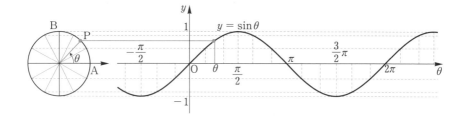

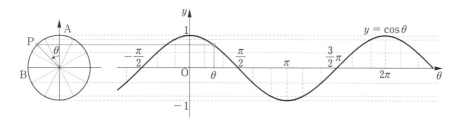

公式 $\cos\theta = \sin\left(\theta + \dfrac{\pi}{2}\right)$ から，
$y = \cos\theta$ のグラフは，$y = \sin\theta$ の
グラフを θ 軸方向に $-\dfrac{\pi}{2}$ だけ平行移
動してかくこともできる。

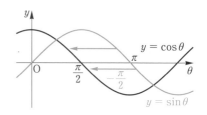

$y = \sin\theta$ や $y = \cos\theta$ のグラフで表される曲線を **正弦曲線** という。

2 ▷ $y = \tan\theta$ のグラフ

　右の図のように，角 θ の動径
と単位円との交点を P として，
直線 OP と直線 $x = 1$ との交
点を T$(1,\ t)$ とすると

　　　$t = \tan\theta$

である。このことを利用して，
関数 $y = \tan\theta$ のグラフをか
くことができる。

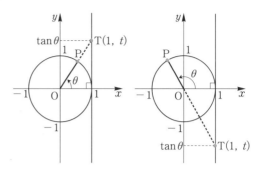

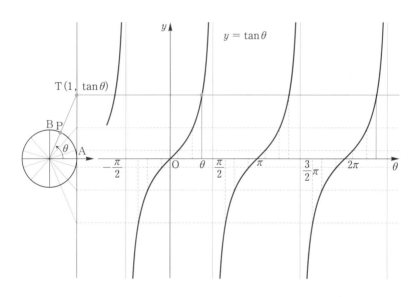

　$y = \tan\theta$ のグラフで表される曲線を **正接曲線** という。

　$y = \tan\theta$ のグラフは，θ の値が $\dfrac{\pi}{2} + n\pi$（n は整数）に近づいていくと，直

線 $\theta = \dfrac{\pi}{2} + n\pi$ に限りなく近づいていく。したがって，直線 $\theta = \dfrac{\pi}{2} + n\pi$ は

$y = \tan\theta$ のグラフの漸近線である。

◀ **3** ▶　　周期関数 ────────────────────────────

164 ページで学んだように，n が整数のとき

$$\sin(\theta + 2n\pi) = \sin\theta, \quad \cos(\theta + 2n\pi) = \cos\theta$$

であるから，$y = \sin\theta$，$y = \cos\theta$ の
グラフは 2π ごとに同じ形がくり返される。

また，

$$\tan(\theta + n\pi) = \tan\theta$$

であるから $y = \tan\theta$ のグラフは π
ごとに同じ形がくり返される。

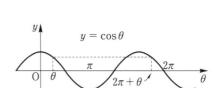

一般に，関数 $y = f(\theta)$ について，
0 でない定数 p があって

$$f(\theta + p) = f(\theta)$$

がすべての θ について成り立つとき，
この関数 $f(\theta)$ を，p を周期とする **周
期関数** という。

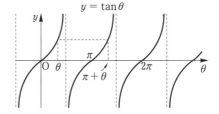

p が $f(\theta)$ の周期のときは

$$f(\theta + 2p) = f((\theta + p) + p)$$
$$= f(\theta + p) = f(\theta)$$

から $2p$ も周期である。同様にして $3p$，$-p$ なども周期となる。

通常，これらのうち正で最小のものを **周期** という。

すなわち，関数 $y = \sin\theta$，$y = \cos\theta$，$y = \tan\theta$ は周期関数であり，その周期
について次のことがいえる。

▷ **三角関数の周期**

> $y = \sin\theta$，$y = \cos\theta$ の周期は 2π
>
> $y = \tan\theta$ の周期は π

4 いろいろな三角関数のグラフ

例5 関数 $y = 2\sin\theta$ のグラフ

$y = 2\sin\theta$ のグラフは，$y = \sin\theta$ のグラフを θ 軸を基準にして y 軸方向に 2 倍に拡大したもので，周期は 2π である。

$-1 \leqq \sin\theta \leqq 1$ より，値域は $-2 \leqq y \leqq 2$ である。

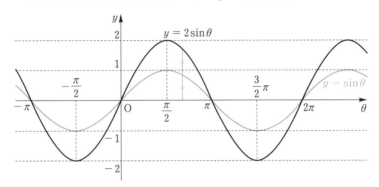

練習14 次の関数のグラフをかけ。また，その周期と値域を求めよ。

(1) $y = 2\cos\theta$ (2) $y = -\dfrac{1}{2}\sin\theta$ (3) $y = \dfrac{1}{2}\tan\theta$

例6 関数 $y = \cos\left(\theta - \dfrac{\pi}{3}\right)$ のグラフ

$y = \cos\left(\theta - \dfrac{\pi}{3}\right)$ のグラフは，$y = \cos\theta$ のグラフを θ 軸方向に $\dfrac{\pi}{3}$ だけ平行移動したものである。

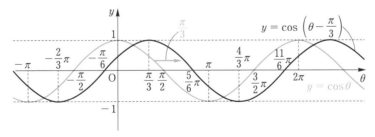

練習15 次の関数のグラフをかけ。

(1) $y = \sin\left(\theta + \dfrac{\pi}{4}\right)$ (2) $y = 2\cos\left(\theta - \dfrac{\pi}{6}\right)$ (3) $y = \tan\left(\theta - \dfrac{\pi}{4}\right)$

関数 $y = \sin 2\theta$ のグラフをかいてみよう。

$\theta = \alpha$ のときの $\sin 2\theta$ の値と，

$\theta = 2\alpha$ のときの $\sin\theta$ の値は，

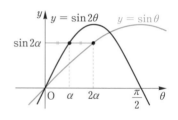

ともに $\sin 2\alpha$ で等しい。よって，下の図の
ように，$y = \sin 2\theta$ のグラフは，$y = \sin\theta$

のグラフを y 軸を基準にして θ 軸方向に $\dfrac{1}{2}$ 倍に縮小したものである。

また，$y = \sin 2\theta$ の周期は $y = \sin\theta$ の周期 2π の $\dfrac{1}{2}$ 倍，すなわち π である。
したがって，$y = \sin 2\theta$ のグラフは次の図のようになる。

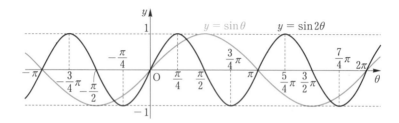

一般に，k が正の定数のとき，$y = \sin k\theta$，$y = \cos k\theta$，$y = \tan k\theta$ のグラフは，
それぞれ $y = \sin\theta$，$y = \cos\theta$，$y = \tan\theta$ のグラフを y 軸を基準にして θ 軸方
向に $\dfrac{1}{k}$ に縮小したものであり，次のことがいえる。

> **▶ $y = \sin k\theta$，$y = \cos k\theta$，$y = \tan k\theta$ の周期**
>
> $$y = \sin k\theta,\ y = \cos k\theta\ \text{の周期は}\ \frac{2\pi}{k}\ \left(2\pi\ \text{の}\ \frac{1}{k}\ \text{倍}\right)$$
>
> $$y = \tan k\theta\ \text{の周期は}\ \frac{\pi}{k}\ \left(\pi\ \text{の}\ \frac{1}{k}\ \text{倍}\right)$$

練習16 関数 $y = \sin\dfrac{2}{3}\theta$ と $y = \tan\dfrac{2}{3}\theta$ の周期を求めよ。

練習17 次の関数の周期を求め，そのグラフをかけ。

(1) $y = \cos 2\theta$　　　　(2) $y = \sin\dfrac{\theta}{2}$　　　　(3) $y = \sin\left(2\theta - \dfrac{\pi}{3}\right)$

4 ▶ 三角関数を含む方程式・不等式

1 ▶ 三角関数を含む方程式

単位円を用いて，三角関数を含む方程式を解いてみよう。

例題 2 $0 \le \theta < 2\pi$ のとき，次の方程式を満たす θ の値を求めよ。

(1) $\sin\theta = -\dfrac{1}{2}$ (2) $\tan\theta = \sqrt{3}$

解 (1) 単位円上で，y 座標が $-\dfrac{1}{2}$

となる点は，右の図の2点P，Qで，動径 OP，OQ の表す角は $0 \le \theta < 2\pi$ より

$$\theta = \frac{7}{6}\pi, \ \frac{11}{6}\pi$$

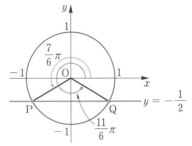

(2) 直線 $x = 1$ 上に点 $\mathrm{T}(1, \sqrt{3})$ をとると，直線 OT と単位円の交点は，右の図の2点P，Qで，動径 OP，OQ の表す角は $0 \le \theta < 2\pi$ より

$$\theta = \frac{\pi}{3}, \ \frac{4}{3}\pi$$

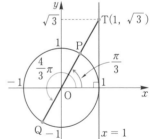

例題2で，θ の範囲に制限がないときは，動径 OP，OQ の表す一般角が求める θ である。n を整数として，それぞれ次のようにかける。

(1) $\theta = \dfrac{7}{6}\pi + 2n\pi, \ \dfrac{11}{6}\pi + 2n\pi$ (2) $\theta = \dfrac{\pi}{3} + n\pi$

練習 18 $0 \le \theta < 2\pi$ のとき，次の方程式を満たす θ の値を求めよ。また，θ が一般角のとき，その値を求めよ。

(1) $\sin\theta = \dfrac{1}{\sqrt{2}}$ (2) $\cos\theta = -\dfrac{\sqrt{3}}{2}$ (3) $\tan\theta = \dfrac{1}{\sqrt{3}}$

　三角関数を含む不等式

三角関数を含む不等式を解いてみよう。

| 例題 3 | $0 \leqq \theta < 2\pi$ のとき，不等式 $\cos\theta > -\dfrac{1}{\sqrt{2}}$ を満たす θ の値の範囲を求めよ。 |

解　単位円上で，x 座標が $-\dfrac{1}{\sqrt{2}}$ となる点は，右の図の 2 点 P，Q であり，$x > -\dfrac{1}{\sqrt{2}}$ は図の青線部分。

$0 \leqq \theta < 2\pi$ より

$$0 \leqq \theta < \dfrac{3}{4}\pi, \quad \dfrac{5}{4}\pi < \theta < 2\pi$$

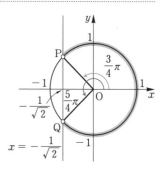

例題 3 は，$y = \cos\theta$ のグラフを用いても解くことができる。

曲線 $y = \cos\theta$ が直線 $y = -\dfrac{1}{\sqrt{2}}$ より上側にある θ の値の範囲を求めれば

よい。よって，下の図より，解は $0 \leqq \theta < \dfrac{3}{4}\pi, \ \dfrac{5}{4}\pi < \theta < 2\pi$ となる。

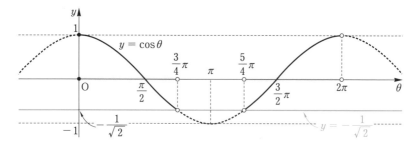

練習⚑⚙　$0 \leqq \theta < 2\pi$ のとき，次の不等式を満たす θ の値の範囲を求めよ。

(1)　$\sin\theta > \dfrac{\sqrt{3}}{2}$　　　(2)　$2\cos\theta - 1 \leqq 0$　　　(3)　$\tan\theta > 1$

(4)　$\sin\theta \geqq -\dfrac{1}{2}$　　　(5)　$-\dfrac{\sqrt{3}}{2} < \cos\theta < \dfrac{1}{2}$

5 逆三角関数

関数 $y = \sin x$ において，定義域を
$-\dfrac{\pi}{2} \leqq x \leqq \dfrac{\pi}{2}$ とすると，$-1 \leqq a \leqq 1$
である実数 a に対して $\sin x = a$ を満
たす x の値がただ 1 つ定まる。この x
の値を a の **アークサイン（逆正弦）** と
いい

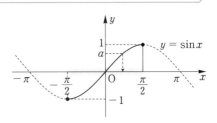

$\qquad x = \mathrm{Sin}^{-1} a$　または　$x = \mathrm{Arcsin}\, a$

と表す。

同様に，関数 $y = \cos x$ において，
$0 \leqq x \leqq \pi$，$-1 \leqq a \leqq 1$ とすると，
$\cos x = a$ を満たす x の値がただ 1 つ
定まる。この x の値を a の **アークコサ
イン（逆余弦）** といい

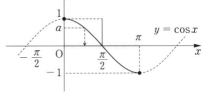

$\qquad x = \mathrm{Cos}^{-1} a$　または　$x = \mathrm{Arccos}\, a$

と表す。

また，$-\dfrac{\pi}{2} < x < \dfrac{\pi}{2}$ とすると，すべての実
数 a の値に対して $\tan x = a$ を満たす x の値
がただ 1 つ定まる。これを a の **アークタンジ
ェント（逆正接）** といい，

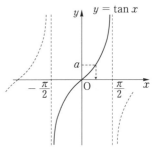

$\qquad x = \mathrm{Tan}^{-1} a$　または　$x = \mathrm{Arctan}\, a$

と表す。

これらを関数としてまとめると，次のように表せる。

$$x = \mathrm{Sin}^{-1} y \iff \sin x = y, \quad -\dfrac{\pi}{2} \leqq x \leqq \dfrac{\pi}{2}$$

$$x = \mathrm{Cos}^{-1} y \iff \cos x = y, \qquad 0 \leqq x \leqq \pi$$

$$x = \mathrm{Tan}^{-1} y \iff \tan x = y, \quad -\dfrac{\pi}{2} < x < \dfrac{\pi}{2}$$

例 **7** (1) $\sin\dfrac{\pi}{6} = \dfrac{1}{2}$ であるから $\mathrm{Sin}^{-1}\dfrac{1}{2} = \dfrac{\pi}{6}$

(2) $\cos\dfrac{2}{3}\pi = -\dfrac{1}{2}$ であるから $\mathrm{Cos}^{-1}\left(-\dfrac{1}{2}\right) = \dfrac{2}{3}\pi$

(3) $\tan\dfrac{\pi}{4} = 1$ であるから $\mathrm{Tan}^{-1}1 = \dfrac{\pi}{4}$

練習**20** 次の値を求めよ。

(1) $\mathrm{Sin}^{-1}1$ (2) $\mathrm{Sin}^{-1}\left(-\dfrac{1}{2}\right)$ (3) $\mathrm{Cos}^{-1}0$

(4) $\mathrm{Cos}^{-1}\dfrac{1}{\sqrt{2}}$ (5) $\mathrm{Tan}^{-1}(-\sqrt{3})$ (6) $\mathrm{Tan}^{-1}(-1)$

関数 $y = \mathrm{Sin}^{-1}x$ $(-1 \leqq x \leqq 1)$ は
関数 $y = \sin x$ $\left(-\dfrac{\pi}{2} \leqq x \leqq \dfrac{\pi}{2}\right)$
の逆関数である。

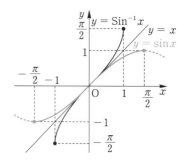

同様に
関数 $y = \mathrm{Cos}^{-1}x$ $(-1 \leqq x \leqq 1)$ は
関数 $y = \cos x$ $(0 \leqq x \leqq \pi)$
の逆関数であり，
関数 $y = \mathrm{Tan}^{-1}x$ は
関数 $y = \tan x$ $\left(-\dfrac{\pi}{2} < x < \dfrac{\pi}{2}\right)$
の逆関数である。

これらをまとめて，**逆三角関数** といい，
グラフはそれぞれ三角関数のグラフと直線
$y = x$ に関して対称な右の図のような曲
線になる。

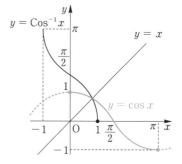

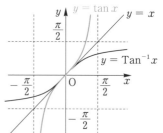

◢ 節|末|問|題

1. 次の値を求めよ。

(1) $\sin\dfrac{3}{2}\pi$　　　　(2) $\cos\left(-\dfrac{11}{6}\pi\right)$　　　(3) $\tan\dfrac{7}{3}\pi$

(4) $\sin\left(-\dfrac{11}{3}\pi\right)$　　(5) $\cos 5\pi$　　　　　(6) $\tan(-3\pi)$

2. 母線の長さが l, 底面の半径が r
である直円錐の側面の面積を求め
よ。

3. $\pi < \theta < \dfrac{3}{2}\pi$ で $\cos\theta = -\dfrac{1}{3}$ のとき, $\sin\theta$, $\tan\theta$ の値を求めよ。

4. $\sin\theta + \cos\theta = \dfrac{\sqrt{3}}{2}$ のとき, 次の式の値を求めよ。

(1) $\sin\theta\cos\theta$　　　　　　(2) $\sin^3\theta + \cos^3\theta$

(3) $\sin\theta - \cos\theta$　　　　　　(4) $\sin^3\theta - \cos^3\theta$

5. 次の式を簡単にせよ。

$$\cos\left(\theta - \dfrac{\pi}{2}\right)\sin(\theta + \pi) - \sin\left(\theta + \dfrac{3}{2}\pi\right)\cos(\theta - \pi)$$

6. 次の関数のグラフをかけ。また, その周期と値域をいえ。

(1) $y = \sin\left(\theta - \dfrac{\pi}{6}\right)$　　(2) $y = 2\cos\dfrac{\theta}{2} + 1$　　(3) $y = 3\tan\left(\theta + \dfrac{\pi}{3}\right)$

7. $0 \leqq \theta < 2\pi$ のとき, 次の方程式, 不等式を解け。

(1) $\cos\theta = \dfrac{1}{2}$　　　　(2) $2\sin\theta + \sqrt{3} = 0$　　(3) $\sqrt{3}\tan\theta = -1$

(4) $\sin\theta \leqq \dfrac{1}{2}$　　　　(5) $2\cos\theta > \sqrt{2}$　　　(6) $\tan\theta \geqq \sqrt{3}$

8. 次の値を求めよ。

(1) $\mathrm{Sin}^{-1}\left(-\dfrac{\sqrt{3}}{2}\right)$　　(2) $\mathrm{Cos}^{-1}1$　　　　(3) $\mathrm{Tan}^{-1}\sqrt{3}$

◆ 3 ◆ 三角関数の加法定理

1 加法定理

2つの角 α, β の和 $\alpha+\beta$ や差 $\alpha-\beta$ の三角関数を α, β の三角関数で表すことを考えてみよう。

右の図の単位円において，角 α, β の動径をそれぞれ OP，OQ とすると，

$$P(\cos\alpha, \ \sin\alpha)$$
$$Q(\cos\beta, \ \sin\beta)$$

である。

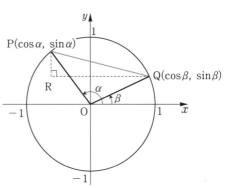

2点 P，Q 間の距離を次の2通りで考える。

$\triangle$PQR において，三平方の定理を用いると

$$PQ^2 = QR^2 + PR^2$$
$$= (\cos\alpha - \cos\beta)^2 + (\sin\alpha - \sin\beta)^2$$
$$= (\cos^2\alpha - 2\cos\alpha\cos\beta + \cos^2\beta) + (\sin^2\alpha - 2\sin\alpha\sin\beta + \sin^2\beta)$$
$$= 2 - 2(\cos\alpha\cos\beta + \sin\alpha\sin\beta) \quad \cdots\cdots①$$

$\triangle$OPQ において，余弦定理を用いると

$$PQ^2 = OP^2 + OQ^2 - 2 OP \cdot OQ \cos(\alpha-\beta)$$
$$= 1^2 + 1^2 - 2 \cdot 1 \cdot 1 \cdot \cos(\alpha-\beta)$$
$$= 2 - 2\cos(\alpha-\beta) \quad \cdots\cdots②$$

①，②より次の等式が得られる。

$$\cos(\alpha-\beta) = \cos\alpha\cos\beta + \sin\alpha\sin\beta \quad \cdots\cdots③$$

β を $-\beta$ に置き換えると

$$\cos(\alpha+\beta) = \cos\alpha\cos(-\beta) + \sin\alpha\sin(-\beta)$$
$$= \cos\alpha\cos\beta - \sin\alpha\sin\beta \quad \cdots\cdots④$$

となる。

また，前ページの③において，α を $\dfrac{\pi}{2}-\alpha$ で置き換えると

$$(\text{左辺}) = \cos\left(\frac{\pi}{2}-\alpha-\beta\right) = \cos\left\{\frac{\pi}{2}-(\alpha+\beta)\right\} = \sin(\alpha+\beta)$$

$$(\text{右辺}) = \cos\left(\frac{\pi}{2}-\alpha\right)\cos\beta + \sin\left(\frac{\pi}{2}-\alpha\right)\sin\beta \qquad \cos\left(\frac{\pi}{2}-\theta\right) = \sin\theta$$

$$= \sin\alpha\cos\beta + \cos\alpha\sin\beta \qquad\qquad\qquad \sin\left(\frac{\pi}{2}-\theta\right) = \cos\theta$$

であるから

$$\sin(\alpha+\beta) = \sin\alpha\cos\beta + \cos\alpha\sin\beta \quad \cdots\cdots ⑤$$

この式の β を $-\beta$ で置き換えると

$$\cos(-\theta) = \cos\theta$$
$$\sin(-\theta) = -\sin\theta$$

$$\sin(\alpha-\beta) = \sin\alpha\cos\beta - \cos\alpha\sin\beta$$

となる。さらに，④と⑤から

$$\tan(\alpha+\beta) = \frac{\sin(\alpha+\beta)}{\cos(\alpha+\beta)} = \frac{\sin\alpha\cos\beta + \cos\alpha\sin\beta}{\cos\alpha\cos\beta - \sin\alpha\sin\beta}$$

分母，分子を $\cos\alpha\cos\beta$ で割って変形すると

$$\tan(\alpha+\beta) = \frac{\dfrac{\sin\alpha}{\cos\alpha} + \dfrac{\sin\beta}{\cos\beta}}{1 - \dfrac{\sin\alpha}{\cos\alpha}\cdot\dfrac{\sin\beta}{\cos\beta}} = \frac{\tan\alpha + \tan\beta}{1 - \tan\alpha\tan\beta}$$

ここで，β を $-\beta$ で置き換えると

$$\tan(\alpha-\beta) = \frac{\tan\alpha - \tan\beta}{1 + \tan\alpha\tan\beta} \qquad\qquad \tan(-\theta) = -\tan\theta$$

以上をまとめて，次の **加法定理** が得られる。

> **加法定理**
>
> $$\sin(\alpha\pm\beta) = \sin\alpha\cos\beta \pm \cos\alpha\sin\beta$$
>
> $$\cos(\alpha\pm\beta) = \cos\alpha\cos\beta \mp \sin\alpha\sin\beta$$
>
> $$\tan(\alpha\pm\beta) = \frac{\tan\alpha \pm \tan\beta}{1 \mp \tan\alpha\tan\beta} \qquad (\text{すべて複号同順})$$

[注意]　正の符号 $+$ と負の符号 $-$ を合わせた記号 $\pm$，$\mp$ を複号という。複号同順とは，上から同じ順序で使うという意味である。

例 1 ▶ $\sin 75° = \sin(45° + 30°) = \sin 45° \cos 30° + \cos 45° \sin 30°$

$$= \frac{\sqrt{2}}{2} \cdot \frac{\sqrt{3}}{2} + \frac{\sqrt{2}}{2} \cdot \frac{1}{2} = \frac{\sqrt{6} + \sqrt{2}}{4}$$

$\cos 15° = \cos(45° - 30°) = \cos 45° \cos 30° + \sin 45° \sin 30°$

$$= \frac{\sqrt{2}}{2} \cdot \frac{\sqrt{3}}{2} + \frac{\sqrt{2}}{2} \cdot \frac{1}{2} = \frac{\sqrt{6} + \sqrt{2}}{4}$$

練習**1**　$\sin 15°$，$\cos 75°$，$\tan 105°$ の値を求めよ。

例題
1

α が第2象限の角，β が第3象限の角で $\sin \alpha = \dfrac{3}{5}$，$\cos \beta = -\dfrac{5}{13}$ の

とき，$\sin(\alpha + \beta)$ と $\cos(\alpha + \beta)$ の値を求めよ。

解　α は第2象限の角より $\cos \alpha < 0$，β は第3象限の角より $\sin \beta < 0$
したがって

$$\cos \alpha = -\sqrt{1 - \sin^2 \alpha} = -\sqrt{1 - \left(\frac{3}{5}\right)^2} = -\frac{4}{5}$$

$$\sin \beta = -\sqrt{1 - \cos^2 \beta} = -\sqrt{1 - \left(-\frac{5}{13}\right)^2} = -\frac{12}{13}$$

よって

$$\sin(\alpha + \beta) = \sin \alpha \cos \beta + \cos \alpha \sin \beta$$

$$= \frac{3}{5} \cdot \left(-\frac{5}{13}\right) + \left(-\frac{4}{5}\right) \cdot \left(-\frac{12}{13}\right) = \frac{33}{65}$$

$$\cos(\alpha + \beta) = \cos \alpha \cos \beta - \sin \alpha \sin \beta$$

$$= \left(-\frac{4}{5}\right) \cdot \left(-\frac{5}{13}\right) - \frac{3}{5} \cdot \left(-\frac{12}{13}\right) = \frac{56}{65}$$

練習**2**　α が第1象限の角，β が第2象限の角で $\sin \alpha = \dfrac{2}{7}$，$\cos \beta = -\dfrac{2}{3}$ のとき，
次の値を求めよ。

(1)　$\sin(\alpha - \beta)$　　　　　　　　(2)　$\cos(\alpha + \beta)$

3 節・三角関数の加法定理 | **179**

2 加法定理の応用

1 2倍角の公式

加法定理 $\sin(\alpha+\beta) = \sin\alpha\cos\beta + \cos\alpha\sin\beta$ において，$\beta=\alpha$ とおくと，

$$\sin 2\alpha = \sin\alpha\cos\alpha + \cos\alpha\sin\alpha = 2\sin\alpha\cos\alpha \text{ となる。}$$

また，$\cos(\alpha+\beta) = \cos\alpha\cos\beta - \sin\alpha\sin\beta$ において，$\beta=\alpha$ とおくと，

$$\cos 2\alpha = \cos\alpha\cos\alpha - \sin\alpha\sin\alpha \qquad \sin^2\alpha + \cos^2\alpha = 1$$
$$= \cos^2\alpha - \sin^2\alpha = 2\cos^2\alpha - 1 = 1 - 2\sin^2\alpha$$

$$\tan 2\alpha = \frac{\tan\alpha + \tan\alpha}{1 - \tan\alpha\tan\alpha} = \frac{2\tan\alpha}{1 - \tan^2\alpha}$$

となり，次の **2倍角の公式** が得られる。

> **2倍角の公式**
>
> $$\sin 2\alpha = 2\sin\alpha\cos\alpha$$
>
> $$\cos 2\alpha = \cos^2\alpha - \sin^2\alpha = 2\cos^2\alpha - 1 = 1 - 2\sin^2\alpha$$
>
> $$\tan 2\alpha = \frac{2\tan\alpha}{1 - \tan^2\alpha}$$

例題 2 $\dfrac{\pi}{2} < \alpha < \pi$ で $\sin\alpha = \dfrac{4}{5}$ のとき，$\sin 2\alpha$ と $\cos 2\alpha$ の値を求めよ。

解 $\dfrac{\pi}{2} < \alpha < \pi$ より $\cos\alpha < 0$ であるから

$$\cos\alpha = -\sqrt{1 - \sin^2\alpha} = -\sqrt{1 - \left(\frac{4}{5}\right)^2} = -\frac{3}{5}$$

よって，$\sin 2\alpha = 2\sin\alpha\cos\alpha = 2\cdot\dfrac{4}{5}\cdot\left(-\dfrac{3}{5}\right) = -\dfrac{24}{25}$

$$\cos 2\alpha = 1 - 2\sin^2\alpha = 1 - 2\cdot\left(\frac{4}{5}\right)^2 = -\frac{7}{25}$$

練習 3 $\pi < \alpha < \dfrac{3}{2}\pi$ で $\cos\alpha = -\dfrac{\sqrt{3}}{3}$ のとき，次の値を求めよ。

(1) $\sin 2\alpha$ (2) $\cos 2\alpha$ (3) $\tan 2\alpha$

2 半角の公式

2倍角の公式 $\cos 2\alpha = 1 - 2\sin^2\alpha = 2\cos^2\alpha - 1$ を変形すると

$$\sin^2\alpha = \frac{1 - \cos 2\alpha}{2}, \qquad \cos^2\alpha = \frac{1 + \cos 2\alpha}{2}$$

である。また，これらより

$$\tan^2\alpha = \frac{\sin^2\alpha}{\cos^2\alpha} = \frac{1 - \cos 2\alpha}{1 + \cos 2\alpha}$$

となる。ここで，α を $\dfrac{\alpha}{2}$ で置き換えると，次の **半角の公式** が得られる。

> **➡ 半角の公式**
>
> $$\sin^2\frac{\alpha}{2} = \frac{1 - \cos\alpha}{2} \qquad \cos^2\frac{\alpha}{2} = \frac{1 + \cos\alpha}{2} \qquad \tan^2\frac{\alpha}{2} = \frac{1 - \cos\alpha}{1 + \cos\alpha}$$

例題 3 $\sin\dfrac{\pi}{8}$ の値を求めよ。

解
$$\sin^2\frac{\pi}{8} = \sin^2\frac{\frac{\pi}{4}}{2} = \frac{1 - \cos\frac{\pi}{4}}{2} = \frac{1 - \frac{\sqrt{2}}{2}}{2} = \frac{2 - \sqrt{2}}{4}$$

$\sin\dfrac{\pi}{8} > 0$ であるから $\sin\dfrac{\pi}{8} = \dfrac{\sqrt{2 - \sqrt{2}}}{2}$

練習4 半角の公式を用いて，次の値を求めよ。

(1) $\sin\dfrac{3}{8}\pi$ (2) $\cos\dfrac{5}{8}\pi$ (3) $\tan\dfrac{7}{8}\pi$

練習5 $\pi < \alpha < 2\pi$ で $\cos\alpha = \dfrac{2}{3}$ のとき，$\sin\dfrac{\alpha}{2}$，$\cos\dfrac{\alpha}{2}$，$\tan\dfrac{\alpha}{2}$ の値を求めよ。

練習6 $\tan\dfrac{\theta}{2} = t$ のとき，次の式を証明せよ。

(1) $\tan\theta = \dfrac{2t}{1 - t^2}$ (2) $\cos\theta = \dfrac{1 - t^2}{1 + t^2}$ (3) $\sin\theta = \dfrac{2t}{1 + t^2}$

3 **三角関数の合成**

加法定理を利用して，$a\sin\theta + b\cos\theta$ の形の式を $r\sin(\theta+\alpha)$ の形の式に変形してみよう。

座標が (a, b) である点を P とし，OP $= r$ とする。動径 OP が x 軸の正の向きとなす角を α とすると

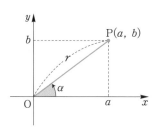

$$r = \sqrt{a^2 + b^2},$$

$$\cos\alpha = \frac{a}{r}, \quad \sin\alpha = \frac{b}{r}$$

したがって

$$a\sin\theta + b\cos\theta = r\left(\frac{a}{r}\sin\theta + \frac{b}{r}\cos\theta\right)$$

$$= r(\sin\theta\cos\alpha + \cos\theta\sin\alpha)$$

$$= r\sin(\theta+\alpha)$$

このような変形を **三角関数の合成** という。

> **三角関数の合成**
>
> $$a\sin\theta + b\cos\theta = \sqrt{a^2 + b^2}\,\sin(\theta+\alpha)$$
>
> ただし α は $\cos\alpha = \dfrac{a}{\sqrt{a^2+b^2}}$, $\sin\alpha = \dfrac{b}{\sqrt{a^2+b^2}}$ をみたす角

例2 $\sqrt{3}\sin\theta + \cos\theta$ では

$$a = \sqrt{3}, \ b = 1$$

より P$(\sqrt{3}, 1)$ をとると

$$r = \sqrt{(\sqrt{3})^2 + 1} = 2, \ \alpha = \frac{\pi}{6}$$

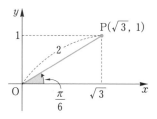

であるから

$$\sqrt{3}\sin\theta + \cos\theta = 2\sin\left(\theta + \frac{\pi}{6}\right)$$

練習7 次の式を $r\sin(\theta+\alpha)$ の形に変形せよ。ただし，$r > 0$, $-\pi < \alpha \leqq \pi$ とする。

(1) $\sin\theta + \sqrt{3}\cos\theta$ 　　　　(2) $\sin\theta - \cos\theta$

<svg> **4** </svg> **積和の公式と和積の公式**

　正弦，余弦の加法定理から三角関数の積を和に，和を積に直す公式を求めてみよう。加法定理より

$$\sin(\alpha+\beta) = \sin\alpha\cos\beta + \cos\alpha\sin\beta \quad \cdots\cdots①$$

$$\sin(\alpha-\beta) = \sin\alpha\cos\beta - \cos\alpha\sin\beta \quad \cdots\cdots②$$

$$\cos(\alpha+\beta) = \cos\alpha\cos\beta - \sin\alpha\sin\beta \quad \cdots\cdots③$$

$$\cos(\alpha-\beta) = \cos\alpha\cos\beta + \sin\alpha\sin\beta \quad \cdots\cdots④$$

①+②より　$\sin(\alpha+\beta) + \sin(\alpha-\beta) = 2\sin\alpha\cos\beta$

よって　　　$\sin\alpha\cos\beta = \dfrac{1}{2}\{\sin(\alpha+\beta) + \sin(\alpha-\beta)\}$

　同様にして，積を和・差に直す，次の公式が得られる。

> ➡**積和の公式**
>
> $$\sin\alpha\cos\beta = \frac{1}{2}\{\sin(\alpha+\beta) + \sin(\alpha-\beta)\} \qquad \longleftarrow (①+②)\div 2$$
>
> $$\cos\alpha\sin\beta = \frac{1}{2}\{\sin(\alpha+\beta) - \sin(\alpha-\beta)\} \qquad \longleftarrow (①-②)\div 2$$
>
> $$\cos\alpha\cos\beta = \frac{1}{2}\{\cos(\alpha+\beta) + \cos(\alpha-\beta)\} \qquad \longleftarrow (③+④)\div 2$$
>
> $$\sin\alpha\sin\beta = -\frac{1}{2}\{\cos(\alpha+\beta) - \cos(\alpha-\beta)\} \qquad \longleftarrow (③-④)\div(-2)$$

例3 (1)　$\sin 3\theta\cos 2\theta = \dfrac{1}{2}\{\sin(3\theta+2\theta) + \sin(3\theta-2\theta)\}$

$$= \frac{1}{2}(\sin 5\theta + \sin\theta)$$

(2)　$\cos 105°\cos 15° = \dfrac{1}{2}\{\cos(105°+15°) + \cos(105°-15°)\}$

$$= \frac{1}{2}(\cos 120° + \cos 90°) = -\frac{1}{4}$$

練習8　次の式を三角関数の和または差の形に直せ。

(1)　$\sin\theta\cos 5\theta$　　　　　　　　(2)　$\cos 4\theta\cos 2\theta$

積和の公式において，$\alpha + \beta = A$，$\alpha - \beta = B$ とおくと

$$\alpha = \frac{A+B}{2}, \quad \beta = \frac{A-B}{2}$$

となるから，次の和・差を積に直す公式が得られる。

➡ 和積の公式

$$\sin A + \sin B = 2\sin\frac{A+B}{2}\cos\frac{A-B}{2}$$

$$\sin A - \sin B = 2\cos\frac{A+B}{2}\sin\frac{A-B}{2}$$

$$\cos A + \cos B = 2\cos\frac{A+B}{2}\cos\frac{A-B}{2}$$

$$\cos A - \cos B = -2\sin\frac{A+B}{2}\sin\frac{A-B}{2}$$

例 4 (1) $\sin 5\theta - \sin 3\theta = 2\left\{\cos\dfrac{5\theta+3\theta}{2}\sin\dfrac{5\theta-3\theta}{2}\right\}$

$$= 2\cos 4\theta\sin\theta$$

(2) $\sin 75° + \sin 15° = 2\sin\dfrac{75°+15°}{2}\cos\dfrac{75°-15°}{2}$

$$= 2\sin 45°\cos 30°$$

$$= 2\cdot\frac{\sqrt{2}}{2}\cdot\frac{\sqrt{3}}{2} = \frac{\sqrt{6}}{2}$$

練習 9 次の式を三角関数の積の形に直せ。

(1) $\sin 6\theta - \sin 2\theta$ 　　　　 (2) $\cos\theta + \cos 7\theta$

練習 10 次の式の値を求めよ。

(1) $\sin 75°\sin 15°$ 　　　　 (2) $\cos 10° + \cos 110° + \cos 130°$

練習 11 $0 \leqq \theta \leqq \pi$ のとき，次の関数の値域を求めよ。

(1) $y = \sin\left(\theta + \dfrac{5}{12}\pi\right)\cos\left(\theta + \dfrac{\pi}{12}\right)$

(2) $y = \cos\left(\theta + \dfrac{5}{12}\pi\right) - \cos\left(\theta + \dfrac{\pi}{12}\right)$

◀ 節|末|問|題 ▶

1. 2直線 $y = 3x$, $y = \dfrac{1}{2}x$ のなす角 θ $\left(0 \leqq \theta \leqq \dfrac{\pi}{2}\right)$ を求めよ。

2. $\dfrac{\pi}{2} < \alpha < \pi$ で $\sin\alpha = \dfrac{1}{3}$ のとき，次の値を求めよ。

(1) $\sin 2\alpha$ (2) $\cos 2\alpha$ (3) $\sin^2\dfrac{\alpha}{2}$ (4) $\tan^2\dfrac{\alpha}{2}$

3. 2倍角の公式を利用して，次の関数のグラフをかけ。

(1) $y = \sin\theta\cos\theta$ (2) $y = \cos^2\theta$

4. $3\alpha = 2\alpha + \alpha$ であることを用いて，次の等式を証明せよ。

(1) $\sin 3\alpha = 3\sin\alpha - 4\sin^3\alpha$

(2) $\cos 3\alpha = 4\cos^3\alpha - 3\cos\alpha$

上の(1), (2)の等式を **3倍角の公式** という。

5. 関数 $y = 2\sin\theta + 3\cos\theta$ について，次の問いに答えよ。ただし，$0 \leqq \theta \leqq \pi$ とする。

(1) $y = r\sin(\theta + \alpha)$ と変形したとき，r の値と $\cos\alpha$, $\sin\alpha$ の値を求めよ。ただし，$r > 0$, $-\pi < \alpha \leqq \pi$ とする。

(2) y の最大値と最小値を求めよ。

6. $0 \leqq \theta < 2\pi$ のとき，次の方程式，不等式を満たす θ の値を求めよ。

(1) $\sin 2\theta = \sqrt{3}\,\sin\theta$ (2) $\cos 2\theta + 5\cos\theta = 2$

(3) $\cos 2\theta > \sin\theta$ (4) $-\sin\theta + \sqrt{3}\,\cos\theta < \sqrt{2}$

7. $0 \leqq \theta \leqq 2\pi$ のとき，関数 $y = \sin 2\theta + 2\sin\theta + 2\cos\theta + 3$ について，次の問いに答えよ。

(1) $\sin\theta + \cos\theta = t$ とおいて，y を t の式で表せ。

(2) t のとりうる値の範囲を求めよ。

(3) y の最大値と最小値を求めよ。また，そのときの θ の値を求めよ。

第 **7** 章

図形と方程式

··· 1 ···
座標平面上の点と直線
··· 2 ···
2次曲線
··· 3 ···
不等式と領域

　平面の表し方にはいろいろある。座標平面で表すのもその一つである。この章では，座標平面上の図形を表す方程式について学ぶ。その際，図形を与えられた条件を満たす点の集合として見ること，そして方程式を満たす点の集合が軌跡を表すことを理解してほしい。

◆ 1 ◆ 座標平面上の点と直線

1 数直線上の点

▶ 1 内分点と外分点

線分 AB 上に点 P があり

$$AP : PB = m : n$$

が成り立つとき，点 P は線分 AB を **$m : n$ に内分する** といい，点 P を **内分点** という。

例1 右の図において

点 P_1 は線分 AB を 3:2 に内分し，

点 P_2 は線分 AB を 1:4 に内分する。

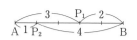

練習1 線分 AB を 2:3 に内分する点 P_1 と 4:1 に内分する点 P_2 を下の図に示せ。

線分 AB の延長上に点 Q があり

$$AQ : QB = m : n \ (m \neq n)$$

が成り立つとき，点 Q は線分 AB を

$m : n$ に外分する といい，点 Q を **外分点** という。

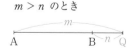

例2 右の図において

点 Q_1 は線分 AB を 5:2 に外分し，

点 Q_2 は線分 AB を 1:2 に外分する。

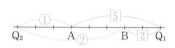

練習2 線分 AB を 4:1 に外分する点 Q_1 と，2:5 に外分する点 Q_2 を下の図に示せ。

◀ **2** ▶　　**数直線上の内分点，外分点の座標**

●**内分点**●

2 点 A(a)，B(b) に対して，線分 AB を $m:n$ に内分する点 P の座標 x を求めてみよう。

$a < b$ のとき，AP $= x - a$，PB $= b - x$，AP : PB $= m : n$ であるから

$$(x-a):(b-x) = m:n$$

したがって　$n(x-a) = m(b-x)$

よって　　$x = \dfrac{na + mb}{m + n}$

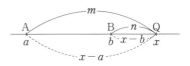

$a > b$ のときも，同じ式が得られる。

とくに，線分 AB の中点の座標 x は　$x = \dfrac{a+b}{2}$　となる。

●**外分点**●

2 点 A(a)，B(b) に対して，線分 AB を $m:n$ に外分する点 Q の座標 x を求めてみよう。

$a < b$，$m > n$ のとき，$a < b < x$ より　AQ $= x - a$，QB $= x - b$

AQ : QB $= m : n$ であるから　$(x-a):(x-b) = m:n$

したがって　$n(x-a) = m(x-b)$

よって　　$x = \dfrac{-na + mb}{m - n}$

$m < n$ のときも同じ式が得られる。

例③　2 点 A(-2)，B(8) を結ぶ線分 AB に対して

　　　　2 : 3 に内分する点 P の座標は　$\dfrac{3 \cdot (-2) + 2 \cdot 8}{2 + 3} = 2$

　　　　3 : 1 に外分する点 Q の座標は　$\dfrac{-1 \cdot (-2) + 3 \cdot 8}{3 - 1} = 13$

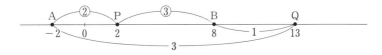

練習③　2 点 A(-3)，B(1) を結ぶ線分 AB に対して，次の点の座標を求めよ。

　　(1)　中点　　　　(2)　5 : 3 に内分する点　　　(3)　3 : 5 に外分する点

2 座標平面上の点

1 座標平面上の内分点，外分点の座標

2点 $A(x_1,\ y_1)$，$B(x_2,\ y_2)$ を結ぶ線分 AB を $m:n$ に内分する点Pの座標 $(x,\ y)$ を求めてみよう。

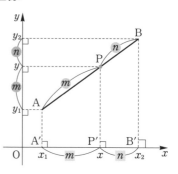

右の図のように，A，B，P から x 軸に垂線 AA'，BB'，PP' をそれぞれ引くと

$$A'P' : P'B' = AP : PB = m : n$$

となるから，P' は $A'B'$ を $m:n$ に内分する点である。

ここで，点 A'，B'，P' の x 座標は，それぞれ x_1，x_2，x であるから，数直線上の内分点の公式により，

点Pの x 座標は $\quad x = \dfrac{nx_1 + mx_2}{m + n}$

点Pの y 座標は $\quad y = \dfrac{ny_1 + my_2}{m + n}$

となる。

外分点の座標も，内分点の場合と同様にして求めることができる。

⇒**内分点・外分点**

2点 $A(x_1,\ y_1)$，$B(x_2,\ y_2)$ に対して

[1] 線分 AB を $m:n$ に **内分** する点の座標は

$$\left(\dfrac{nx_1 + mx_2}{m + n},\ \dfrac{ny_1 + my_2}{m + n} \right)$$

とくに，線分 AB の **中点** の座標は $\left(\dfrac{x_1 + x_2}{2},\ \dfrac{y_1 + y_2}{2} \right)$

[2] 線分 AB を $m:n$ に **外分** する点の座標は

$$\left(\dfrac{-nx_1 + mx_2}{m - n},\ \dfrac{-ny_1 + my_2}{m - n} \right)$$

例 4 2点 A(5, 2)，B(9, -2) を結ぶ線分 AB を 3:1 に内分する点 P の座標
を (x, y) とすると

$$x = \frac{1\cdot 5 + 3\cdot 9}{3+1} = 8, \quad y = \frac{1\cdot 2 + 3\cdot(-2)}{3+1} = -1$$

よって P(8, -1)

また，線分 AB を 3:1 に外分する点 Q の座標を (x', y') とすると

$$x' = \frac{-1\cdot 5 + 3\cdot 9}{3-1} = 11, \quad y' = \frac{-1\cdot 2 + 3\cdot(-2)}{3-1} = -4$$

よって Q(11, -4)

練習 4 2点 A(5, 2)，B(-1, 4) を結ぶ線分 AB について，次の点の座標を求めよ。

(1) 中点 M

(2) 2:1 に内分する点 C

(3) 2:1 に外分する点 D

(4) 1:3 に外分する点 E

2 三角形の重心

3点 A(x_1, y_1)，B(x_2, y_2)，C(x_3, y_3) を頂点とする △ABC の重心 G の座標
を求めてみよう。

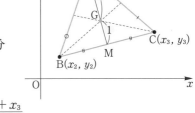

辺 BC の中点 M の座標は

$$\left(\frac{x_2 + x_3}{2}, \frac{y_2 + y_3}{2} \right)$$

重心 G(x, y) は，中線 AM を 2:1 に内分
する点であるから

$$x = \frac{1\cdot x_1 + 2\cdot \dfrac{x_2 + x_3}{2}}{2+1} = \frac{x_1 + x_2 + x_3}{3},$$

同様に $y = \dfrac{y_1 + y_2 + y_3}{3}$

よって，△ABC の重心の座標は $\left(\dfrac{\boldsymbol{x_1 + x_2 + x_3}}{\boldsymbol{3}}, \dfrac{\boldsymbol{y_1 + y_2 + y_3}}{\boldsymbol{3}} \right)$ である。

練習 5 3点 A(3, 7)，B(-2, 3)，C(5, -1) を頂点とする △ABC の重心 G の座標
を求めよ。

注意 三角形の 3 つの中線の交点を **重心** という。重心は 3 つの中線をそれぞれ
2:1 に内分する。

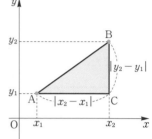

◀3▶ 2点間の距離

座標平面上の 2 点 A$(x_1,\ y_1)$，B$(x_2,\ y_2)$ 間の距離を求めてみよう。

線分 AB が座標軸に平行でないとき，図のように
直角三角形を作ると

$$\mathrm{AC} = |x_2 - x_1|$$

$$\mathrm{BC} = |y_2 - y_1|$$

であるから，三平方の定理により

$$\mathrm{AB}^2 = \mathrm{AC}^2 + \mathrm{BC}^2$$

$$= |x_2 - x_1|^2 + |y_2 - y_1|^2$$

$$= (x_2 - x_1)^2 + (y_2 - y_1)^2$$

よって

$$\mathrm{AB} = \sqrt{(x_2 - x_1)^2 + (y_2 - y_1)^2}$$

この式は，線分 AB が座標軸に平行な場合についても成り立つ。

⇒ 2 点間の距離

> 2 点 A$(x_1,\ y_1)$，B$(x_2,\ y_2)$ 間の距離は
> $$\mathbf{AB} = \sqrt{(x_2 - x_1)^2 + (y_2 - y_1)^2}$$
> とくに，原点 O と点 P$(x,\ y)$ の距離は
> $$\mathbf{OP} = \sqrt{x^2 + y^2}$$

例5 2 点 A$(2,\ -3)$，B$(4,\ 1)$ 間の距離は
$$\mathrm{AB} = \sqrt{(4-2)^2 + \{1-(-3)\}^2} = \sqrt{20} = 2\sqrt{5}$$

原点 O と点 A の距離は
$$\mathrm{OA} = \sqrt{2^2 + (-3)^2} = \sqrt{13}$$

原点 O と点 B の距離は
$$\mathrm{OB} = \sqrt{4^2 + 1^2} = \sqrt{17}$$

練習6 次の 2 点間の距離を求めよ。

(1) $(0,\ 0)$, $(-3,\ 4)$ 　　　(2) $(2,\ 7)$, $(5,\ 1)$

(3) $(-5,\ 2)$, $(7,\ -3)$ 　　(4) $(3,\ -4)$, $(3,\ 2)$

例題
1

点 P は x 軸上にあり，2 点 A$(-1, 2)$，B$(5, 4)$ から等距離にある。点 P の座標を求めよ。

解　点 P の座標を P$(x, 0)$ とする。

AP $=$ BP であるから

$$AP^2 = BP^2$$

より

$$(x+1)^2 + 2^2 = (x-5)^2 + 4^2$$

これを解いて　$x = 3$

よって，点 P の座標は　$(3, 0)$

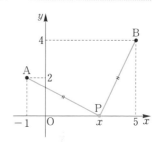

練習 7　点 P は y 軸上にあり，2 点 A$(1, -1)$，B$(-4, 2)$ から等距離にある。点 P の座標を求めよ。

例題
2

△ABC の辺 BC の中点を M とするとき，次の等式が成り立つことを証明せよ。

$$AB^2 + AC^2 = 2(AM^2 + BM^2) \qquad (中線定理)$$

証明　右の図のように，点 M を原点とし，直線 BC を x 軸とする。三角形の頂点の座標をそれぞれ

$$A(a, b), B(-c, 0), C(c, 0)$$

とおくと

$$AB^2 + AC^2 = \{(a+c)^2 + b^2\} + \{(a-c)^2 + b^2\} = 2(a^2 + b^2 + c^2)$$

$$2(AM^2 + BM^2) = 2\{(a^2 + b^2) + c^2\} = 2(a^2 + b^2 + c^2)$$

よって　$AB^2 + AC^2 = 2(AM^2 + BM^2)$　　　　　終

練習 8　平面上に長方形 ABCD がある。点 P をこの平面上のどこにとっても，次の等式が成り立つことを証明せよ。

$$PA^2 + PC^2 = PB^2 + PD^2$$

3 ▶ 直線の方程式

x, y についての方程式を満たす点 (x, y) 全体の集合が表す図形を，その **方程式が表す図形** といい，この方程式を **図形の方程式** という。

1 ▶ 1次方程式の表す図形

一般に，x, y についての1次方程式 $ax + by + c = 0$ は

$b \neq 0$ のとき，直線 $y = -\dfrac{a}{b}x - \dfrac{c}{b}$ を表し，

$b = 0$ のとき，y 軸に平行な直線 $x = -\dfrac{c}{a}$ を表す。

逆に，座標平面上の任意の直線は，1次方程式 $ax + by + c = 0$ で表される。ただし，a, b, c は定数で，$a \neq 0$ または $b \neq 0$ である。

例 6 (1) 方程式 $2x + y - 3 = 0$ は

$$y = -2x + 3$$

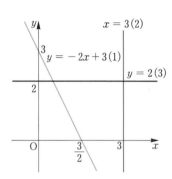

と変形できる。この方程式は，点 $(0, 3)$ を通り，傾きが -2 の直線を表す。

(2) 方程式 $x - 3 = 0$ は

$$x = 3$$

と変形できる。この方程式は，点 $(3, 0)$ を通り，y 軸に平行な直線を表す。

(3) 方程式 $y - 2 = 0$ は

$$y = 2$$

と変形できる。この方程式は，点 $(0, 2)$ を通り，x 軸に平行な直線を表す。

練習 9 次の方程式が表す直線を座標平面上にかけ。

(1) $3x + y - 2 = 0$ (2) $2x - 3y + 6 = 0$

(3) $y + 2 = 0$ (4) $3x + 9 = 0$

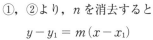 **条件が与えられたときの直線の方程式**

●点 $(x_1,\ y_1)$ を通る直線の方程式●

(i) 傾きが m のとき

この直線の方程式を

$$y = mx + n \quad \cdots\cdots①$$

とすると, 点 $(x_1,\ y_1)$ を通るから

$$y_1 = mx_1 + n \quad \cdots\cdots②$$

①, ②より, n を消去すると

$$y - y_1 = m(x - x_1)$$

(ii) y 軸に平行なとき

y 軸に平行な直線の方程式は

x 座標が x_1 である点全体の集合であるから

$$x = x_1$$

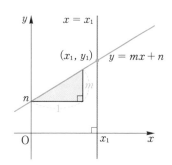

━━▶ **点 $(x_1,\ y_1)$ を通る直線の方程式**

(i) 点 $(x_1,\ y_1)$ を通り, 傾きが m の直線の方程式は

$$\boldsymbol{y - y_1 = m(x - x_1)}$$

(ii) 点 $(x_1,\ y_1)$ を通り, y 軸に平行な直線の方程式は

$$\boldsymbol{x = x_1}$$

 (1) 点 $(1,\ -3)$ を通り, 傾きが 2 の直線の方程式は

$$y - (-3) = 2(x - 1) \quad \text{すなわち} \quad y = 2x - 5$$

(2) 点 $(1,\ -3)$ を通り, y 軸に平行な直線の方程式は

$$x = 1$$

練習⑩ 次の直線の方程式を求めよ。

(1) 点 $(-1,\ 2)$ を通り, 傾きが 3 の直線

(2) 点 $(4,\ 3)$ を通り, 傾きが -2 の直線

(3) 点 $(3,\ -2)$ を通り, y 軸に平行な直線

(4) 点 $(3,\ -2)$ を通り, x 軸に平行な直線

●**2点 $A(x_1, y_1)$, $B(x_2, y_2)$ を通る直線の方程式**●

(i) $x_1 \neq x_2$ のとき

直線 AB の傾きは $\dfrac{y_2 - y_1}{x_2 - x_1}$ であり，

点 $A(x_1, y_1)$ を通るから，この直線の
方程式は

$$y - y_1 = \dfrac{y_2 - y_1}{x_2 - x_1}(x - x_1)$$

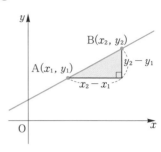

(ii) $x_1 = x_2$ のとき

直線 AB は y 軸に平行であり，

点 $A(x_1, y_1)$ を通るから，その
方程式は

$$x = x_1$$

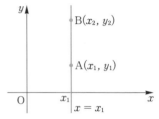

⮕ **2 点 (x_1, y_1), (x_2, y_2) を通る直線の方程式**

(i) $x_1 \neq x_2$ のとき $\quad y - y_1 = \dfrac{y_2 - y_1}{x_2 - x_1}(x - x_1)$

(ii) $x_1 = x_2$ のとき $\quad x = x_1$

例 8 2 点 $(2, 1)$, $(4, -5)$ を通る直線の方程式は

$$y - 1 = \dfrac{-5 - 1}{4 - 2}(x - 2) \quad すなわち \quad y = -3x + 7$$

練習11 次の 2 点を通る直線の方程式を求めよ。

(1) $(3, 1)$, $(6, 4)$ (2) $(1, 2)$, $(3, -4)$

(3) $(5, -2)$, $(5, 6)$ (4) $(2, 7)$, $(-3, 7)$

練習12 $a \neq 0$, $b \neq 0$ のとき，2 点 $(a, 0)$, $(0, b)$ を通る

直線の方程式は $\dfrac{x}{a} + \dfrac{y}{b} = 1$ の形で表されることを

示せ。

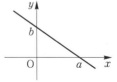

[注意] 直線と x 軸との交点の x 座標を **x 切片**，y 軸との交点の y 座標を **y 切片**
という。

3 **2 直線の平行と垂直**

2 直線 $l : y = mx + n$

$l' : y = m'x + n'$

が平行となる条件を求めてみよう。

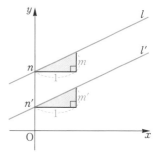

2 直線 l と l' が平行ならば傾きは等しく，逆に，傾きが等しければ平行である。

すなわち

$$l \parallel l' \iff m = m'$$

とくに，$m = m'$ かつ $n = n'$ のとき 2 直線は一致するが，このときも平行と考える。

次に，2 直線 l と l' が垂直となる条件を調べてみよう。

原点 O を通り，l, l' に平行な直線

$$y = mx \quad \cdots\cdots ① \qquad y = m'x \quad \cdots\cdots ②$$

が垂直になるときを考えればよい。

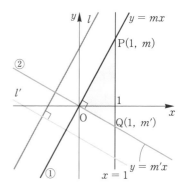

いま，2 直線①，②と直線 $x = 1$ の交点をそれぞれ P，Q とすると，P$(1, m)$，Q$(1, m')$ である。

2 直線①と②が垂直になるとき，△POQ は ∠POQ = 90° の直角三角形であるから

$$OP^2 + OQ^2 = PQ^2 \quad \cdots\cdots ③$$

が成り立つ。

この式を，m, m' で表すと

$$(1^2 + m^2) + (1^2 + m'^2) = (m - m')^2$$

これより $mm' = -1$

逆に，$mm' = -1$ のとき，③の式が成り立つから，2 直線①，②は垂直となる。したがって，$l \perp l'$

すなわち

$$l \perp l' \iff mm' = -1$$

⟹ 2 直線の平行・垂直

2 直線 $y = mx + n$, $y = m'x + n'$ について

$$l \mathbin{/\!/} l' \text{(平行)} \iff m = m',$$
$$l \perp l' \text{(垂直)} \iff mm' = -1$$

練習13 次の直線のうち，互いに平行なもの，垂直なものを答えよ。

① $y = -3x + 4$ ② $x - 2y - 7 = 0$

③ $x + 3y + 1 = 0$ ④ $8x + 4y = 1$

⑤ $6x + 2y - 3 = 0$ ⑥ $4x + 8y = 5$

例題 3 点 $(3,\ -1)$ を通り，直線 $2x + y + 1 = 0$ に平行な直線と垂直な直線の方程式をそれぞれ求めよ。

解 直線 $2x + y + 1 = 0$ の傾きは -2 であるから，平行な直線は，傾きが -2 で点 $(3,\ -1)$ を通る。

よって，求める直線の方程式は

$$y - (-1) = -2(x - 3)$$

すなわち $\mathbf{2x + y - 5 = 0}$

また，垂直な直線の傾きを m とすると

$$(-2) \cdot m = -1 \quad \text{より} \quad m = \frac{1}{2}$$

よって，求める直線の方程式は

$$y - (-1) = \frac{1}{2}(x - 3)$$

すなわち $\mathbf{x - 2y - 5 = 0}$

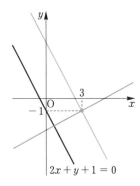

練習14 点 $(-3,\ 4)$ を通り，直線 $3x - y + 5 = 0$ に平行な直線と垂直な直線の方程式をそれぞれ求めよ。

練習15 2 点 $A(-1,\ 2)$，$B(5,\ 4)$ を結ぶ線分 AB の垂直二等分線の方程式を求めよ。

◀▨ 節|末|問|題 ▨▨▨▨▨▨

1. 3点 A$(1, 5)$，B$(-1, 1)$，C$(3, -1)$ を頂点とする △ABC は直角二等辺三角形で
あることを示せ。

2. 点 P は直線 $y=2x$ 上にあり，2点 A$(3, 0)$，B$(-2, 5)$ から等距離にある。点 P
の座標を求めよ。

3. 2点 A$(x, 2)$，B$(5, y)$ がある。次の(1), (2)の各場合について，x, y の値を求めよ。
   (1) 線分 AB を $3:1$ に内分する点が P$(3, -1)$ である。
   (2) 線分 AB を $1:4$ に外分する点が Q$(-3, 5)$ である。

4. 3点 A$(1, 4)$，B$(-2, 1)$，C$(3, -6)$ に対して，平行四辺形 ABCD を作るとき，
次の点の座標を求めよ。
   (1) 対角線 AC の中点 M   (2) 頂点 D

5. △ABC で A，B の座標が A$(8, 5)$，B$(-2, 1)$ であり，重心 G の座標が G$(3, 1)$
であるとき，頂点 C の座標を求めよ。

6. 3点 A$(6, -2)$，B$(2, 10)$，C$(a, a+4)$ が同じ直線上にあるとき，定数 a の値を
求めよ。

7. 点 $(2, -1)$ を通り，直線 $3x+2y+1=0$ に平行な直線と垂直な直線の方程式を
求めよ。

8. 直線 $3x-2y-12=0$ に関して，点 P$(3, 5)$ と対称な点 Q の座標を求めよ。

◆ 2 ◆ 2次曲線

一般に，x，y の2次方程式で表される曲線を **2次曲線** という。この節では，代表的な2次曲線について学習しよう。

1 ▸ 円

◀ 1 ▸ 円の方程式

与えられた条件を満たす点全体の集合が表す図形を，その条件を満たす点の **軌跡** という。

定点 C から一定の距離 r にある点の軌跡は，点 C を中心とする半径 r の **円** である。

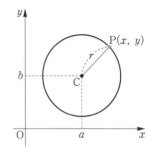

座標平面上で，中心 C の座標を (a, b)，半径を r，円周上の任意の点を $P(x, y)$ とすると，$CP = r$ より

$$\sqrt{(x-a)^2 + (y-b)^2} = r$$

両辺を2乗して

$$(x-a)^2 + (y-b)^2 = r^2$$

> ➡ **円の方程式**
>
> 中心が点 (a, b)，半径が r の円の方程式は
> $$(x-a)^2 + (y-b)^2 = r^2$$
> とくに，中心が原点，半径が r の円の方程式は
> $$x^2 + y^2 = r^2$$

例1 中心が点 $(1, -2)$，半径 $\sqrt{3}$ の円の方程式は
$$(x-1)^2 + (y+2)^2 = 3$$

練習1 次の円の方程式を求めよ。

(1) 中心が点 $(2, 1)$，半径が3の円

(2) 中心が点 $(3, -1)$ で，点 $(5, 1)$ を通る円

(3) 2点 $(2, 3)$ $(0, -5)$ を直径の両端とする円

円の方程式 $(x-a)^2 + (y-b)^2 = r^2$ は展開すると

$$x^2 + y^2 - 2ax - 2by + a^2 + b^2 - r^2 = 0$$

となる。ここで，$-2a = l,\ -2b = m,\ a^2 + b^2 - r^2 = n$ と置き換えると，円の方程式は次の形で表せる。

$$\boldsymbol{x^2 + y^2 + lx + my + n = 0} \quad \cdots\cdots①$$

例**2** 方程式 $x^2 + y^2 - 4x + 2y - 11 = 0$ を変形すると

$$(x^2 - 4x) + (y^2 + 2y) = 11$$

$$(x-2)^2 - 4 + (y+1)^2 - 1 = 11$$

$$(x-2)^2 + (y+1)^2 = 16$$

$$
\begin{aligned}
&x^2 - 2ax \\
&= (x-a)^2 - a^2 \\
&y^2 - 2by \\
&= (y-b)^2 - b^2
\end{aligned}
$$

これは，点 $(2,\ -1)$ を中心とし，半径 4 の円を表す。

練習**2** 次の方程式はどのような図形を表すか。

(1) $x^2 + y^2 - 2x + 6y + 1 = 0$　　　(2) $x^2 + y^2 + 4x - 8y + 10 = 0$

注意 ①の形の方程式が，円を表さないこともある。

たとえば，$x^2 + y^2 + 4x - 2y + 6 = 0$ は，$(x+2)^2 + (y-1)^2 = -1$ となり，これを満たす実数 $x,\ y$ は存在しない。

例題
1

3点 A$(1,\ 4)$，B$(-3,\ -4)$，C$(4,\ -5)$ を通る円の方程式を求めよ。

解　求める円の方程式を

$$x^2 + y^2 + lx + my + n = 0$$

とする。この円が点 A$(1,\ 4)$，
B$(-3,\ -4)$，C$(4,\ -5)$ を通るから

$$1^2 + 4^2 + 1 \cdot l + 4 \cdot m + n = 0 \quad \cdots\cdots①$$

$$(-3)^2 + (-4)^2 + (-3)\,l + (-4)\,m + n = 0 \quad \cdots\cdots②$$

$$4^2 + (-5)^2 + 4 \cdot l + (-5)\,m + n = 0 \quad \cdots\cdots③$$

①，②，③を連立して解くと

$$l = -2,\ m = 2,\ n = -23$$

よって，$\boldsymbol{x^2 + y^2 - 2x + 2y - 23 = 0}$

①，②，③を整理してかくと
$$\begin{cases} l + 4m + n = -17 & \cdots\cdots① \\ 3l + 4m - n = 25 & \cdots\cdots② \\ 4l - 5m + n = -41 & \cdots\cdots③ \end{cases}$$

199 ページの例題 1 で求めた円は，3 点

A$(1, 4)$，B$(-3, -4)$，C$(4, -5)$

を頂点とする △ABC の外接円である。

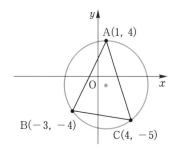

その方程式は

$$(x-1)^2 + (y+1)^2 = 25$$

と変形できるから，△ABC の外心の座標

は $(1, -1)$ である。

練習3　3 点 A$(-2, 5)$，B$(1, -4)$，C$(2, 3)$ を通る円の方程式を求めよ。また，△ABC の外心の座標を求めよ。

例題 2　2 点 A$(-4, 0)$，B$(2, 0)$ に対して，PA : PB $= 2 : 1$ であるような点 P の軌跡を求めよ。

解　点 P の座標を (x, y) とする。

PA $= 2$PB であるから

$$\sqrt{(x+4)^2 + y^2} = 2\sqrt{(x-2)^2 + y^2}$$

この両辺を 2 乗して整理すると

$$x^2 + y^2 - 8x = 0$$

すなわち　$(x-4)^2 + y^2 = 16$

よって，点 P の軌跡は

点 $(4, 0)$ を中心とする半径 4 の円 である。

一般に，2 定点 A，B からの距離の比が $m : n$ である点の軌跡は，$m \neq n$ のとき，線分 AB を $m : n$ に内分する点と外分する点を直径の両端とする円になる。この円を **アポロニウスの円** という。

練習4　2 点 A$(-2, 0)$，B$(6, 0)$ に対して，PA : PB $= 3 : 1$ であるような点 P の軌跡を求めよ。

◀2▶　円の接線の方程式

円と直線の共有点の個数が 1 個のとき，円と直線は **接する** といい，その直線を **接線**，共有点を **接点** という。

原点 O を中心とする円 $x^2 + y^2 = r^2$ の周上の点 $P(x_1, y_1)$ における接線 l の方程式を求めてみよう。

点 P が座標軸上にないとき，OP の傾きは $\dfrac{y_1}{x_1}$ である。

接線 l は OP に垂直であるから，l の傾きを m とすると

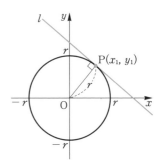

$$\frac{y_1}{x_1} \cdot m = -1 \ \text{より} \quad m = -\frac{x_1}{y_1}$$

よって，求める接線の方程式は

$$y - y_1 = -\frac{x_1}{y_1}(x - x_1) \ \text{より}$$
$$x_1 x + y_1 y = x_1{}^2 + y_1{}^2$$

ここで，点 $P(x_1, y_1)$ は円上にあるから
$$x_1{}^2 + y_1{}^2 = r^2$$

よって，$x_1 x + y_1 y = r^2$　……①

①は点 P が x 軸上の点 $(\pm r, 0)$ や y 軸上の点 $(0, \pm r)$ であっても成り立つ。

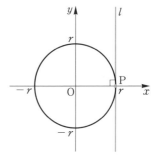

したがって，接線 l の方程式は次のようになる。

> **➡ 円の接線の方程式**
>
> 円 $x^2 + y^2 = r^2$ 上の点 (x_1, y_1) における接線の方程式は
> $$x_1 x + y_1 y = r^2$$

例3 円 $x^2 + y^2 = 10$ 上の点 $(3, -1)$ における接線の方程式は
$$3 \cdot x + (-1) \cdot y = 10 \ \text{すなわち} \ 3x - y = 10$$

練習5 次の円の与えられた点における接線の方程式を求めよ。

(1) $x^2 + y^2 = 25$, $(3, 4)$　　　(2) $x^2 + y^2 = 5$, $(-1, 2)$

(3) $x^2 + y^2 = 9$, $(0, 3)$　　　(4) $x^2 + y^2 = 16$, $(-4, 0)$

2 放物線

1 放物線の方程式

平面上で，定点 F とこの点を通らない定直線 l から等距離にある点の軌跡を **放物線** といい，定点 F を **焦点**，定直線 l を **準線** という。

$p \neq 0$ とし，x 軸上の点 F$(p, 0)$ を焦点とし，$x = -p$ を準線 l とする放物線の方程式を求めてみよう。

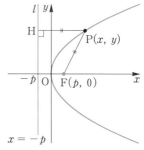

この放物線上の任意の点を P(x, y) とし，点 P から準線 l に垂線 PH を引くと，PF = PH であるから

$$\sqrt{(x-p)^2 + y^2} = |x - (-p)|$$

両辺を 2 乗して整理すると

$$y^2 = 4px$$

この式を放物線の方程式の **標準形** という。

➡ **放物線**

> 放物線 $y^2 = 4px$ は，焦点が $\mathbf{F}(p, 0)$，準線が $x = -p$

放物線の焦点を通り，準線に垂直な直線を **放物線の軸** といい，軸と放物線の交点を **頂点** という。放物線は軸に関して対称である。

放物線 $y^2 = 4px$ の軸は x 軸で，頂点は原点である。

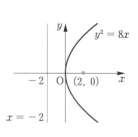

例4 焦点 $(2, 0)$，準線 $x = -2$ の放物線の方程式は

$$y^2 = 4 \cdot 2 \cdot x$$

すなわち

$$y^2 = 8x$$

例5 放物線 $y^2 = -4x$ は $y^2 = 4 \cdot (-1) \cdot x$ より

　　　　焦点は $(-1, 0)$，準線は $x = 1$

練習6 次の焦点，準線をもつ放物線の方程式を求めよ。

(1) 焦点 $\left(\dfrac{1}{4}, 0\right)$，準線 $x = -\dfrac{1}{4}$　　(2) 焦点 $(-2, 0)$，準線 $x = 2$

練習7 次の放物線の焦点の座標と準線の方程式を求め，その概形をかけ。

(1) $y^2 = 12x$　　　　　　　　(2) $y^2 = -x$

2 焦点が y 軸上にある放物線

放物線の方程式 $y^2 = 4px$ の x と y を入れ換えた方程式

$$x^2 = 4py$$

が表す図形は

点 $(0, p)$ を焦点,

直線 $y = -p$ を準線

とする放物線である。

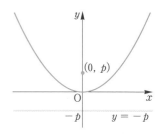

> ⇒ **放物線**
>
> 放物線 $x^2 = 4py$ は,焦点が $\mathrm{F}(0, p)$,準線が $y = -p$

例 6 ▶ 焦点 $(0, 2)$,準線 $y = -2$ の放物線の方程式は

$$x^2 = 4 \cdot 2 \cdot y$$

すなわち

$$x^2 = 8y$$

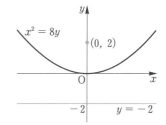

2次関数 $y = ax^2$ は

$$x^2 = 4 \cdot \frac{1}{4a} \cdot y$$

と変形できるから,そのグラフは

焦点が $\left(0, \dfrac{1}{4a}\right)$,準線が $y = -\dfrac{1}{4a}$ の放物線である。

練習 8 次の焦点,準線をもつ放物線の方程式を求めよ。

(1) 焦点 $(0, 1)$,準線 $y = -1$ (2) 焦点 $\left(0, -\dfrac{1}{4}\right)$,準線 $y = \dfrac{1}{4}$

練習 9 次の放物線の焦点の座標と準線の方程式を求め,その概形をかけ。

(1) $x^2 = 2y$ (2) $y = -2x^2$

3 楕円

平面上の2定点 F, F′ からの距離の和が一定である点の軌跡を **楕円** といい,この2定点 F, F′ を楕円の **焦点** という。また,2つの焦点を結ぶ線分の中点を楕円の **中心** という。

x 軸上の2定点 $F(c, 0)$, $F′(-c, 0)$ を焦点とし,F, F′ からの距離の和が <u>$2a$</u> である楕円の方程式を求めてみよう。

ただし,$a > c > 0$ とする。

この楕円上の任意の点を $P(x, y)$ とすると

$$PF + PF′ = 2a$$

から

$$\sqrt{(x-c)^2 + y^2} + \sqrt{(x+c)^2 + y^2} = 2a$$

移項して

$$\sqrt{(x-c)^2 + y^2} = 2a - \sqrt{(x+c)^2 + y^2}$$

この両辺を2乗して整理すると

$$a\sqrt{(x+c)^2 + y^2} = a^2 + cx$$

さらに,両辺を2乗して整理すると

$$(a^2 - c^2)x^2 + a^2 y^2 = a^2(a^2 - c^2)$$

ここで,$a > c > 0$ であるから,$a^2 - c^2 = b^2$, $b > 0$ とおくと

$$b^2 x^2 + a^2 y^2 = a^2 b^2$$

この両辺を $a^2 b^2$ で割ると

$$\frac{x^2}{a^2} + \frac{y^2}{b^2} = 1 \quad \cdots\cdots ①$$

と表すことができる。

①の式を楕円の方程式の **標準形** という。

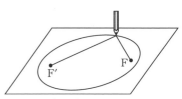

長さ $2a$ の糸をピンと張って
鉛筆を動かすと上図の楕円がかける。

このとき，$a^2 - c^2 = b^2$ より $c = \sqrt{a^2 - b^2}$ であるから

   焦点は　$F(\sqrt{a^2 - b^2},\ 0)$，　$F'(-\sqrt{a^2 - b^2},\ 0)$

であり，中心は原点である。また

   x 軸とは 2 点 $A(a,\ 0)$，$A'(-a,\ 0)$ で交わり，

   y 軸とは 2 点 $B(0,\ b)$，$B'(0,\ -b)$ で交わる。

この A，A'，B，B' を楕円①の **頂点** といい，AA' > BB' であることから，線分 AA' を **長軸**，線分 BB' を **短軸** という。

楕円は，その長軸，短軸および中心に関して対称である。

⇒ 楕円

楕円 $\dfrac{x^2}{a^2} + \dfrac{y^2}{b^2} = 1\ (a > b > 0)$ は，

焦点が

$$F(c,\ 0) = F(\sqrt{a^2 - b^2},\ 0)$$

$$F'(-c,\ 0) = F'(-\sqrt{a^2 - b^2},\ 0)$$

頂点が　$A(a,\ 0)$，$A'(-a,\ 0)$，

　　　　$B(0,\ b)$，$B'(0,\ -b)$

長軸の長さが $2a$，短軸の長さが $2b$

2 焦点からの距離の和が $2a$

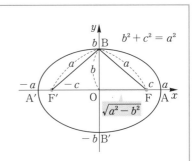

例 7　2 焦点 $(3,\ 0)$，$(-3,\ 0)$ から
の距離の和が 10 である楕円では

$$2a = 10,\qquad \sqrt{a^2 - b^2} = 3$$

から　$a = 5$，$b = 4$

よって，楕円の方程式は

$$\dfrac{x^2}{25} + \dfrac{y^2}{16} = 1$$

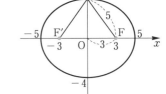

練習10　次のような楕円の方程式を求めよ。

(1) x 軸と 2 点 $(6,\ 0)$，$(-6,\ 0)$ で交わり，y 軸と 2 点 $(0,\ 3)$，$(0,\ -3)$ で交わる。

(2) 2 焦点 $(1,\ 0)$，$(-1,\ 0)$ からの距離の和が 4 である。

例**8** $\dfrac{x^2}{16}+\dfrac{y^2}{9}=1$ は $c=\sqrt{16-9}=\sqrt{7}$ より

焦点が $\mathrm{F}(\sqrt{7},\ 0)$, $\mathrm{F}'(-\sqrt{7},\ 0)$

頂点が $(4,\ 0)$, $(-4,\ 0)$, $(0,\ 3)$, $(0,\ -3)$

長軸の長さが 8, 短軸の長さが 6 の楕円を表す。

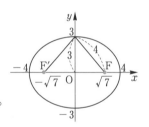

練習**11** 次の楕円の焦点と頂点の座標を求め，その概形をかけ。また，長軸，短軸の長さを求めよ。

(1) $\dfrac{x^2}{25}+\dfrac{y^2}{9}=1$ 　　 (2) $\dfrac{x^2}{16}+\dfrac{y^2}{4}=1$ 　　 (3) $x^2+4y^2=4$

　y 軸上の 2 定点 $\mathrm{F}(0,\ c)$, $\mathrm{F}'(0,\ -c)$ を焦点とし，F, F′ からの距離の和が $2b$ である楕円の方程式も，x 軸上に焦点がある場合と同様にして，$b>c>0$, $b^2-c^2=a^2$, $a>0$ とすると，次のようになる。

> ➡ **焦点が y 軸上にある楕円**
>
> 楕円 $\dfrac{x^2}{a^2}+\dfrac{y^2}{b^2}=1$ $(b>a>0)$ は，
>
> 焦点が $\mathrm{F}(0,\ \sqrt{b^2-a^2})$, $\mathrm{F}'(0,\ -\sqrt{b^2-a^2})$
>
> 頂点が $\mathrm{A}(a,\ 0)$, $\mathrm{A}'(-a,\ 0)$,
> 　　　 $\mathrm{B}(0,\ b)$, $\mathrm{B}'(0,\ -b)$
>
> 長軸の長さが $2b$, 短軸の長さが $2a$
>
> 2 焦点からの距離の和が $2b$
>
>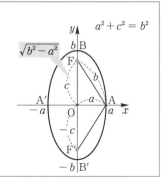

例**9** $\dfrac{x^2}{3}+\dfrac{y^2}{4}=1$ は $c=\sqrt{4-3}=1$ より

焦点が $\mathrm{F}(0,\ 1)$, $\mathrm{F}'(0,\ -1)$

頂点が $(\sqrt{3},\ 0)$, $(-\sqrt{3},\ 0)$,
　　　 $(0,\ 2)$, $(0,\ -2)$

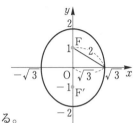

長軸の長さが 4, 短軸の長さが $2\sqrt{3}$ の楕円である。

練習**12** 次の楕円の焦点と頂点の座標を求め，その概形をかけ。また，長軸，短軸の長さを求めよ。

(1) $\dfrac{x^2}{16}+\dfrac{y^2}{25}=1$ 　　　　　 (2) $9x^2+4y^2=36$

4 双曲線

　平面上の 2 定点 F, F′ からの距離の差が一定である点の軌跡を **双曲線** といい，この 2 定点 F, F′ を双曲線の **焦点** という。また，2 つの焦点を結ぶ線分の中点を **中心** という。

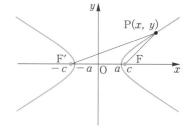

　x 軸上の 2 定点 F$(c, 0)$, F′$(-c, 0)$ を焦点とし，F, F′ からの距離の差が $2a$ である双曲線の方程式を求めてみよう。ただし，$c > a > 0$ とする。

　この双曲線上の任意の点を P(x, y) とすると

$$|\mathrm{PF} - \mathrm{PF'}| = 2a$$

すなわち　$\mathrm{PF} - \mathrm{PF'} = \pm 2a$ であるから

$$\sqrt{(x-c)^2 + y^2} - \sqrt{(x+c)^2 + y^2} = \pm 2a$$

移項して

$$\sqrt{(x-c)^2 + y^2} = \sqrt{(x+c)^2 + y^2} \pm 2a$$

両辺を 2 乗して整理すると

$$\pm a\sqrt{(x+c)^2 + y^2} = a^2 + cx$$

さらに，両辺を 2 乗して整理すると

$$(c^2 - a^2)x^2 - a^2 y^2 = a^2(c^2 - a^2)$$

ここで，$c > a > 0$ であるから，$c^2 - a^2 = b^2$, $b > 0$ とおくと

$$b^2 x^2 - a^2 y^2 = a^2 b^2$$

この両辺を $a^2 b^2$ で割ると

$$\frac{x^2}{a^2} - \frac{y^2}{b^2} = 1 \quad \cdots\cdots\text{①}$$

と表すことができる。

　①の式を双曲線の方程式の **標準形** という。

　この双曲線は，$\dfrac{x^2}{a^2} - \dfrac{y^2}{b^2} = 0$ すなわち $y = \pm \dfrac{b}{a}x$ を漸近線にもつ曲線となっている（漸近線については，101 ページを参照）。

①の双曲線において，$c^2 - a^2 = b^2$ より，$c = \sqrt{a^2 + b^2}$ であるから

$\qquad$ 焦点は $\quad$ F$(\sqrt{a^2 + b^2},\ 0)$, $\quad$ F$'(-\sqrt{a^2 + b^2},\ 0)$

であり，中心は原点である。

この双曲線は，x 軸と 2 点 A$(a,\ 0)$, A$'(-a,\ 0)$ で交わる。また，y 軸との共有点はない。A, A$'$ をこの双曲線の **頂点** という。

> **➡ 双曲線**
>
>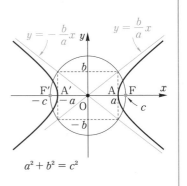
>
> 双曲線 $\dfrac{x^2}{a^2} - \dfrac{y^2}{b^2} = 1 \ (a > 0,\ b > 0)$
>
> は，焦点が
>
> $\qquad$ F$(c,\ 0) =$ F$(\sqrt{a^2 + b^2},\ 0)$
>
> $\qquad$ F$'(-c,\ 0) =$ F$'(-\sqrt{a^2 + b^2},\ 0)$
>
> 頂点が $(a,\ 0),\ (-a,\ 0)$
>
> 2 焦点からの距離の差が $2a$
>
> 漸近線が $y = \dfrac{b}{a}x,\ y = -\dfrac{b}{a}x$

例⑩ $\ $ 2 焦点 $(5, 0)$, $(-5, 0)$ からの距離の差が

$\qquad$ 8 である双曲線は

$\qquad\qquad 2a = 8,\ \sqrt{a^2 + b^2} = 5$

$\qquad$ から $\quad a = 4,\ b = 3$

$\qquad$ よって，この双曲線の方程式は

$$\frac{x^2}{16} - \frac{y^2}{9} = 1,\ \text{漸近線は}\ y = \pm\frac{3}{4}x$$

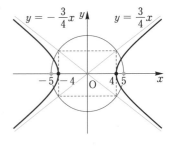

練習⑬ $\ $ 2 焦点 $(6, 0)$, $(-6, 0)$ からの距離の差が 4 である双曲線の方程式を求めよ。また，漸近線の方程式を求めよ。

例⑪ $\ $ 双曲線 $\dfrac{x^2}{4} - \dfrac{y^2}{5} = 1$ は，$c = \sqrt{4+5} = 3$ より

$\qquad\qquad$ 焦点が $(3, 0)$, $(-3, 0)$ $\qquad$ 頂点が $(2, 0)$, $(-2, 0)$

練習⑭ $\ $ 次の双曲線の焦点と頂点の座標および漸近線の方程式を求め，その概形をかけ。

$\qquad$ (1) $\dfrac{x^2}{9} - \dfrac{y^2}{7} = 1$ $\qquad\qquad\qquad$ (2) $\dfrac{x^2}{4} - \dfrac{y^2}{16} = 1$

y 軸上の 2 定点 F$(0, c)$，F$'(0, -c)$ を焦点とし，F，F$'$ からの距離の差が $2b$ である双曲線の方程式も，x 軸上に焦点がある場合と同様にして，$c > b > 0$ とし，$c^2 - b^2 = a^2$，$a > 0$ とすると，$c = \sqrt{a^2 + b^2}$ であるから次のように表すことができる。

> ### ➡ 焦点が y 軸上にある双曲線
>
> 双曲線 $\dfrac{x^2}{a^2} - \dfrac{y^2}{b^2} = -1 \ (a > 0, \ b > 0)$
>
> は，焦点が
>
> $$\mathrm{F}(0, \ c) = \mathrm{F}(0, \ \sqrt{a^2 + b^2})$$
> $$\mathrm{F}'(0, \ -c) = \mathrm{F}'(0, \ -\sqrt{a^2 + b^2})$$
>
> 頂点が $(0, \ b)$，$(0, \ -b)$
>
> 2 焦点からの距離の差が $2b$
>
> 漸近線が $y = \dfrac{b}{a}x$，$y = -\dfrac{b}{a}x$
>
>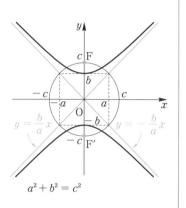

例 12 双曲線 $\dfrac{x^2}{9} - \dfrac{y^2}{4} = -1$ は

$c = \sqrt{9 + 4} = \sqrt{13}$ より

   焦点が $(0, \ \sqrt{13})$，$(0, \ -\sqrt{13})$

   頂点が $(0, \ 2)$，$(0, \ -2)$

   漸近線が $y = \dfrac{2}{3}x$，$y = -\dfrac{2}{3}x$

であり，その概形は右の図のようになる。

練習 15 次の双曲線の焦点，頂点の座標と漸近線の方程式を求め，その概形をかけ。

(1) $\dfrac{x^2}{4} - \dfrac{y^2}{9} = -1$ 　　　　 (2) $x^2 - y^2 = -1$

練習 16 グラフが次のようになる双曲線の方程式を求めよ。

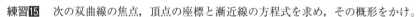

(1)
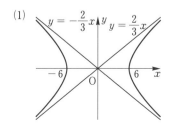

(2)
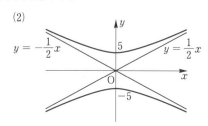

5 ▶ $f(x, y) = 0$ の表す図形の移動

x, y を含む式を，一般に $f(x, y)$ と表す。
座標平面上において，x, y についての方程式

$$f(x, y) = 0$$

で表される図形を F，F を平行移動して得ら
れる図形を F' とすると，F' の方程式は 100
ページの $y = f(x)$ のグラフの平行移動と
同様に考えて，次のように表される。

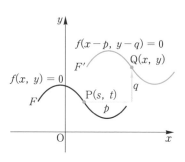

▶ $f(x, y) = 0$ の表す図形の平行移動

図形 $f(x, y) = 0$ について，x 軸方向に p，y 軸方向に q だけ平行移動し
た図形の方程式は

$$f(x - p, y - q) = 0$$

また，図形 $f(x, y) = 0$ を x 軸，y 軸，原点に関して対称移動したグラフを表
す方程式は，次のようになる。

▶ $f(x, y) = 0$ の表す図形の移動

図形 $f(x, y) = 0$ について
x 軸に関しての対称移動
$$f(x, -y) = 0$$
y 軸に関しての対称移動
$$f(-x, y) = 0$$
原点に関しての対称移動
$$f(-x, -y) = 0$$

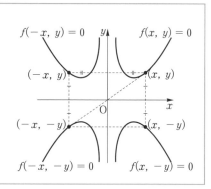

練習**17** 次の曲線を x 軸方向に -1，y 軸方向に 3 だけ平行移動した曲線の方程式を求
めよ。また，平行移動した曲線を原点に関して対称移動した曲線の方程式を求め
よ。

(1) $y^2 = 4x$　　　　　　　　　　　(2) $x^2 - \dfrac{y^2}{4} = 1$

◀ 節|末|問題

1. 次の円の方程式を求めよ。

(1) 中心が $(-3,\ 5)$ で y 軸に接する円

(2) 3 点 A$(0,\ 5)$，B$(-1,\ -2)$，C$(6,\ -3)$ を通る円

(3) 中心が $(-3,\ 4)$ で，直線 $3x-4y-5=0$ に接する円

2. 2 次曲線について，次の問いに答えよ。

(1) 放物線 $y^2=6x$ の焦点の座標と準線の方程式を求めよ。

(2) 焦点が $(4,\ 0)$，$(-4,\ 0)$，長軸の長さが 12 である楕円の方程式を求めよ。

(3) 双曲線 $\dfrac{x^2}{4}-\dfrac{y^2}{3}=1$ の焦点，頂点の座標と漸近線の方程式を求めよ。

3. 次の曲線の方程式を求めよ。

(1) 準線が $y=3$ で，点 $(1,\ 4)$ を頂点とする放物線

(2) 焦点が F$(0,\ 3)$，F$'(0,\ -3)$ で長軸と短軸の長さの差が 2 の楕円

(3) 2 直線 $y=\pm\dfrac{3}{2}x$ を漸近線とし，点 $(2,\ 6)$ を通る双曲線

4. 次の方程式は，どのような図形を表すか。

(1) $4x^2-9y^2+16x+18y-29=0$

(2) $x^2+4y^2-2x+16y+13=0$

5. 円 $x^2+y^2=1$ について，次の接線の方程式を求めよ。

(1) 円上の点 $\left(-\dfrac{1}{2},\ \dfrac{\sqrt{3}}{2}\right)$ における接線

(2) 傾きが 3 の接線　　　　　(3) 点 $(1,\ -3)$ を通る接線

6. 放物線 $y^2=4x$ と直線 $y=kx+1$ の共有点の個数を調べよ。

7. 双曲線 $x^2-2y^2=2$ と直線 $y=x+k$ が接するように k の値を定めよ。

◆ 3 ◆ 不等式と領域

1 ▶ 不等式の表す領域

1 ▶ 直線や放物線で分けられる領域

座標平面上で不等式を満たす点 (x, y) 全体の集合が表す図形を，その **不等式の表す領域** という。

座標平面上で，方程式

$$y = x - 1 \quad \cdots\cdots ①$$

を満たす点 (x, y) 全体の集合は直線を表す。ここでは，不等式

$$y > x - 1 \quad \cdots\cdots ②$$

の表す領域について調べてみよう。

右の図のように，直線 $x = x_0$ と直線①との交点を $\mathrm{P}(x_0, y_0)$ とすると，P は直線①上の点であるから

$$y_0 = x_0 - 1 \quad \cdots\cdots ③$$

また，直線 $x = x_0$ 上の点で P より上方にある点を $\mathrm{Q}(x_0, y_1)$ とすると，$y_1 > y_0$ であるから，③より

$$y_1 > x_0 - 1$$

が成り立つ。

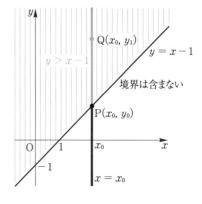

逆に，直線 $x = x_0$ 上の点で不等式 $y > x_0 - 1$ を満たす点 (x_0, y) は，③より $y > y_0$ となるので，点 P より上側にあり，図の直線 $x = x_0$ 上の青色部分になる。x_0 は任意の実数であるから，不等式②が満たす点全体の表す図形は，直線①の上側の部分で，上の図の青色縦線部分である。(境界線となる直線 $y = x - 1$ は含まない)

同様にして，不等式 $y < x - 1$ が満たす点全体の表す図形は，直線①の下側の部分である。

> $y > mx + n$ の表す領域は，直線 $y = mx + n$ の上側
>
> $y < mx + n$ の表す領域は，直線 $y = mx + n$ の下側

例 1 (1) 不等式 $2x - 3y + 6 < 0$ の表す領域は

$y > \dfrac{2}{3}x + 2$ であるから

直線 $y = \dfrac{2}{3}x + 2$ の上側

で，図の斜線部分である。

ただし，境界は含まない。

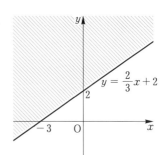

(2) 不等式 $x \geqq 3$ の表す領域は

直線 $x = 3$ の右側

の領域で，図の斜線部分である。

ただし，境界を含む。

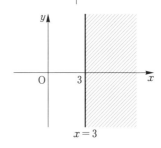

練習1 次の不等式の表す領域を図示せよ。

(1) $y > x - 2$ (2) $3x - 2y - 4 < 0$ (3) $x \leqq 1$ (4) $y > -3$

同様の考えで，$y = f(x)$ が直線以外の場合にも次のことが成り立つ。

➡ **$y = f(x)$ と領域**

不等式 $y > f(x)$ の表す領域は，**曲線 $y = f(x)$ の上側**

不等式 $y < f(x)$ の表す領域は，**曲線 $y = f(x)$ の下側**

例 2 不等式 $y \geqq x^2 - 1$ の表す領域は，

放物線 $y = x^2 - 1$ の上側で，図の

斜線部分である。

ただし，境界を含む。

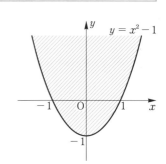

練習2 次の不等式の表す領域を図示せよ。

(1) $y > x^2$ (2) $y \leqq -x^2 + 2$

◀ **2** ▶　**円・楕円で分けられる領域**

原点 O と点 P(x, y) の距離は

$$OP = \sqrt{x^2 + y^2}$$

であるから，不等式

$$x^2 + y^2 < 9$$

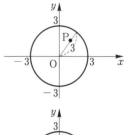

を満たす点 P(x, y) は，$OP^2 < 9$ すなわち $OP < 3$
を満たす。

したがって，点 P は円 $x^2 + y^2 = 9$ の内部にある。

よって，不等式 $x^2 + y^2 < 9$ の表す領域は，円
$x^2 + y^2 = 9$ の内部で，図の斜線部分である。ただし，
境界は含まない。

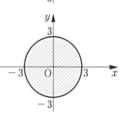

逆に，不等式 $x^2 + y^2 > 9$ の表す領域は，円 $x^2 + y^2 = 9$ の外部である。

➡ 円と領域

　円 $(x - a)^2 + (y - b)^2 = r^2$ を C とする。

$$(x - a)^2 + (y - b)^2 < r^2 \text{ の表す領域は，円 } C \text{ の } \textbf{内部}$$

$$(x - a)^2 + (y - b)^2 > r^2 \text{ の表す領域は，円 } C \text{ の } \textbf{外部}$$

同様に，楕円で分けられる領域は，次のようになる。

➡ 楕円の表す領域

$$\dfrac{x^2}{a^2} + \dfrac{y^2}{b^2} < 1 \text{ は楕円の } \textbf{内部}, \qquad \dfrac{x^2}{a^2} + \dfrac{y^2}{b^2} > 1 \text{ は楕円の } \textbf{外部}$$

例**3** (1)　不等式 $(x - 2)^2 + (y - 1)^2 > 4$ の表
す領域は，右の図の斜線部分である。た
だし，境界は含まない。

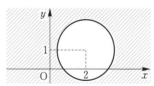

(2)　不等式 $\dfrac{x^2}{16} + \dfrac{y^2}{4} \leqq 1$ の表す領域は，

右の図の斜線部分である。ただし，境界
を含む。

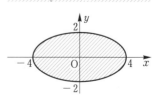

練習**3**　次の不等式の表す領域を図示せよ。

(1)　$(x-3)^2+(y+1)^2 > 4$　　　　(2)　$x^2+y^2+6x-2y+1 \leqq 0$

(3)　$\dfrac{x^2}{25}+\dfrac{y^2}{9} < 1$　　　　　　(4)　$x^2+\dfrac{y^2}{9} \geqq 1$

◀**3**▶　**連立不等式の表す領域**

　2つの不等式を同時に満たす点の集合が表す領域は，それぞれの不等式の表す領域の共通部分である。

例題 **1**　次の連立不等式の表す領域を図示せよ。
$$\begin{cases} x^2+y^2 < 4 & \cdots\cdots① \\ y < x+1 & \cdots\cdots② \end{cases}$$

解　①の表す領域は

　　　　円 $x^2+y^2=4$ の内部。

　　②の表す領域は

　　　　直線 $y=x+1$ の下側の部分。

よって，求める領域は，①，②の表す領域
の共通部分であるから，右の図の斜線部分
である。

ただし，境界は含まない。

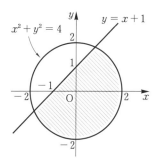

練習**4**　次の連立不等式の表す領域を図示せよ。

(1)　$\begin{cases} y > x+1 \\ y < -2x+3 \end{cases}$　　(2)　$\begin{cases} 3x-y+2 \geqq 0 \\ x-y+2 \leqq 0 \end{cases}$　　(3)　$\begin{cases} x^2+y^2 \geqq 9 \\ x+3y-3 \leqq 0 \end{cases}$

(4)　$\begin{cases} y < -x+1 \\ y > x^2-1 \end{cases}$　　(5)　$\begin{cases} x^2+y^2 \leqq 1 \\ y \leqq x^2 \end{cases}$　　(6)　$\begin{cases} x^2+y^2 > 4 \\ x^2+\dfrac{y^2}{9} < 1 \end{cases}$

4 領域と最大・最小

例題
2

x, y が次の 4 つの不等式を満たすとき，$x+y$ の最大値および最小値を求めよ。

$$x \geqq 0, \quad y \geqq 0, \quad x+2y \leqq 8, \quad 3x+2y \leqq 12$$

解　与えられた 4 つの不等式の表す領域を D とすると，領域 D は右の図の斜線部分で

$$\mathrm{O}(0,\ 0), \quad \mathrm{A}(4,\ 0)$$
$$\mathrm{B}(2,\ 3), \quad \mathrm{C}(0,\ 4)$$

を頂点とする四角形 OABC の内部および周である。

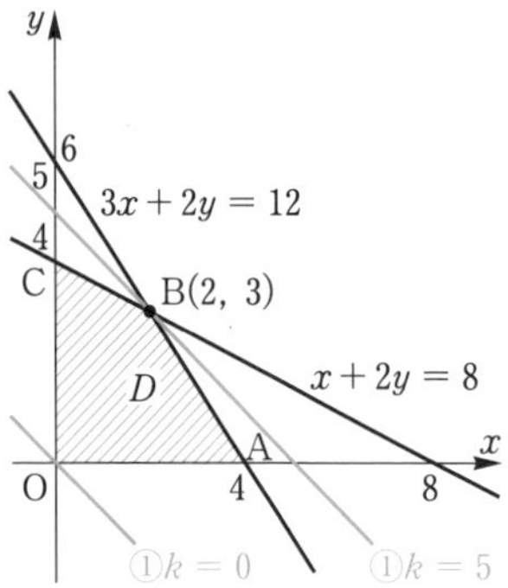

$$x+y=k \quad \cdots\cdots①$$

とおくと，①は $y=-x+k$ と変形できる。

これは，傾きが -1，y 切片が k の直線である。

直線①が領域 D と共有点をもつように動くとき，k の値が最大になるのは，①が点 B$(2,\ 3)$ を通るときで

$$k=2+3=5$$

k の値が最小になるのは，①が点 O$(0,\ 0)$ を通るときで

$$k=0+0=0$$

よって，$x+y$ の最大値，最小値は次のようになる。

> $x=2,\ y=3$ のとき　**最大値 5**
>
> $x=0,\ y=0$ のとき　**最小値 0**

練習5　x, y が次の 4 つの不等式を満たすとき，$2x+y$ の最大値および最小値を求めよ。

$$x \geqq 0, \quad y \geqq 0, \quad x-y \geqq -2, \quad 3x+y \leqq 6$$

◀ 節末問題

1. 次の不等式の表す領域を図示せよ。

(1) $8x + 2y - 5 < 0$ (2) $x^2 + y^2 - x \geqq 0$

(3) $y < -x^2 + 2x$ (4) $y^2 \leqq 4x$

(5) $\dfrac{x^2}{4} - y^2 \geqq 1$ (6) $\dfrac{(x-2)^2}{16} + \dfrac{(y-1)^2}{4} < 1$

2. 次の不等式の表す領域を図示せよ。

(1) $(x + y + 1)(x - 2y + 4) > 0$ (2) $(x - y)(x^2 + y^2 - 2) \leqq 0$

(3) $\begin{cases} x^2 + y^2 \leqq 1 \\ y^2 \leqq x \end{cases}$ (4) $\begin{cases} x^2 + 4y^2 \geqq 1 \\ x^2 - y^2 \leqq 1 \end{cases}$

3. x, y が次の 3 つの不等式を満たすとき，$x + 2y$ および $x^2 + y^2$ の最大値および最小値を求めよ。

$$x \leqq 1, \quad y \leqq 2, \quad 2x + y - 2 \geqq 0$$

4. 右の表は，2 つのシステム X と Y を 1 時間使って，ある金属を生産するときに必要な電力とガスの量，およびそのときに生産される金属の重さを示したものである。

	電力	ガス	金属
X	3 kw	1 m³	2 kg
Y	1 kw	2 m³	1 kg

電力量を 200 kw，ガスの量を 200 m³ 以内で，この金属の生産量を最大にするには，電力とガスをそれぞれどれだけにすればよいか。また，そのときの金属の生産量は何 kg か。

5. 次の斜線部分の領域は，どのような不等式で表されるか。ただし，境界は含まない。

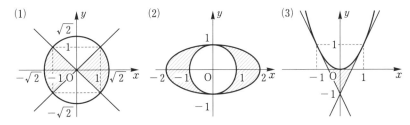

研究 **円錐曲線**

1点Oで交わる2直線を l, m とする。m を軸として，l を1回転してできる曲面を円錐面といい，Oを頂点，l を母線，m を軸という。また，l, m のなす角を α $(0° < \alpha < 90°)$ とする。この円錐面をOを通らない1つの平面で切ったときの，切り口の図形は，平面と軸 m のなす角を θ $(0° \leq \theta \leq 90°)$ とすると，次のようになる。

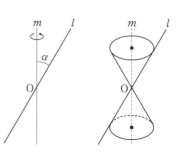

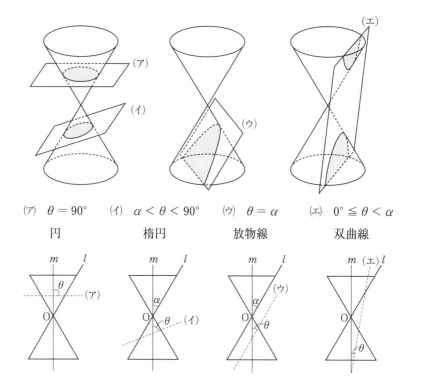

(ア) $\theta = 90°$	(イ) $\alpha < \theta < 90°$	(ウ) $\theta = \alpha$	(エ) $0° \leq \theta < \alpha$
円	楕円	放物線	双曲線

　これまで学んだ円，楕円，放物線，双曲線は，いずれも円錐面の切り口の図形として現れることから，2次曲線は **円錐曲線** ともよばれる。

第 8 章

集合・場合の数・命題

··· 1 ···
集合と要素の個数

··· 2 ···
場合の数・順列・組合せ

··· 3 ···
命題と証明

　10人の生徒を1列に並べるとき，その並べ方はどのくらいあるだろうか。また，その中から3人のグループは何種類できるだろうか。この数を求める考え方が，順列と組合せである。このような数量を正確に数えるためには，集合の考えが重要であり有効である。集合の考えは，証明が正確であること，つまり論理的に考えていることを確認することが大切である。

◆ 1 ◆ 集合と要素の個数

1 ▶ 集合

1 ▶ 集合

「10 以下の自然数」,「負の整数」などの集まりのように,はっきりと区別できるものの集まりを **集合** という。

それに対して,「大きな数」のようにはっきりとは区別できないものの集まりは集合とはいわない。

集合を構成している個々のものを,その集合の **要素** という。

a が集合 A の要素であるとき,a は集合 A に **属する** といい

$$a \in A \quad \text{あるいは} \quad A \ni a$$

と表す。b が集合 A の要素でないとき,b は集合 A に
属さない といい

$$b \notin A \quad \text{あるいは} \quad A \not\ni b$$

と表す。

集合は A,B などの大文字で表し,要素は a,b などの小文字で表す。

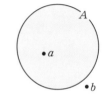

例**1** A を 10 以下の素数の集合とすると,A の要素は

2, 3, 5, 7 であるから

$$3 \in A, \quad 5 \in A, \quad 4 \notin A$$

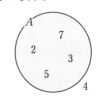

練習**1**　Z を整数全体の集合とするとき,次の数は集合 Z に属するか,属さないかを記号 $\in$,$\notin$ を用いて表せ。

(1) -5 (2) $\dfrac{1}{2}$ (3) $\sqrt{2}$ (4) 0

注意　数の集合について,自然数全体の集合を N,整数全体の集合を Z,有理数全体の集合を Q,実数全体の集合を R と表すことが多い。

2 集合の表し方

集合の表し方には，次の 2 つの方法がある。

　　[1]　要素を書き並べる　　　[2]　要素の満たす条件を示す

たとえば，12 の正の約数の集合を A とすると

　　[1] の表し方では，要素が 1, 2, 3, 4, 6, 12 であるから

$$A = \{1, \ 2, \ 3, \ 4, \ 6, \ 12\}$$

　　と表す。

　　[2] の表し方では，集合 A の要素を代表するものを x として

$$A = \{x \mid x \text{ は } 12 \text{ の正の約数}\}$$

のように，| の右側に x の満たす条件を示して表す。

例 2　(1)　100 以下の自然数の集合 A は

　　　　[1] の表し方によれば

$$A = \{1, \ 2, \ 3, \ \cdots\cdots, \ 100\}$$

　　　　[2] の表し方によれば

$$A = \{x \mid x \text{ は } 100 \text{ 以下の自然数}\}$$

　　(2)　自然数のうち，偶数全体の集合 B は

　　　　[1] の表し方によれば

$$B = \{2, \ 4, \ 6, \ \cdots\cdots\}$$

　　　　[2] の表し方によれば

$$B = \{x \mid x \text{ は偶数}, \ x > 0\}$$

　　また，次のように表すこともある。

$$B = \{2n \mid n \text{ は自然数}\}$$

> 集合の要素の個数が多いときは，途中に「…」を用いてもよい。

> 集合の要素が無数にあるときは，「…」を用いる。

練習 2　次の集合を，要素を書き並べる方法で表せ。

　(1)　30 の正の約数の集合

　(2)　$\{2n+1 \mid n = 1, \ 2, \ 3, \ \cdots\cdots\}$

練習 3　自然数のうち，3 の倍数全体の集合 A を，上の [1]，[2] の 2 つの方法で表せ。

3 部分集合・共通部分・和集合

2つの集合 A, B について，A のすべての要素が B の要素であるとき，すなわち

$$x \in A \quad \text{ならば} \quad x \in B$$

であるとき，A を B の **部分集合** といい

$$A \subset B \quad \text{または} \quad B \supset A$$

で表す。このとき，A は B に **含まれる**，または，B は A を **含む** という。なお，A 自身は A の部分集合である。すなわち，$A \subset A$ である。

2つの集合 A, B において，A と B が同じ要素からなる集合であるとき，A と B は **等しい** といい，$A = B$ で表す。

なお，$A = B$ は，$A \subset B$ かつ $B \subset A$ と同じことである。

例3 $A = \{2\}$, $B = \{x \mid (x-1)(x-2) = 0\}$, $C = \{1,\ 2\}$ であるとき，$B = \{1,\ 2\}$ であるから

$$B = C, \quad A \subset B, \quad A \subset C$$

練習4 24の正の約数の集合を A，8の正の約数の集合を B，$C = \{1,\ 2,\ 4,\ 8\}$ とするとき，3つの集合 A, B, C の関係を調べよ。

2つの集合 A と B について，A, B の両方に属する要素全体からなる集合を A と B の **共通部分** といい，$A \cap B$ で表す。すなわち

$$A \cap B = \{x \mid x \in A \quad \text{かつ} \quad x \in B\}$$

また，2つの集合 A または B の少なくとも一方に属する要素全体からなる集合を A と B の **和集合** といい，$A \cup B$ で表す。すなわち

$$A \cup B = \{x \mid x \in A \quad \text{または} \quad x \in B\}$$

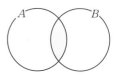

共通部分 $A \cap B$

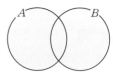

和集合 $A \cup B$

集合の関係を図に表したものをベン図という。

例4 $A = \{1,\ 2,\ 4\}$, $B = \{1,\ 2,\ 3,\ 6\}$

の共通部分と和集合は，それぞれ

$$A \cap B = \{1,\ 2\}$$

$$A \cup B = \{1,\ 2,\ 3,\ 4,\ 6\}$$

である。

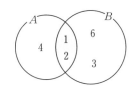

練習5 次の2つの集合の共通部分と和集合を求めよ。

$$A = \{2,\ 4,\ 6,\ 8,\ 10,\ 12\}, \quad B = \{3,\ 6,\ 9,\ 12,\ 15\}$$

練習6 2つの集合 $A = \{1,\ 3,\ 5,\ 7\}$, $B = \{4,\ 5,\ 6,\ a\}$ について，

$A \cap B = \{5,\ 7\}$ であるとき，a の値と $A \cup B$ を求めよ。

要素を1つももたない集合も考えることにして，これを **空集合** といい，記号 $\varnothing$ で表すことにする。なお，空集合はすべての集合の部分集合であると定める。

例5 2つの集合 $A = \{1,\ 2,\ 3,\ 4\}$,

$B = \{6,\ 7\}$ について，共通部分

$A \cap B$ には要素がないので

$$A \cap B = \varnothing$$

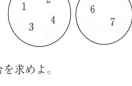

練習7 $A = \{3,\ 6,\ 9\}$, $B = \{1,\ 2\}$ の共通部分と和集合を求めよ。

練習8 $A = \{1,\ 2\}$ の部分集合をすべて求めよ。

◀ 4 ▶ 補集合

集合を考えるときには，ある集合 U を定めておき，集合 U の部分集合について考える場合が多い。この集合 U を **全体集合** という。

全体集合 U の中で，集合 A に属さない要素全体からなる集合を，A の **補集合** といい，$\overline{A}$ で表す。すなわち

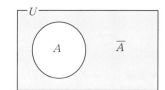

$$\overline{A} = \{x \,|\, x \in U \quad \text{かつ} \quad x \notin A\}$$

また，補集合の定義から，次のことが成り立つ。

$$A \cup \overline{A} = U, \quad A \cap \overline{A} = \varnothing, \quad \overline{\overline{A}} = A$$

注意 $\overline{\overline{A}}$ は $\overline{A}$ の補集合を表す。

例 6　$U = \{1,\ 2,\ 3,\ 4,\ 5,\ 6,\ 7,\ 8,\ 9\}$ を全体集合とするとき

(1)　偶数の集合を A とすると
$$A = \{2,\ 4,\ 6,\ 8\}$$
であるから
$$\overline{A} = \{1,\ 3,\ 5,\ 7,\ 9\}$$

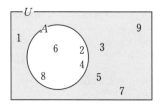

(2)　$A = \{2,\ 4,\ 6,\ 8\}$
$$B = \{2,\ 3,\ 4,\ 5\}$$
とすると，和集合は
$$A \cup B = \{2,\ 3,\ 4,\ 5,\ 6,\ 8\}$$
であるから　$\overline{A \cup B} = \{1,\ 7,\ 9\}$

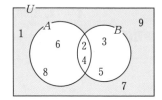

例 6(2)の集合 A, B について
$$\overline{A} = \{1,\ 3,\ 5,\ 7,\ 9\},\quad \overline{B} = \{1,\ 6,\ 7,\ 8,\ 9\}$$
であるから，$\overline{A} \cap \overline{B} = \{1,\ 7,\ 9\}$ となり $\overline{A \cup B} = \overline{A} \cap \overline{B}$ が成り立つ。

練習 9　例 6(2)の集合 A, B について，$\overline{A \cap B} = \overline{A} \cup \overline{B}$ が成り立つことを確かめよ。

一般に，2 つの集合 A, B について，次のド・モルガンの法則が成り立つ。

▶ ド・モルガンの法則

$$\overline{A \cup B} = \overline{A} \cap \overline{B} \qquad\qquad \overline{A \cap B} = \overline{A} \cup \overline{B}$$

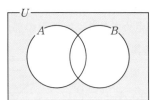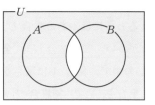

練習 10　全体集合 $U = \{1,\ 2,\ 3,\ 4,\ 5,\ 6,\ 7,\ 8\}$，その部分集合を
$$P = \{1,\ 3,\ 5,\ 7\},\quad Q = \{5,\ 6,\ 7,\ 8\}$$
とするとき，上のド・モルガンの法則が成り立つことを確かめよ。

2 ▶ 集合の要素の個数

要素の個数が限られている集合を **有限集合** といい，自然数全体や実数全体のように要素の個数が無限にある集合を **無限集合** という。

集合 A が有限集合のとき，その要素の個数を $n(A)$ で表す。

例7 (1) $A = \{1,\ 3,\ 5,\ 7,\ 9\}$ のとき，$n(A) = 5$

(2) 50 以下の自然数を全体集合とし，
3 の倍数の集合を A とすると
$A = \{3,\ 6,\ 9,\ \cdots\cdots,\ 48\}$ であるから
$$n(A) = 16$$

$$
\begin{array}{ccccc}
3 & 6 & 9 & \cdots & 48 \\
\| & \| & \| & & \| \\
3 & 3 & 3 & \cdots & 3 \\
\times & \times & \times & & \times \\
1 & 2 & 3 & & 16
\end{array}
$$

練習11 100 以下の自然数を全体集合とし，3 の倍数の集合を A，5 の倍数の集合を B とするとき，次の値を求めよ。

(1) $n(A)$ (2) $n(B)$ (3) $n(A \cap B)$

1 ▶ 和集合の要素の個数

2 つの集合 A，B の和集合 $A \cup B$ の要素の個数を考えてみよう。

集合 A，B に共通の要素がないとき，すなわち，
$\underline{A \cap B = \varnothing}$ のとき
$$n(A \cup B) = n(A) + n(B)$$
が成り立つ。

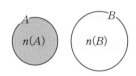

次に，$\underline{A \cap B \neq \varnothing}$ のとき
$n(A) = a$，$n(B) = b$，$n(A \cap B) = p$ とすると
$$n(A \cap \overline{B}) = a - p,\ n(\overline{A} \cap B) = b - p$$
であるから
$$
\begin{aligned}
n(A \cup B) &= (a - p) + p + (b - p) \\
&= a + b - p \\
&= n(A) + n(B) - n(A \cap B)
\end{aligned}
$$
が成り立つ。

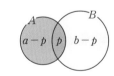

2つの集合 A, B の要素について，次のことが成り立つ。

> **➡和集合の要素の個数**
>
> $A \cap B = \varnothing$ のとき　$n(A \cup B) = n(A) + n(B)$
>
> $A \cap B \neq \varnothing$ のとき　$n(A \cup B) = n(A) + n(B) - n(A \cap B)$

練習⓬　前ページの練習 11 において，$n(A \cup B)$ を求めよ。

◀ **節|末|問|題** ▶

1.　全体集合 $U = \{1, 2, 3, 4, 5, 6, 7, 8, 9\}$ の部分集合 A, B について
$$A \cup \overline{B} = \{1, 2, 3, 6, 7, 8\}, \quad \overline{A} \cap \overline{B} = \{1, 3\}$$
であるとき，次の集合を求めよ。

(1)　$\overline{A \cup B}$ 　　　　　　　　　　(2)　A

2.　1 から 100 までの自然数のうち，次のような数の個数を求めよ。

(1)　3 または 4 で割り切れる数

(2)　3 でも 4 でも割り切れない数

(3)　3 では割り切れるが，4 では割り切れない数

3.　40 人のクラスで，問題 1 と問題 2 からなる試験を行ったところ，正解者はそれぞれ 32 人，21 人であった。また，いずれも正解でなかった生徒は 5 人であった。このとき，次の問いに答えよ。

(1)　問題 1 と問題 2 の両方とも正解であった生徒は何人か。

(2)　問題 1 か問題 2 のいずれか 1 題のみ正解であった生徒は何人か。

4.　あるアンケートで，100 人のうち，ラーメンの好きな人が 72 人，カレーライスが好きな人が 63 人であった。両方好きな人を x 人とするとき，x のとりうる値の範囲を求めよ。

◆ 2 ◆ 場合の数・順列・組合せ

1 場合の数

　ある事柄について，起こりうるすべての場合を数え上げるとき，その総数を，その事柄が起こる **場合の数** という。

1 樹形図

　大中小3個のさいころを投げるとき，目の和が5になる場合は何通りあるか調べてみよう。

　大，中，小のさいころの目の数をそれぞれ x, y, z とすると

$$x+y+z=5$$

を満たす自然数 x, y, z の組が何通りあるか調べればよい。
たとえば

　　$x=1$ のとき $y+z=4$ であるから

　　　$y=1$ ならば $z=3$

　　　$y=2$ ならば $z=2$

　　　$y=3$ ならば $z=1$

　このように考えて可能な組合せをすべてかき上げると，右のように全部で6通りである。いろいろな場合の数を，もれなく，重複することなく数え上げるには，右のような図をかいて考えるとわかりやすい。

　このような図を **樹形図** という。

練習**1**　和が6になるような自然数の組 (x, y, z) は何通りあるか。

2 和の法則

　一般に，2つの事柄 A, B について，A の起こる場合が m 通り，B の起こる場合が n 通りあり，それらが同時には起こらないとき，A または B の起こる場合の数は $m+n$ 通りである。これを **和の法則** という。

例1 大小2個のさいころを投げるとき，

「A：目の和が4」

「B：目の和が5」

A

大	1	2	3
小	3	2	1

B

大	1	2	3	4
小	4	3	2	1

とすると，A または B の起こる場合の数は，A と B は同時に起こらないから和の法則より $3+4=7$

練習2 大小2個のさいころを投げるとき，目の和が10以上になる目の出方は何通りか。

3 積の法則

一般に，2つの事柄 A, B について，A の起こる場合が m 通りあり，そのそれぞれに対して B の起こる場合が n 通りある。このとき，A, B がともに起こる場合の数は **$m \times n$** 通りである。これを **積の法則** という。

例2 図のように，P, Q, R を結ぶ道があるとき，同じ地点を2度通らず P から R に行く方法は

　　　P から Q までの行き方は 3 通り

あり，そのおのおのに対して

　　　Q から R までの行き方は 4 通り

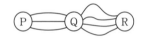

したがって，$3 \times 4 = 12$（通り）

練習3 大小2個のさいころを同時に投げるとき，目の出方は何通りあるか。また，大中小3個のさいころを同時に投げるときは何通りか。

例題1 144 の正の約数の個数を求めよ。

解 144 を素因数分解すると $144 = 2^4 \times 3^2$

ここで　2^4 の約数は 1, 2, 2^2, 2^3, 2^4 の5個

　　　　3^2 の約数は 1, 3, 3^2 の3個

であり，144 の約数は 2^4 の約数の1つと，3^2 の約数の1つとの積で表すことができるから，積の法則により

　　　　$5 \times 3 = 15$（個）

練習4 108 の正の約数の個数を求めよ。

2 順列

1 順列

　4個の文字 a, b, c, d から異なる3個を取り出して1列に並べる並べ方の総数を右の樹形図を用いて考えてみよう。

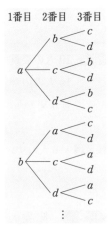

　1番目は，a, b, c, d の4通り

　2番目は，残りの3個のうちの3通り

　3番目は，残りの2個のうちの2通り

よって，並べ方の総数は，積の法則により

$$4 \times 3 \times 2 = 24 \ （通り）$$

　一般に，いくつかのものについて，順序をつけて1列に並べたものを **順列** という。

　とくに，異なる n 個のものから r 個取り出して1列に並べたものを，**n 個から r 個取る順列** といい，その総数を ${}_n\mathrm{P}_r$ で表す。

　n 個から r 個取る順列の総数 ${}_n\mathrm{P}_r$ を求めてみよう。

　1番目から r 番目までの取り出し方は次のようになる。

　したがって，この順列の総数 ${}_n\mathrm{P}_r$ は，積の法則により次の式で表される。

順列の総数

$$\underbrace{{}_n\mathbf{P}_r = \mathbf{n(n-1)(n-2)\cdots\cdots(n-r+1)}}_{r \text{個}}$$

[注意]　${}_n\mathrm{P}_r$ の P は，順列を意味する permutation の頭文字である。

例③ (1) $_7P_3 = 7 \cdot 6 \cdot 5 = 210$　　　←── 異なる7個のものから3個選んで
　　　　　　　　　　　　　　　　　　　　　　1列に並べる順列の総数

$$_7P_3 = \underbrace{7 \cdot 6 \cdot 5}_{3 \text{個}}$$

(2) $_6P_4 = 6 \cdot 5 \cdot 4 \cdot 3 = 360$

練習⑤　次の値を求めよ。

(1) $_8P_2$　　　　　　　(2) $_{10}P_4$　　　　　　　(3) $_7P_5$

例④ 10人の委員の中から委員長，副委員長，書記をそれぞれ1人ずつ選ぶとき，10人の中から3人選んで，委員長，副委員長，書記の順に並べると考えればよいから，選び方の総数は

$$_{10}P_3 = 10 \cdot 9 \cdot 8 = 720 \text{ （通り）}$$

練習⑥　6人のリレー選手の中から，第1走者，第2走者，第3走者，第4走者の4人の走者を選ぶとき，その選び方は何通りあるか。

◀ **2** ▶　**階乗の記号**

　n 個のものをすべて並べる順列の総数は

$$_nP_n = n(n-1)(n-2)\cdots\cdots 3 \cdot 2 \cdot 1 \quad \cdots\cdots ①$$

となる。

　①の右辺は，1から n までの自然数の積である。

　これを n の **階乗** といい，記号 **$n!$** で表す。

$1! = 1$
$2! = 2$
$3! = 6$
$4! = 24$
$5! = 120$
$6! = 720$
⋮

▶ **n の階乗**

$$n! = n(n-1)(n-2)\cdots\cdots 3 \cdot 2 \cdot 1$$
$$_nP_n = n!$$

例⑤　1から5までの5個の数字すべての順列の総数は

$$_5P_5 = 5! = 5 \cdot 4 \cdot 3 \cdot 2 \cdot 1 = 120 \text{ （通り）}$$

練習⑦　次の値を求めよ。

(1) $7!$　　　　　(2) $8!$　　　　　(3) $7 \times {_6P_6}$　　　　(4) $\dfrac{10!}{7!}$

次に，$_n\mathrm{P}_r$ を階乗の記号を用いて表してみよう。

$r = n$ のとき　$_n\mathrm{P}_r = {}_n\mathrm{P}_n = n!$

$r < n$ のとき　$_n\mathrm{P}_r = n(n-1)(n-2)\cdots\cdots(n-r+1)$

$$= \frac{n(n-1)(n-2)\cdots(n-r+1)\,(n-r)\cdots3\cdot2\cdot1}{(n-r)\cdots3\cdot2\cdot1} = \frac{n!}{(n-r)!}$$

なお，この等式において，$r = 0$, $r = n$ でも成り立つように，$_n\mathrm{P}_0 = 1, 0! = 1$ と定める。

⇒ 順列と階乗

$$_n\mathrm{P}_r = \frac{n!}{(n-r)!}$$

例題 2　a, b, c, d, e の 5 文字を 1 列に並べるとき，次のような並べ方はそれぞれ何通りあるか。

(1) a と b が両端にくる場合　　(2) a と b が隣り合う場合

解 (1) まず，両端に a と b を並べる方法は

$_2\mathrm{P}_2$ 通り

残りの 3 文字を a と b の間に並べる方法は

$_3\mathrm{P}_3$ 通り

よって，$_2\mathrm{P}_2 \times {}_3\mathrm{P}_3 = 2! \times 3! = 12$（通り）

(2) 隣り合う a と b を 1 つにまとめて考えると，全体では 4 つの文字を 1 列に並べる順列となる。その並べ方は

$_4\mathrm{P}_4$ 通り

隣り合う a と b の並べ方は $_2\mathrm{P}_2$ 通り

よって，$_4\mathrm{P}_4 \times {}_2\mathrm{P}_2 = 4! \times 2! = 48$（通り）

練習 8　A 組の 3 人，B 組の 3 人が 1 列に並ぶとき，次のような並び方はそれぞれ何通りあるか。

(1) 両端が A 組の人となる。　　(2) B 組の 3 人が続いて並ぶ。

(3) A 組と B 組の人が交互に並ぶ。

3 ▶ 組合せ

4個の文字 a, b, c, d の中から，3個の文字を選んで組を作るとき，その選び方は次の4通りになる。

$$\{a,\ b,\ c\},\ \{a,\ b,\ d\},\ \{a,\ c,\ d\},\ \{b,\ c,\ d\}$$

一般に，異なる n 個のものから r 個取り出して作る組を，**n 個から r 個取る組合せ** といい，その総数を $_nC_r$ で表す。

上の例では，4個から3個取る組合せであり，その総数は $_4C_3$ と表される。

このそれぞれの組において，3つの文字の順列は，右の図のように，

$$_3P_3 = 3! = 6\ (通り)$$

ずつあるから，全体では

$$_4C_3 \times 3!\ (通り)$$

の順列がある。これは，4個から3個取る順列の総数 $_4P_3$ に等しいから

$$_4C_3 \times 3! = _4P_3$$

これより $\quad _4C_3 = \dfrac{_4P_3}{3!} = \dfrac{4 \cdot 3 \cdot 2}{3 \cdot 2 \cdot 1} = 4$

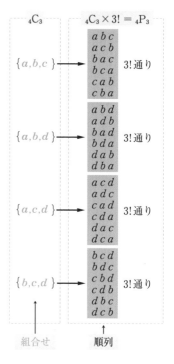

一般に，n 個から r 個取る組合せの総数 $_nC_r$ と，n 個から r 個取る順列の総数 $_nP_r$ との間には次の関係がある。

$$_nC_r \times r! = _nP_r$$

よって，n 個から r 個取る組合せの総数 $_nC_r$ は次のようになる。

▶ **組合せの総数**

$$_nC_r = \frac{_nP_r}{r!} = \frac{n!}{r!(n-r)!}$$

$r = 0$ のときも上の等式が成り立つように $_nC_0 = 1$ と定める。

例 6 (1) $_5C_2 = \dfrac{5!}{2!\,3!} = \dfrac{5 \cdot 4}{2 \cdot 1} = 10$

(2) $_7C_1 = \dfrac{7!}{1!\,6!} = 7$

注意 $_nC_r$ の C は組合せを意味する combination の頭文字である。

練習 9 次の値を求めよ。

(1) $_7C_2$ (2) $_6C_4$ (3) $_{12}C_3$ (4) $_8C_1$

例 7 5 人の学生から 3 人の代表を選ぶ組合せの数は

$$_5C_3 = \frac{5 \cdot 4 \cdot 3}{3 \cdot 2 \cdot 1} = 10 \ (\text{通り})$$

練習 10 10 人の学生から 2 人の代表を選ぶ組合せの数を求めよ。

上の例 6 で，5 人の学生を a, b, c, d, e とすると，右の図のように，5 人から 3 人の代表を選ぶ数と，5 人から代表以外の 2 人を残す場合の数とは等しい。

一般に，n 個から r 個選んで取り出す場合の数と，$(n-r)$ 個を選んで残す場合の数とは同じである。

すなわち，次の等式が成り立つ。

$$_nC_r = {_nC_{n-r}}$$

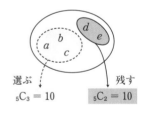

選ぶ ..... $_5C_3 = 10$ 残す $_5C_2 = 10$

例 8 $_{12}C_{10} = {_{12}C_2} = \dfrac{12 \cdot 11}{2 \cdot 1} = 66$

練習 11 次の値を求めよ。

(1) $_{10}C_9$ (2) $_8C_6$ (3) $_{20}C_{17}$

例題 3　E科の7人，M科の5人のなかから5人の委員を選ぶとき，次のような選び方は何通りあるか。

(1)　E科の3人とM科の2人を選ぶ。　　(2)　特定の2人が含まれる。

解 (1)　E科の7人から3人の委員の選び方は　　$_7C_3$ 通り

M科の5人から2人の委員の選び方は　　$_5C_2$ 通り

よって，$_7C_3 \times _5C_2 = \dfrac{7 \cdot 6 \cdot 5}{3 \cdot 2 \cdot 1} \times \dfrac{5 \cdot 4}{2 \cdot 1} = 350$ （通り）

(2)　特定の2人を除いた10人から3人の委員を選

べばよい。よって，$_{10}C_3 = \dfrac{10 \cdot 9 \cdot 8}{3 \cdot 2 \cdot 1} = 120$ （通り）

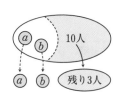

練習12　E科の6人，M科の4人のなかから4人の代表を選ぶとき，次のような選び方は何通りあるか。

(1)　E科2人とM科2人　　　　　　(2)　少なくとも1人はM科

例題 4　6人の生徒を，次のように分ける場合の数を求めよ。

(1)　2人ずつA，B，Cの3部屋　　(2)　2人ずつの3つの組

解 (1)　6人からA室に入る2人の選び方は　　　　$_6C_2$ 通り

残り4人からB室に入る2人の選び方は　　$_4C_2$ 通り

C室は残り2人が入るので選び方は　　　　$_2C_2$ 通り

よって，$_6C_2 \times _4C_2 \times _2C_2 = \dfrac{6 \cdot 5}{2 \cdot 1} \times \dfrac{4 \cdot 3}{2 \cdot 1} \times 1 = 90$ （通り）

(2)　(1)でA，B，Cの区別がないと考えればよい。

1つの組分けに対して，A，B，Cの割り当て方は3!通り。

よって，$\dfrac{90}{3!} = 15$ （通り）

練習13　8人の生徒を，次のように分ける場合の数を求めよ。

(1)　2人ずつA，B，C，Dの4部屋　　(2)　2人ずつの4つの組

4 いろいろな順列

1 円順列

a, b, c, d, e の 5 人を円形に並べるとき，その並べ方は何通りあるか考えてみよう。下の図のように，回転させると一致する並べ方は，すべて同じものと考えて区別しないことにする。

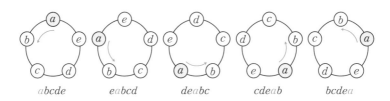

| abcde | eabcd | deabc | cdeab | bcdea |

5 人を円形に並べるには，まず 1 列に並べておいて，その先頭と最後をつなげて円形にすればよい。5 人を 1 列に並べる順列の総数は $_5\mathrm{P}_5$ 通りある。また，それぞれを円形に並べるとき，上の図のように，回転させると一致するものが 5 通りずつある。したがって，5 人を円形に並べるとき，その並べ方の総数は

$$\frac{_5\mathrm{P}_5}{5} = \frac{5!}{5} = 4! = 24 \text{ (通り)}$$

なお，上の例において，特定の 1 人 a の位置を固定して，残り b, c, d, e の 4 人を図の①②③④の位置に並べると考えて $(5-1)! = 4!$ (通り)として求めることもできる。

このように，いくつかのものを円形に並べたものを **円順列** という。

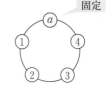

固定

> **円順列**
>
> 異なる n 個のものの円順列の総数は $\dfrac{_n\mathrm{P}_n}{n} = \dfrac{n!}{n} = (\boldsymbol{n-1})\boldsymbol{!}$

例9 6 人が円形に並ぶとき，その並び方は

$$(6-1)! = 5! = 120 \text{ (通り)}$$

練習14 男子 5 人，女子 2 人が円形のテーブルに着席する方法は何通りあるか。また，女子 2 人が隣り合って着席する方法は何通りあるか。

2 重複順列

同じ数字をくり返し用いてもよいことにするとき，4個の数字1, 2, 3, 4を使って3桁の整数がいくつできるか考えてみよう。

百の位の数字は1, 2, 3, 4のどれでもよいから4通りある。また，十の位，一の位についても同様に4通りずつあるから，求める3桁の整数の個数は，積の法則より

$$4 \times 4 \times 4 = 64 \ (個)$$

百の位	十の位	一の位
□	□	□
↑	↑	↑
4通り	4通り	4通り

一般に，異なる n 個のものから，くり返し取ることを許して r 個取り出して並べた順列を，n 個から r 個取る **重複順列** といい，その総数は次のようになる。

➡ **重複順列の総数**

n から r 個取る重複順列の総数は $\quad \boldsymbol{n^r}$

例題 5

5人の生徒を，次のように2つの部屋 A，B に入れる方法は何通りあるか。

(1) 1人も入らない部屋があってもよい。

(2) どの部屋にも少なくとも1人は入る。

解 (1) 1人について A，B の2通りの選び方があるから

$$2^5 = \textbf{32} \ (通り)$$

(2) (1)のうち，5人とも A または B に入る場合を除いて

$$32 - 2 = \textbf{30} \ (通り)$$

練習15 右の6つの空欄に X，Y，Z の3文字を使って記入するとき，次の問いに答えよ。

(1) 何通りの記入の仕方があるか。

(2) 2種類の文字で記入する仕方は何通りあるか。

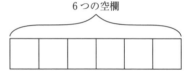

6つの空欄

3 ▶ 同じものを含む順列

a, a, a, b, b, c の 6 文字を 1 列に並べてできる順列の総数を求めてみよう。

右の図のように，6 つの場所に 6 文字を 1 つずつ入れると考える。

3 個の a を入れる場所の選び方は

$$_6\mathrm{C}_3 \ 通り$$

残り 3 つの場所から 2 個の b を入れる場所の選び方は

$$_3\mathrm{C}_2 \ 通り$$

残り 1 つの場所には，1 個の c を入れればよいから

$$_1\mathrm{C}_1 \ 通り$$

よって，求める並べ方の総数は

$$_6\mathrm{C}_3 \times {}_3\mathrm{C}_2 \times {}_1\mathrm{C}_1 = \frac{6\cdot5\cdot4}{3\cdot2\cdot1} \times \frac{3\cdot2}{2\cdot1} \times 1 = 60 \ （通り）$$

である。

この並べ方の総数を，階乗の記号を用いて表すと次のようになる。

$$_6\mathrm{C}_3 \times {}_3\mathrm{C}_2 \times {}_1\mathrm{C}_1 = \frac{6!}{3!3!} \times \frac{3!}{2!1!} \times 1 = \frac{6!}{3!2!1!}$$

一般に，同じものを含む順列について，次のことが成り立つ。

> **➡ 同じものを含む順列の総数**
>
> n 個のものの中に，同じものがそれぞれ p 個，q 個，r 個，…… ずつあるとき，この n 個のものすべてを 1 列に並べる順列の総数は
>
> $$\frac{n!}{p!\,q!\,r!\cdots\cdots} \qquad ただし，p+q+r+\cdots\cdots = n$$

練習**16** 赤球 3 個，白球 4 個，黒球 2 個の計 9 個の球を 1 列に並べるとき，並べ方は何通りあるか。

練習**17** 右の図のような道路のある町で，A 地点から B 地点まで最短で行く道順は何通りあるか。

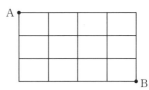

5 二項定理

1 パスカルの三角形

n を自然数とするとき，$(a+b)^n$ の展開式について考えてみよう。

$$(a+b)^2 = a^2 + 2ab + b^2$$
$$(a+b)^3 = a^3 + 3a^2b + 3ab^2 + b^3$$

である。これをもとに $(a+b)^4$ を展開すると

$$
\begin{aligned}
(a+b)^4 &= (a+b)(a+b)^3 \\
&= (a+b)(a^3 + 3a^2b + 3ab^2 + b^3) \\
&= a^4 + 3a^3b + 3a^2b^2 + ab^3 \\
&\quad\ + a^3b + 3a^2b^2 + 3ab^3 + b^4 \\
&= a^4 + 4a^3b + 6a^2b^2 + 4ab^3 + b^4
\end{aligned}
$$

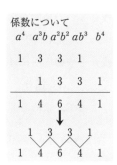

となり，得られた係数 1，4，6，4，1 の両端の 1 以外の係数は，$(a+b)^3$ の展開式の係数 1，3，3，1 の隣り合う 2 つずつの数の和になっている。

この操作を続けて $(a+b)^n$ の展開式の係数を求め，三角形状に並べたものを**パスカルの三角形** という。

パスカルの三角形には次の特徴がある。

(ⅰ) 各段の両端の数は 1 である。

(ⅱ) 各段の数は左右対称である。

(ⅲ) 両端以外の数は左上の数と右上の数との和に等しい。

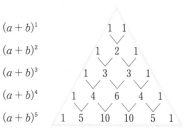

練習**18** パスカルの三角形を用いて，次の式を展開せよ。

(1) $(a+b)^6$ (2) $(a+b)^7$

2 二項定理

$(a+b)^3$ の展開式において，たとえば，a^2b の項の係数を組合せの考え方を利用して求めてみよう。

$$(a+b)^3 = (a+b)(a+b)(a+b)$$

であるから，この展開式の a^2b の項は下の図のように，①〜③の 3 個の因数のうちの 2 個からは a を取り出し，残りの 1 個からは b を取り出して掛け合わせて得られる。

$$
\begin{aligned}
&\quad\ ①\qquad\ ②\qquad\ \ ③\\
&(a+b)(a+b)(a+\boxed{b}) \longrightarrow a\,a\,\boxed{b} = a^2b\\
&(a+b)(a+\boxed{b})(a+b) \longrightarrow a\,\boxed{b}\,a = a^2b\\
&(a+\boxed{b})(a+b)(a+b) \longrightarrow \boxed{b}\,a\,a = a^2b
\end{aligned}
\left.\vphantom{\begin{aligned}&\\&\\&\end{aligned}}\right\}{}_3\mathrm{C}_1\ 個
$$

ここで，b を取り出す因数に着目すると，3 個の因数から 1 個の b を取り出す因数の選び方は ${}_3\mathrm{C}_1$ 通りある。したがって，$(a+b)^3$ の展開式における a^2b の係数は ${}_3\mathrm{C}_1$ である。

同様にして，b を取り出す因数に着目すると

a^3b^0 の係数は ${}_3\mathrm{C}_0$，ab^2 の係数は ${}_3\mathrm{C}_2$，b^3 の係数は ${}_3\mathrm{C}_3$

である。

同様に考えると，$(a+b)^4$ の展開式は

$$(a+b)^4 = {}_4\mathrm{C}_0 a^4 + {}_4\mathrm{C}_1 a^3 b + {}_4\mathrm{C}_2 a^2 b^2 + {}_4\mathrm{C}_3 a b^3 + {}_4\mathrm{C}_4 b^4$$

と表され，$a^{4-r}b^r$ の係数は ${}_4\mathrm{C}_r$ であることがわかる。

一般に，

$$(a+b)^n = \overbrace{(a+b)(a+b)\cdots\cdots(a+b)(a+b)}^{n\ 個}$$

の展開式は，どの項も文字 a，b について n 次式であり，$a^{n-r}b^r$ の項は，n 個の因数の中から r 個の因数を選び，その r 個からは b を，残りの $(n-r)$ 個の因数からは a をそれぞれ取り出して掛け合わせて得られる。このような因数の選び方の総数は ${}_n\mathrm{C}_r$ 通りあるから，$a^{n-r}b^r$ の係数は ${}_n\mathrm{C}_r$ である。

このことから，次の展開式が得られる。これを **二項定理** という。

> **二項定理**
>
> $$(a + b)^n = {}_nC_0 a^n + {}_nC_1 a^{n-1} b + {}_nC_2 a^{n-2} b^2 + \cdots\cdots$$
> $$\cdots\cdots + {}_nC_r a^{n-r} b^r + \cdots\cdots + {}_nC_{n-1} a b^{n-1} + {}_nC_n b^n$$

二項定理において，各項の係数

$${}_nC_0, \quad {}_nC_1, \quad {}_nC_2, \quad \cdots\cdots, \quad {}_nC_r, \quad \cdots\cdots, \quad {}_nC_{n-1}, \quad {}_nC_n$$

を **二項係数** という。また，$a^0 = 1$，$b^0 = 1$ であるから，上の展開式の各項は

$${}_nC_r a^{n-r} b^r \quad (r = 0, \ 1, \ 2, \ \cdots, \ n)$$

と書ける。${}_nC_r a^{n-r} b^r$ を $(a + b)^n$ の展開式の **一般項** という。

例10 二項定理を用いて $(x - 2)^5$ を展開すると

$$(x - 2)^5 = {}_5C_0 x^5 + {}_5C_1 x^4 (-2) + {}_5C_2 x^3 (-2)^2$$
$$+ {}_5C_3 x^2 (-2)^3 + {}_5C_4 x (-2)^4 + {}_5C_5 (-2)^5$$
$$= x^5 - 10x^4 + 40x^3 - 80x^2 + 80x - 32$$

練習19 次の式を，二項定理を用いて展開せよ。

(1) $(x + 1)^5$ (2) $(2a - b)^4$ (3) $(x - 2)^6$

例題 6 $(x^2 - 2y)^7$ の展開式における $x^8 y^3$ の項の係数を求めよ。

解 $(x^2 - 2y)^7$ の展開式における一般項は

$${}_7C_r (x^2)^{7-r} (-2y)^r = {}_7C_r (-2)^r x^{14-2r} y^r$$

$x^8 y^3$ の項は $r = 3$ のときであるから，$x^8 y^3$ の項の係数は

$${}_7C_3 (-2)^3 = 35 \times (-8) = -\mathbf{280}$$

練習20 次の式を展開したとき，[ ] 内の項の係数を求めよ。

(1) $(x - 1)^8 \ [x^3]$ (2) $(2x - y^2)^7 \ [x^4 y^6]$

(3) $(x^2 + 3x)^9 \ [x^{14}]$ (4) $\left(2x - \dfrac{1}{x}\right)^7 \ [x^3]$

◀ 節|末|問|題

1. 100 円，50 円，10 円の 3 種類の硬貨を使い，次のように 300 円を支払うには何通り の方法があるか。

   (1) どの硬貨も必ず 1 枚は使う。   (2) 使わない硬貨があってもよい。

2. OUTSIDE の 7 文字を並べ換えるとき，次の並べ方は何通りか。

   (1) 母音がすべて続いて並ぶ。   (2) 母音と子音が交互に並ぶ。

   (3) 少なくとも一端に子音がくる。   (4) どの子音も隣り合わない。

3. 監督 1 人，コーチ 2 人，選手 3 人が円形のテーブルに着席するとき，次のすわり方 は何通りあるか。

   (1) 選手 3 人が隣り合う。

   (2) 監督の両隣にコーチがすわる。

   (3) コーチ 2 人が向かい合う。

4. 6 個の数字 0, 1, 2, 3, 4, 5 を使って 4 桁の整数を作るとき，次の場合の数を求め よ。

   (1) 同じ数字は 1 回しか使わない。

   (2) 同じ数字をくり返し使ってよい。

5. 1 桁の自然数のなかから異なる 5 つの数字を選ぶとき，次の場合の数を求めよ。

   (1) 偶数 3 個と奇数 2 個が選ばれる場合

   (2) 1 は選ばれて 9 は選ばれない場合

   (3) 選んだ数の最大値が 8 である場合

6. 赤球 3 個，白球 4 個，黒球 2 個の計 9 個の球を 1 列に並べるとき，黒球が隣り合う 並べ方は何通りあるか。

7. 6人の駅伝選手 a, b, c, d, e, f の走る順番の決め方は，次の場合に何通りあるか求めよ。

(1) a と b の間に必ず2人が入る場合

(2) a が b より先に，b は c より先に走る場合

8. 9人の生徒を，次のように分ける場合の数を求めよ。

(1) 4人，3人，2人の3組   (2) 3人ずつ A，B，C の3部屋

(3) 3人ずつの3組   (4) 5人，2人，2人の3組

9. a, a, a, b, b, c, d の7文字から4文字を取り出して1列に並べるとき，次の並べ方は何通りあるか。

(1) 4種類の文字を使って並べる。

(2) 3種類の文字を使って並べる。

(3) 並べ方の総数

10. 正八角形について，次の数を求めよ。

(1) 対角線の本数

(2) 8個の頂点のうちの3個を頂点とする三角形の個数

(3) (2)のうち，正八角形と辺を共有しない三角形の個数

11. 分母が100で，分子が99以下の自然数である分数

$$\frac{1}{100},\ \frac{2}{100},\ \frac{3}{100},\ \cdots\cdots,\ \frac{99}{100}$$

の中で，約分できない分数は何個あるか。

12. n が偶数のとき，次の等式が成り立つことを証明せよ。

$$_nC_0 + {}_nC_2 + {}_nC_4 + \cdots\cdots + {}_nC_n = {}_nC_1 + {}_nC_3 + {}_nC_5 + \cdots\cdots + {}_nC_{n-1} = 2^{n-1}$$

◆ 3 ◆ 命題と証明

▶ 1 ▶ 条件と命題

◀ 1 ▶ 命題

一般に，正しいか正しくないかがはっきり決まる事柄を述べた文や式を **命題** という。たとえば「4は偶数である」という文は正しいと判断できるので命題であり，「10000は大きい数である」という文は，このままでは正しいか正しくないかが判断できないので命題とはいえない。ある命題が正しいとき，その命題は **真** であるといい，正しくないときは **偽** であるという。

例 1 (1) 「$3 > 0$」は命題であり，真である。

(2) 「n が奇数ならば $n+1$ は偶数である」は命題であり，真である。

(3) 「$x = 2$ ならば $x^2 = 5$」は命題であり，偽である。

一方，「$x - 3 = 0$」は，x の表す値によって真偽が定まる。このように変数を含む文や式で，その変数に値を代入したとき真偽が定まる文や式をその変数についての **条件** という。

2つの条件 p, q について

「p ならば q」 を 「$p \implies q$」 で表す。

命題は，例1の(2)，(3)のように，「p ならば q」の形で表せるものが多い。このとき，p をこの命題の **仮定**，q を **結論** という。

例 2 命題「$x = 2$ ならば $x^2 = 4$」では，

「$x = 2$」が仮定であり，

「$x^2 = 4$」が結論である。

また，この命題は真である。

練習 1 例1の(2)，(3)の命題の仮定と結論を述べよ。

2 **条件と集合**

命題「$x > 2 \implies x > 0$」の真偽を，集合を用いて考えてみよう。

$P = \{x \mid x > 2\}$，$Q = \{x \mid x > 0\}$ とすると，$P \subset Q$ である。

すなわち $x > 2$ を満たすすべての x は，$x > 0$
を満たす。

したがって，命題「$x > 2 \implies x > 0$」は真で
あることがわかる。

2つの条件 p，q に対して

 条件 p を満たすものの集合を P

 条件 q を満たすものの集合を Q

とすると，$P \subset Q$ であるとき，命題「$p \implies q$」は
真である。集合 P，Q のことをそれぞれ条件 p，q
の **真理集合** という。

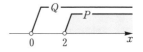

命題「$p \implies q$」が真であるとき，条件 p を満たすものは必ず条件 q を満たす
ので，$P \subset Q$ が成り立つ。したがって，

> 命題「$p \implies q$」が真であることと $P \subset Q$ であることは同じである。

また，「$p \implies q$」が偽であることを示すには，仮定である条件 p は満たすが，
結論である条件 q は満たさないような例を1つあげればよい。このような例を
反例 という。

例**3** 命題「$x < -1 \implies x < -3$」については，
$x = -2$ とすると，仮定「$x < -1$」は満た
すが結論「$x < -3$」は満たさない。すなわ
ち，反例 $x = -2$ があるので，この命題は
偽である。

練習2 次の命題の真偽を調べよ。また，偽であるときは反例をあげよ。

(1) $x > 3 \implies x > 1$ (2) $x^2 = 4 \implies x = 2$

(3) $x < y \implies x^2 < y^2$ (4) $\dfrac{1}{a+c} = \dfrac{1}{b+c} \implies \dfrac{1}{a} = \dfrac{1}{b}$

3 　必要条件と十分条件

2 つの条件 p, q に対して，命題「$p \Longrightarrow q$」が真であるとき

p は q であるための **十分条件** である

q は p であるための **必要条件** である

という。

$$
\begin{array}{ccc}
p & \Longrightarrow & q \\
\vdots & & \vdots \\
\text{十分} & & \text{必要}
\end{array}
$$

例4 命題「$x = 1 \Longrightarrow x^2 = 1$」は真であるから

$x = 1$ は $x^2 = 1$ であるための十分条件であり，

$x^2 = 1$ は $x = 1$ であるための必要条件である。

ところで，命題「$x^2 = 1 \Longrightarrow x = 1$」は真でないから

$x^2 = 1$ は $x = 1$ であるための十分条件ではない。

また，$x = 1$ は $x^2 = 1$ であるための必要条件ではない。

練習3 次の（　）の中に，「十分」，「必要」のうち適するものを記入せよ。

$x > 1$ は $x > 3$ であるための（　　）条件であるが，（　　）条件ではない。

2 つの命題「$p \Longrightarrow q$」と「$q \Longrightarrow p$」がともに真であるとき，「$p \Longleftrightarrow q$」と表す。このとき，p は q であるための十分条件であり，かつ必要条件でもあるから，p は q であるための **必要十分条件** であるという。この場合，q は p であるための必要十分条件でもある。このとき，2 つの条件 p と q は **同値** であるともいう。

例5 実数 x, y について，$x^2 \geqq 0$, $y^2 \geqq 0$ であるから

「$x^2 + y^2 = 0 \Longrightarrow x = 0$ かつ $y = 0$」は真であり，

「$x = 0$ かつ $y = 0 \Longrightarrow x^2 + y^2 = 0$」も真である。

すなわち，

「$x^2 + y^2 = 0 \Longleftrightarrow x = 0$ かつ $y = 0$」

であるから

$x^2 + y^2 = 0$ は $x = 0$ かつ $y = 0$ であるための必要十分条件

である。よって，x, y が実数のとき，$x^2 + y^2 = 0$ と $x = 0$ かつ $y = 0$ は同値であるともいう。

2つの命題「$x < 3 \implies x > 1$」と「$x > 1 \implies x < 3$」はどちらの命題もともに偽である。この場合，$x < 3$ は $x > 1$ であるための<u>必要条件でも十分条件でもない</u>。

練習4 次の（　）の中に，「十分条件である」，「必要条件である」，「必要十分条件である」，「必要条件でも十分条件でもない」のうち最も適するものを記入せよ。ただし，x, y は実数とする。

(1) $x = 0$ は $xy = 0$ であるための（　　）。

(2) $x < 2$ は $x < -1$ であるための（　　）。

(3) $x + y = 0$ は $xy = 0$ であるための（　　）。

(4) $x = 1$ または $y = 2$ は $(x-1)(y-2) = 0$ であるための（　　）。

(5) △ABC において，$\angle A = 60°$ は △ABC が正三角形であるための（　　）。

2つの条件 p, q に対して，真理集合をそれぞれ P, Q とする。

p が q であるための十分条件であるのは

命題「$p \implies q$」が真

すなわち，

$P \subset Q$

が成り立つことである。

一般に，2つの条件 p, q と，その真理集合 P, Q の間には，次のような関係がある。

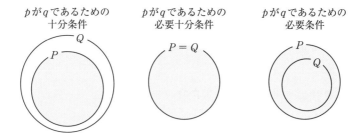

練習5 条件 $p : x^2 - 4x + 3 < 0$, $\quad q : x^2 - (a+2)x + 2a \leqq 0$

について，p が q であるための必要条件となるように，定数 a の値の範囲を定めよ。

4 条件の否定

条件 p に対して,「p でない」を p の **否定** といい $\overline{p}$ で表す。条件 p の真理集合を P とするとき,条件 $\overline{p}$ の真理集合は P の補集合 $\overline{P}$ である。

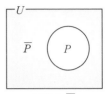

補集合 $\overline{P}$

また,条件 p, q を満たすものの集合をそれぞれ P, Q とすると,「p かつ q」,「p または q」という条件を満たすものの集合は,それぞれ P, Q の共通部分 $P \cap Q$ および和集合 $P \cup Q$ となる。

したがって,

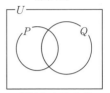

共通部分 $P \cap Q$

「$\overline{p}$ かつ $\overline{q}$」を満たすものの集合は $\overline{P} \cap \overline{Q}$

であり,

「$\overline{p}$ または $\overline{q}$」を満たすものの集合は $\overline{P} \cup \overline{Q}$

である。

ここで,集合に関するド・モルガンの法則(224ページ参照)

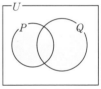

和集合 $P \cup Q$

$$\overline{P \cap Q} = \overline{P} \cup \overline{Q}, \quad \overline{P \cup Q} = \overline{P} \cap \overline{Q}$$

から,次の法則が成り立つ。

> **ド・モルガンの法則**
>
> $$\overline{p \text{ かつ } q} \iff \overline{p} \text{ または } \overline{q}$$
> $$\overline{p \text{ または } q} \iff \overline{p} \text{ かつ } \overline{q}$$

例6 「$x = 0$ かつ $y = 0$」の否定は,

「$x \neq 0$ または $y \neq 0$」である。

「$x < -1$ または $x > 2$」の否定は,

「$x \geq -1$ かつ $x \leq 2$」すなわち,「$-1 \leq x \leq 2$」である。

練習6 次の条件の否定を示せ。

(1) $x \neq 0$ かつ $x \neq 1$ (2) $x \leq 0$ または $y \leq 0$

◀ 5 ▶ 逆・裏・対偶

命題「$p \implies q$」に対して

$$\text{「}q \implies p\text{」を「}p \implies q\text{」の \textbf{逆}}$$

$$\text{「}\bar{p} \implies \bar{q}\text{」を「}p \implies q\text{」の \textbf{裏}}$$

$$\text{「}\bar{q} \implies \bar{p}\text{」を「}p \implies q\text{」の \textbf{対偶}}$$

という。

命題「$p \implies q$」とその逆，裏，対偶は，互いに下の図の関係にある。

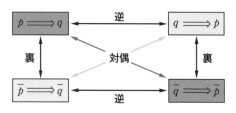

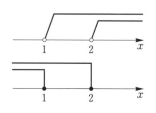

例7 命題「$x > 2 \implies x > 1$」について

  逆　は　　「$x > 1 \implies x > 2$」

  裏　は　　「$x \leqq 2 \implies x \leqq 1$」

  対偶は　　「$x \leqq 1 \implies x \leqq 2$」

である。

例7において，もとの命題と対偶は真であるが，逆と裏は真ではない。

一般に，次のことがいえる。

命題とその対偶の真偽は一致する。

注意　もとの命題が真であっても，逆と裏は真とは限らない。

練習7　次の命題の逆・裏・対偶を示し，それぞれの真偽を調べよ。

  (1) $x = -3 \implies x^2 = 9$

  (2) n が整数のとき，n が偶数ならば n は 4 の倍数である。

  (3) $x^2 > 0 \implies x > 0$

2 ▶ 命題の証明

1 ▶ 整数を割ったときの余りによる場合分け

> **例題 1** n が整数のとき，命題「n^2 を 3 で割った余りは 0 または 1 のいずれかである」は真であることを証明せよ。

> **証明** n が整数なので，n を 3 で割った余りに注目すると，ある整数 k を用いて
>
> $$n = 3k, \ n = 3k+1, \ n = 3k+2$$
>
> のいずれかの形で表すことができる。
>
> (i) $n = 3k$ のとき
>
> $$n^2 = (3k)^2 = 9k^2 = 3(3k^2)$$
>
> となり，$3k^2$ は整数であるから，n^2 を 3 で割った余りは 0
>
> (ii) $n = 3k+1$ のとき
>
> $$n^2 = (3k+1)^2 = 9k^2 + 6k + 1$$
> $$= 3(3k^2+2k) + 1$$
>
> となり，$3k^2+2k$ は整数であるから，n^2 を 3 で割った余りは 1
>
> (iii) $n = 3k+2$ のとき
>
> $$n^2 = (3k+2)^2 = 9k^2 + 12k + 4$$
> $$= 3(3k^2+4k+1) + 1$$
>
> となり，$3k^2+4k+1$ は整数であるから，n^2 を 3 で割った余りは 1
>
> したがって，(i)，(ii)，(iii)より，n^2 を 3 で割った余りは 0 または 1 のいずれかである。よって，与えられた命題は真である。 ■

上の例題 1 から，n が整数のとき，「n^2 が 3 の倍数 $\iff$ n が 3 の倍数」であることがわかる。したがって，n が整数のとき，「n^2 が 3 の倍数である」ための必要十分条件は，「n が 3 の倍数である」といえる。

練習8 n が整数のとき，命題「n^2 を 4 で割った余りは 0 または 1 のいずれかである」は真であることを証明せよ。

2 対偶を利用した証明法

条件 p, q の真理集合をそれぞれ P, Q とする。

命題「$p \implies q$」が真であるとき，$P \subset Q$ であるから，$\overline{Q} \subset \overline{P}$ が成り立つ。

したがって，命題「$\overline{q} \implies \overline{p}$」も真であることがわかる。

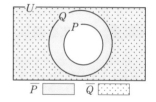

一般に，次のことがいえる。

▶ **命題とその対偶の真偽**

命題「$p \implies q$」と，その対偶「$\overline{q} \implies \overline{p}$」の真偽は一致する。

もとの命題とその対偶の真偽が一致することから，ある命題が真であることを証明するとき，その対偶が真であることを証明してもよい。

例題 2　n が整数のとき，次の命題が真であることを証明せよ。

「n^2 が偶数ならば n は偶数である」

証明　この命題の対偶

「n が奇数ならば n^2 は奇数である」

が真であることを証明すればよい。

n が奇数であるから，ある整数 k を用いて　$n = 2k + 1$

と表せる。このとき

$$n^2 = (2k+1)^2 = 4(k^2 + k) + 1$$

ここで，$4(k^2 + k)$ は偶数であるから，n^2 は奇数である。

したがって，対偶は真である。

よって，もとの命題も真である。　　　終

練習 9　命題「$xy \neq 6$ ならば　$x \neq 2$ または $y \neq 3$」が真であることを証明せよ。

練習 10　n が整数のとき，命題「n^2 が奇数ならば n は奇数である」が真であることを証明せよ。

3 背理法

　ある命題を証明するとき，その命題が成り立たないと仮定すると矛盾が生じることを示すことによって，もとの命題が成り立つことを証明する方法がある。この証明法を **背理法** という。

例題3

$\sqrt{2}$ が無理数であることを，背理法を用いて証明せよ。

証明　$\sqrt{2}$ が無理数でないと仮定すると，$\sqrt{2}$ は有理数であるから，1 以外に公約数をもたない 2 つの正の整数 m, n を用いて

$$\sqrt{2} = \frac{m}{n}$$

と表すことができる。この両辺を平方して整理すると

$$2n^2 = m^2 \quad \cdots\cdots ①$$

であるから，m^2 は偶数である。したがって，m も偶数である。

　よって，整数 k を用いて

$$m = 2k \quad \cdots\cdots ②$$

と表すことができる。②を①に代入して整理すると

$$n^2 = 2k^2$$

となり，n^2 は偶数であるから n も偶数となる。

　以上のことから，m, n はいずれも偶数となり，1 以外に公約数をもたないことに矛盾する。

　ゆえに，$\sqrt{2}$ は無理数である。　　　　　　　　　　　　終

注意　有理数とは，整数 m, n $(n \neq 0)$ を用いて，$\frac{m}{n}$ の形で表される数のことである。また，2 つの整数 m, n が 1 以外に公約数をもたないとき，「m, n を互いに素」という。

練習11　$\sqrt{3}$ が無理数であることを，背理法を用いて証明せよ。

◀ **4** ▶ **数学的帰納法** ────────────────────

　　命題「n が自然数のとき，$6^n - 1$ は 5 の倍数である。」 ……①

を，証明することを考えてみよう。

　　　　$n = 1$ のとき　$6^1 - 1 = 5$　　となり成り立つ。

　　　　$n = 2$ のとき　$6^2 - 1 = 35$　　となり成り立つ。

　　　　$n = 3$ のとき　$6^3 - 1 = 215$　　となり成り立つ。

　このように，n に値を順次代入し続けても，すべての自然数 n について成り立つことを確かめることはできない。そこで，$n = k$ のとき成り立つと仮定し，$n = k + 1$ のときにも成り立つことを示して，証明する方法がある。

例8 ①の命題について

　　[1]　$n = 1$ のとき，$6^1 - 1 = 5$ となり成り立つ。

　　[2]　$n = k$ のとき，成り立つとすると

　　　　　　　$6^k - 1 = 5N$　（N は自然数）と表せる。

　　　　$n = k + 1$ のとき

　　　　　$6^{k+1} - 1 = 6 \cdot 6^k - 1 = 6(6^k - 1) + 5$

　　　　　　　　　　　$= 6 \cdot 5N + 5 = 5(6N + 1)$

　　　　と表せるから，5 の倍数であり，$n = k + 1$ のときにも成り立つ。

　　[1]，[2]より，すべての自然数 n について①が成り立つ。

　このような証明方法を **数学的帰納法** という。

▶ **数学的帰納法** ┌

　自然数 n に関する命題が，すべての自然数 n について成り立つことを証明するには，次の 2 つのことを証明すればよい。

　　[1]　$n = 1$ のとき，この命題が成り立つ。

　　[2]　$n = k$ のとき，この命題が成り立つと仮定すると，

　　　　$n = k + 1$ のときにも，この命題が成り立つ。

練習12　命題「n が自然数のとき，$8^n - 1$ は 7 の倍数である。」が成り立つことを数学的帰納法で証明せよ。

◀ 節|末|問|題 ▶

1. 次の命題の真偽を調べ，真であるときは証明し，偽であるときは反例をあげよ。

(1) $x^2 = y^2$ ならば $x = y$ である。

(2) $x + y \leqq 2$ ならば $x \leqq 1$ かつ $y \leqq 1$ である。

(3) a, b が整数のとき，ab が偶数ならば a, b の少なくとも一方は偶数である。

2. 次の （ ） の中に，「十分条件である」，「必要条件である」，「必要十分条件である」，「必要条件でも十分条件でもない」のうち最も適するものを記入せよ。ただし，x, y は実数とする。

(1) $x = -2$ は $x^2 + 4x + 4 = 0$ であるための（　　）。

(2) $x \neq 3$ は $x^2 \neq 9$ であるための（　　）。

(3) $x^2 + y^2 = 0$ は $xy = 0$ であるための（　　）。

(4) $xy > 0$ は $x > 0$ または $y > 0$ であるための（　　）。

3. n が整数のとき，命題「$n^2 + n$ を3で割った余りは0または2のいずれかである」は真であることを証明せよ。

4. 次の命題の逆・裏・対偶を示し，それぞれの真偽を調べよ。

(1) $x > 1$ ならば $x \geqq 1$ である。

(2) $a = 0$ かつ $b = 0$ ならば $a + b = 0$ である。

(3) $ab = 0$ ならば $a + b = 0$ である。

5. 命題「$a + b > 0$ ならば $a > 0$ または $b > 0$」が真であることを，対偶を利用して証明せよ。

6. n が自然数のとき

$$1 \cdot 2 + 2 \cdot 3 + 3 \cdot 4 + \cdots\cdots + n(n+1) = \frac{1}{3}n(n+1)(n+2)$$

が成り立つことを数学的帰納法で証明せよ。

解答

詳しい解答や図・証明は，弊社 Web サイト（https://www.jikkyo.co.jp）の本書の紹介からダウンロードできます。

1章　数と式

1. 整式（P.8〜19）

練習1 x に着目したとき 次数 3，係数 $6a^2y$

x と y に着目したとき 次数 4，係数 $6a^2$

練習2 $y^2+2x^2y+3x^3-5x^2+x-1$，y^2 の係数は 1，y の係数は $2x^2$，定数項は $3x^3-5x^2+x-1$

練習3 (1) $A+B=x^3-x+4$，
$A-B=x^3-4x^2+x+2$
(2) $A+B=-x^3+5x^2-2x+1$，
$A-B=x^3-x^2-4x+9$

練習4 (1) $-4x^8$　(2) $-2a^4b^3$
(3) $-8a^8b^9c^7$

練習5 (1) x^3-1
(2) $x^4-3x^3+x^2+3x-2$
(3) $6x^3+8x^2y-xy^2-y^3$
(4) $3x^5-3x^4+8x^3+9x^2-21x+20$

練習6 (1) $9x^2+24xy+16y^2$
(2) $25x^2-20xy+4y^2$
(3) $16x^2-25y^2$
(4) $x^2+5xy-14y^2$
(5) $20x^2+9xy-18y^2$

練習7 略

練習8 (1) x^3+3x^2+3x+1
(2) $x^3-6x^2+12x-8$
(3) $8x^3+12x^2y+6xy^2+y^3$
(4) $27x^3-54x^2y+36xy^2-8y^3$

練習9 (1) $a^2-2ab+b^2+2a-2b-3$
(2) $x^2+2xz+z^2-4y^2$

練習10 (1) $a^2+b^2+c^2-2ab-2bc+2ca$
(2) $4x^2+9y^2+z^2+12xy+6yz+4zx$
(3) $p^2+4q^2+4r^2-4pq-8qr+4rp$

練習11 略

練習12 (1) a^3+8
(2) $27a^3-b^3$

練習13 (1) $x^6-3x^4+3x^2-1$
(2) x^4-1
(3) $4a^2-b^2+2bc-c^2$
(4) $x^2-4y^2-12yz-9z^2$

練習14 (1) $x^4-10x^3+35x^2-50x+24$
(2) $x^4-2x^3-13x^2+14x+24$

練習15 (1) $xy(x-y)$
(2) $(a+b)(x-y)$
(3) $(a-1)(b-1)$

練習16 (1) $(4x+y)^2$
(2) $(2x-5y)^2$
(3) $(3x+4y)(3x-4y)$
(4) $3x^2y^2(x+2y)(x-2y)$
(5) $(x+5y)(x-3y)$
(6) $y(x-y)(x-6y)$

練習17 (1) $(x+3)(2x+1)$
(2) $(x+1)(5x-3)$
(3) $(2x-3)(3x-2)$
(4) $(x-y)(2x+y)$
(5) $(2a-3b)(2a-5b)$
(6) $(a-2b)(4a+3b)$

練習18 (1) $(x+4)(x^2-4x+16)$
(2) $(x-1)(x^2+x+1)$
(3) $(2x+5y)(4x^2-10xy+25y^2)$
(4) $2(x-2y)(x^2+2xy+4y^2)$

練習19 (1) $(a+b-c)(a-b+c)$
(2) $(x+y+2)(x+y+3)$
(3) $(x+y+2)(x+y-2)$
(4) $(2x+y+1)(2x+y+2)$

練習20 (1) $(x-y)(x+y+z)$
(2) $(x-2)(x-2y+2)$
(3) $(a-1)(a^2+ab+a+b+1)$
(4) $(2x-1)(x+3y+1)$

練習21 (1) $(x+y)(x+y+1)$
(2) $(x+y-1)(3x+2y+1)$

練習22 $(a-b)(b-c)(c-a)$

練習23 (1) $(x^2+2x+3)(x^2-2x+3)$
(2) $(2x^2+y^2+2xy)(2x^2+y^2-2xy)$

節末問題（P.19）

1. (1) $4x^5y^5z^7$　(2) a^3b^4

2. (1) $a^2+b^2+4c^2-2ab-4bc+4ca$
(2) $8a^3-36a^2b+54ab^2-27b^3$

(3) a^4-b^4

(4) x^4-x^2-2x-1

(5) $a^2-2ac+c^2-4b^2$

(6) x^4-13x^2+36

3. (1) $(x-1)(3x+8)$

(2) $(a+2b-3)(a+2b+2)$

(3) $x(x-1)(x+2)(x-3)$

(4) $y(yz-4x)(y^2z^2+4xyz+16x^2)$

(5) $(x+1)(x-1)(x^2-a+1)$

(6) $(x+1)(x-1)(y+1)(y-1)$

4. (1) $(x-y-1)(x+y+3)$

(2) $(2x-3y+5)(x+2y-3)$

(3) $-(a-b)(b-c)(c-a)$

(4) $(x^2+xy+y^2)(x^2-xy+y^2)$

2. 整式の除法と分数式（P.20〜27）

練習**1** (1) 商 $3x-4$，余り -3

(2) 商 $2x^2-4x+2$，余り 0

(3) 商 $4x-1$，余り $-7x+3$

(4) 商 $x-3$，余り $x-9$

練習**2** $B=x^2-x-2$

練習**3** 商 $x^2+2ax-3a^2$，余り 0

練習**4** (1) 最大公約数 $3xyz$，最小公倍数 $6x^2y^2z^3$

(2) 最大公約数 ac，最小公倍数 $a^2b^2c^3$

練習**5** (1) 最大公約数 $x-3$，最小公倍数 $x(x+3)(x-3)$

(2) 最大公約数 x^2+x+1，最小公倍数 $(x-1)(x^2+x+1)$

練習**6** (1) $\dfrac{2}{3ab}$ (2) $\dfrac{x-1}{x-2}$

(3) $\dfrac{2x-1}{x-2}$ (4) $\dfrac{x-1}{x^2+x+1}$

練習**7** (1) $\dfrac{3x}{x-3}$ (2) $\dfrac{2x+8}{x+3}$

(3) x^2-2x+1 (4) $\dfrac{x+2}{x-2}$

練習**8** (1) $\dfrac{1}{x+2}$ (2) x (3) $\dfrac{x+3}{x-3}$

練習**9** (1) $\dfrac{3x}{(x+2)(x-1)}$ (2) $\dfrac{3x-1}{x^2}$

(3) $\dfrac{x^2-3x-2}{x-3}$

練習**10** (1) $\dfrac{x+3}{x(x+1)}$

(2) $\dfrac{8}{(x-3)(x+3)}$

(3) $\dfrac{x+1}{x^2-x+1}$

(4) $\dfrac{4}{(x+2)(x-2)}$

練習**11** (1) $x-1$ (2) $\dfrac{1}{x}$ (3) $1-x$

練習**12** (1) $3+\dfrac{7}{x-2}$

(2) $x-3+\dfrac{1}{x+3}$

(3) $x-4-\dfrac{1}{x^2+1}$

1. (1) $A=3x^3+5x^2-5x-3$

(2) $B=x^2-3x+2$

(3) $P=x^3+5$

2. $a=2$，$b=1$，

最小公倍数 $(x+2)(2x-1)(x^2-x+1)$

3. (1) $-\dfrac{1}{a}$ (2) $\dfrac{1}{a-2b}$ (3) $\dfrac{32}{x^4-16}$

(4) $\dfrac{1}{x+1}$ (5) $\dfrac{2}{x}$

3. 数（P.28〜40）

練習**1** $3.\overline{142857}$

練習**2** (1) $\dfrac{1}{2}$ (2) 2 (3) $2-\sqrt{3}$

(4) $\pi-3$

練習**3** (1) 5 (2) 3 (3) 3 (4) 3

練習**4** (1) 5 (2) 3

練習**5** (1) 7 (2) 7 (3) $\sqrt{3}-1$

練習**6** (1) $2\sqrt{7}$ (2) $10\sqrt{10}$

(3) $\dfrac{2\sqrt{6}}{5}$

練習**7** (1) $2\sqrt{6}$ (2) $\dfrac{7\sqrt{3}}{2}$

(3) $-2-11\sqrt{2}$ (4) 4

(5) $14+4\sqrt{6}$

(6) $34\sqrt{2}-27\sqrt{3}$

練習**8** (1) $\dfrac{\sqrt{7}-\sqrt{3}}{4}$ (2) $1+\sqrt{2}$

(3) $11-2\sqrt{30}$

練習**9** (1) $x+y=2\sqrt{5}$ (2) $xy=2$

(3) 16

練習**10** (1) 実部 -1，虚部 $\sqrt{3}$

   (2) 実部 4，虚部 -1

   (3) 実部 0，虚部 5

   (4) 実部 -2，虚部 0

練習**11** (1) $a=-3$，$b=6$

   (2) $a=1$，$b=2$

練習**12** (1) $4-3i$ (2) $-3-3i$ (3) 5

   (4) $9-7i$ (5) $2i$ (6) $-2i$

練習**13** (1) $1-3i$ (2) $5+4i$

   (3) $-\sqrt{2}\,i$ (4) -3

練習**14** (1) $\dfrac{-1+2i}{5}$ (2) $-i$

   (3) $\dfrac{1-i}{2}$ (4) $-i$

練習**15** (1) -4 (2) $\dfrac{\sqrt{2}}{3}$ (3) $\dfrac{\sqrt{6}}{2}i$

   (4) $-3i$

練習**16** 略

練習**17** (1) 5 (2) $\sqrt{13}$ (3) 5 (4) 4

練習**18** (1) 25 (2) 10 (3) $\dfrac{1}{\sqrt{2}}$

   (4) $\sqrt{2}$

練習**19** 略

節末問題（P.41）

1. (1) $-\dfrac{\sqrt{2}}{12}$ (2) $21-7\sqrt{15}$

  (3) $6+2\sqrt{2}+2\sqrt{3}+2\sqrt{6}$

  (4) 2 (5) $5-2\sqrt{6}$

  (6) $-\sqrt{3}-\sqrt{5}$

2. $\sqrt{5}-1$

3. (1) 8 (2) 1 (3) 62

  (4) 488 (5) 62 (6) -10

4. (1) 2 (2) $\sqrt{5}-2$ (3) $-\sqrt{5}$

5. (1) $-2x+4$ (2) 4 (3) $2x-4$

6. (1) $x=-1$，$y=3$ (2) $x=6$，$y=2$

7. (1) $-3\sqrt{10}-i$ (2) $-2-2i$

  (3) $-i$ (4) 10 (5) $-2-2i$

  (6) 11

演習（P.42）

  (1) $\sqrt{5}+\sqrt{3}$ (2) $\sqrt{3}-1$

  (3) $\sqrt{5}+2$ (4) $\dfrac{\sqrt{10}-\sqrt{2}}{2}$

2章　2次関数とグラフ，方程式・不等式

1. 2次方程式（P.44〜50）

練習**1** (1) $x=\pm 2$ (2) $x=\pm\sqrt{5}$

   (3) $x=\pm\sqrt{2}\,i$

練習**2** (1) $x=2$，3 (2) $x=0$，2

   (3) $x=-1$，$-\dfrac{3}{2}$

   (4) $x=-\dfrac{3}{2}$，$\dfrac{1}{3}$

練習**3** (1) $x=\dfrac{-1\pm\sqrt{13}}{2}$

   (2) $x=\dfrac{5\pm\sqrt{37}}{6}$

   (3) $x=\dfrac{5}{2}$ (4) $x=-2$，$\dfrac{3}{4}$

   (5) $x=\dfrac{1\pm\sqrt{3}\,i}{2}$

   (6) $x=\dfrac{-1\pm\sqrt{5}\,i}{4}$

練習**4** (1) 異なる2つの実数解をもつ

   (2) 2つの共役な虚数解をもつ

   (3) 重解をもつ

練習**5** (1) $k=2$（このとき重解は $x=-1$），

    $k=-4$（このとき重解は $x=2$）

練習**6** (1) 和$=-2$，積$=5$

   (2) 和$=\dfrac{7}{3}$，積$=\dfrac{2}{3}$

   (3) 和$=-\dfrac{1}{2}$，積$=-\dfrac{2}{3}$

   (4) 和$=0$，積$=\dfrac{5}{2}$

   (5) 和$=\dfrac{2}{5}$，積$=0$

   (6) 和$=-\dfrac{3}{2}$，積$=-\dfrac{1}{4}$

練習**7** (1) 2 (2) $-\dfrac{2}{3}$ (3) $-\dfrac{10}{27}$

練習**8** $k=54$，$x=6$，9

練習**9** (1) $(x+2-\sqrt{6})(x+2+\sqrt{6})$

   (2) $\left(x-\dfrac{1+\sqrt{3}\,i}{2}\right)$

      $\times\left(x-\dfrac{1-\sqrt{3}\,i}{2}\right)$

   (3) $4\left(x-\dfrac{i}{2}\right)\left(x+\dfrac{i}{2}\right)$

$(4)\ 5\Big(x+\dfrac{1-2i}{5}\Big)\Big(x+\dfrac{1+2i}{5}\Big)$

1. (1) $x=1,\ 7$　(2) $x=-2,\ 6$

(3) $x=-4,\ \dfrac{3}{2}$　(4) $x=-\dfrac{5}{6},\ \dfrac{3}{4}$

(5) $x=-\sqrt{2}\,,\ -2\sqrt{2}$

(6) $x=-2\pm\sqrt{3}$

2. $k=-2$, 重解は $x=2$

3. (1) 30 (2) 24 (3) -44

4. (1) $6x^2+10x+7=0$

(2) $3x^2-4x+24=0$

5. (1) $x=1\pm\sqrt{3}\,i$

(2) $(x^2-2x+4)(x-2)-2x+5$

(3) (i) 0 (ii) $3-2\sqrt{3}\,i$

6. $2<k<6$

2. 2次関数とグラフ（P.52〜63）

練習**1** (1) $f(3)=4,\ f(-1)=-8,$
$f(a+1)=3a-2$

(2) $f(3)=21,\ f(-1)=1,$
$f(a+1)=2a^2+5a+3$

練習**2** 略

練習**3** グラフは略。
頂点は(1) $(0,\ 2)$
(2) $(0,\ -6)$ (3) $(0,\ 3)$

練習**4** グラフは略。(1) 軸 $x=2$, 頂点
$(2,\ 0)$
(2) 軸 $x=1$, 頂点 $(1,\ 0)$
(3) 軸 $x=-3$, 頂点 $(-3,\ 0)$

練習**5** グラフは略。
(1) 軸 $x=2$, 頂点 $(2,\ -3)$
(2) 軸 $x=-1$, 頂点 $(-1,\ 5)$

練習**6** $y=3(x+4)^2+5$

練習**7** グラフは略。
(1) 軸 $x=-1$, 頂点 $(-1,\ 1)$
(2) 軸 $x=3$, 頂点 $(3,\ 9)$
(3) 軸 $x=1$, 頂点 $(1,\ -5)$
(4) 軸 $x=-2$, 頂点 $(-2,\ 3)$

練習**8** (1) x 軸方向に -2, y 軸方向に 8
(2) x 軸方向に -3, y 軸方向に 5

練習**9** (1) $y=-x^2+2x+4$

(2) $y=\dfrac{1}{2}x^2-2x-1$

練習**10** (1) $y=x^2+4x-2$
(2) $y=-2x^2+7x+1$

(3) $y=\dfrac{1}{2}x^2-x+2$

練習**11** (1) 最大値なし, 最小値 -2
(2) 最大値 4, 最小値なし

(3) 最大値なし, 最小値 $\dfrac{2}{3}$

(4) 最大値 $\dfrac{11}{2}$, 最小値なし

練習**12** 最大値 2, 最小値 -2
練習**13** (1) 最大値 1, 最小値 -3
(2) 最大値 5, 最小値 -3

1. (1) $y=2x^2+12x+13$
(2) $y=-2x^2+12x-13$
(3) $y=-2x^2-12x-13$

2. (1) 最大値 7, 最小値 $-\dfrac{1}{2}$

(2) 最大値 $\dfrac{1}{8}$, 最小値 -1

3. (1) $y=-3x^2+12x-3$

(2) $y=\dfrac{1}{2}x^2-3x+3$

(3) $y=4x^2+4x+1$

(4) $y=2x^2-3x+4$

(5) $y=3x^2-x-1$

4. $a=1,\ b=2$

5. $x=\dfrac{3}{2},\ y=-\dfrac{1}{2}$ のとき最小値 $\dfrac{3}{4}$

6. (1) $S=-2x^2+10x$

(2) $x=\dfrac{5}{2}$ のとき最大値 $\dfrac{25}{2}$

3. 2次関数のグラフと2次方程式・2次不等式（P.65〜78）

練習**1** (1) $x=3\pm\sqrt{5}$　(2) $x=-\dfrac{1}{2}$

(3) $x=\dfrac{-1\pm\sqrt{13}}{2}$

(4) $x=-\dfrac{1}{2},\ \dfrac{2}{3}$

練習**2** (1) 2個 (2) 1個 (3) 0個
練習**3** $k<9$ のとき2個, $k=9$ のとき1個, $k>9$ のとき0個
練習**4** (1) $x>4$ (2) $x\leqq3$

(3) $x>-1$ (4) $x \geqq -3$

(5) $x>-2$ (6) $x \geqq -3$

練習**5** (1) $x<-2,\ x>7$ (2) $0<x<2$

(3) $x \leqq -\sqrt{5},\ \sqrt{5} \leqq x$

(4) $\dfrac{3-\sqrt{7}}{2}<x<\dfrac{3+\sqrt{7}}{2}$

(5) $x \leqq 1-\dfrac{\sqrt{10}}{2},\ 1+\dfrac{\sqrt{10}}{2} \leqq x$

練習**6** (1) 5 以外のすべての実数

(2) すべての実数

(3) 解はない (4) $x=\dfrac{2}{3}$

練習**7** (1) すべての実数 (2) 解はない

(3) 解はない (4) すべての実数

練習**8** (1) $-1 \leqq x \leqq 2$ (2) $x>3$

(3) 解はない

練習**9** (1) $-3<x<2$ (2) $1 \leqq x<4$

練習**10** (1) $4 \leqq x<6$

(2) $-1<x<0,\ 3<x<5$

練習**11** $1 \leqq k \leqq 2\sqrt{2}$

練習**12** (1) $x=5,\ 3$ (2) $x=2,\ -8$

(3) $x=-5,\ 7$

練習**13** (1) $-3<x<1$

(2) $x<-1,\ 7<x$

(3) $-1 \leqq x \leqq 2$

練習**14** (1) $x=1$ (2) $3 \leqq x \leqq 7$

節末問題（P.79）

1. (1) $-6 \leqq 3a \leqq 9$ (2) $\dfrac{1}{4} \leqq \dfrac{1}{b} \leqq 1$

(3) $-1 \leqq a+b \leqq 7$

(4) $-16 \leqq 2a-3b \leqq 3$

2. (1) $x<-\dfrac{1}{4},\ \dfrac{3}{2}<x$

(2) $1-\sqrt{5} \leqq x \leqq 1+\sqrt{5}$

(3) 解はない

(4) $\dfrac{1}{2}$ 以外のすべての実数

3. $k<0,\ 4<k$ のとき 2 個，$k=0,\ 4$ のとき 1 個，$0<k<4$ のとき 0 個

4. $k<-3,\ 3<k$

5. $b=-1,\ c=-12$

6. $-5 \leqq k \leqq -1$

7. (1) $\begin{cases} a<1 \text{ のとき，} a<x<1 \\ a=1 \text{ のとき，解はない。} \\ a>1 \text{ のとき，} 1<x<a \end{cases}$

(2) $-2 \leqq a<-1,\ 3<a \leqq 4$

8. 300 g 以上 400 g 以下

演習（P.80）

略。

3章　高次方程式・式と証明

1. 高次方程式（P.82～89）

練習**1** ①，④

練習**2** (1) $a=2,\ b=3$

(2) $a=2,\ b=-5,\ c=-1$

(3) $a=2,\ b=8,\ c=14$

(4) $a=2,\ b=2,\ c=-3$

練習**3** $a=2,\ b=-1,\ c=-2$ または $a=-1,\ b=2,\ c=1$

練習**4** (1) $a=1,\ b=-1$

(2) $a=2,\ b=-1$

練習**5** (1) -6 (2) -18 (3) 0

練習**6** (1) 2 (2) $\dfrac{5}{27}$

練習**7** $a=-7$

練習**8** $-4x+3$

練習**9** $x+1,\ x-3$

練習**10** (1) $(x-1)(x-2)(x+3)$

(2) $(x+1)(x-2)^2$

(3) $(x+2)^2(x-3)$

(4) $(x-2)(2x-1)(x+3)$

練習**11** (1) $x=-1,\ \dfrac{1 \pm \sqrt{3}\,i}{2}$

(2) $x=3,\ \dfrac{-3 \pm 3\sqrt{3}\,i}{2}$

(3) $x=\dfrac{1}{2},\ \dfrac{-1 \pm \sqrt{3}\,i}{4}$

練習**12** (1) $x=\pm 1,\ \pm i$

(2) $x=\pm 2i,\ \pm\sqrt{2}$

(3) $x=-3,\ \pm 2,\ 1$

(4) $x=\dfrac{1 \pm \sqrt{7}\,i}{2},\ \dfrac{-1 \pm \sqrt{7}\,i}{2}$

練習**13** (1) $x=-2,\ -1 \pm \sqrt{5}$

(2) $x=-1,\ 4$

(3) $x=3$, $\dfrac{1\pm\sqrt{3}\,i}{2}$

(4) $x=1$, -2, $1\pm\sqrt{2}$

練習**14** (1) $x=\dfrac{1}{3}$, $\dfrac{1\pm\sqrt{5}}{2}$

(2) $x=-\dfrac{1}{2}$, $1\pm\sqrt{2}\,i$

1. (1) $a=-4$, $b=1$, $c=-3$

(2) $a=\dfrac{1}{3}$, $b=-\dfrac{1}{3}$, $c=\dfrac{2}{3}$

2. (1) $\dfrac{1}{4}\left(\dfrac{1}{x-3}-\dfrac{1}{x+1}\right)$

(2) $\dfrac{2}{x+1}+\dfrac{1}{x-1}$

3. $-x+4$

4. (1) $a=-2$, $b=3$, 商は $x-3$

(2) $a=-1$, $b=2$, 商は $x+1$

5. (1) $x=\pm\dfrac{1}{\sqrt{2}}i$, $\pm\sqrt{3}\,i$

(2) $x=1$, -3, $-1\pm i$

(3) $x=-2$, $\dfrac{3\pm\sqrt{3}\,i}{3}$

(4) $x=3$, $-3\pm\sqrt{11}\,i$

6. $a=-3$, $b=5$, 残りの解は $x=-1$, $2-i$

7. (1) 0

(2) $a<-3$, $-3<a<-2\sqrt{2}$, $2\sqrt{2}<a$ のとき 3 個
$a=-3$, $-2\sqrt{2}$, $2\sqrt{2}$ のとき 2 個
$-2\sqrt{2}<a<2\sqrt{2}$ のとき 1 個

2. 式と証明（P.91〜95）

練習**1**〜練習**4** 略

練習**5** 証明略，等号成立条件は

(1) $a=b=0$, (2) $\dfrac{b}{a}=\dfrac{y}{x}$

練習**6** 証明略，等号成立条件は(1) $x=1$,

(2) $x=y$

練習**7** 証明略，等号成立条件は $a=b$

1〜**3.**略

4. 証明略，等号成立条件は (1) $2a=b$

(2) $a=1$ かつ $b=-1$

5. 略

6. 証明略，等号成立条件は(1) $a=b$

(2) $ab=2$ (3) $a=b=c$

7. 証明略，等号成立条件は(1) $ab=0$

(2) $a=b$

8. 略

4章 関数とグラフ

1. 関数とグラフ（P.98〜111）

練習**1** (1) 奇関数 (2) 偶関数

(3) どちらでもない

(4) どちらでもない (5) 奇関数

(6) 偶関数

練習**2** グラフ略。(1) x 軸方向に -1, y 軸方向に 2 だけ平行移動したもの

(2) x 軸方向に1, y 軸方向に -3 だけ平行移動したもの

練習**3** グラフ略。漸近線は

(1) $x=2$, $y=0$

(2) $x=0$, $y=1$

(3) $x=-1$, $y=-2$

(4) $x=-3$, $y=-1$

練習**4** グラフ略。漸近線は

(1) $x=4$, $y=1$

(2) $x=1$, $y=-2$

(3) $x=\dfrac{1}{2}$, $y=\dfrac{3}{2}$

練習**5** 略

練習**6** グラフ略。

(1) 定義域 $x\geqq-1$, 値域 $y\geqq0$

(2) 定義域 $x\leqq\dfrac{1}{2}$, 値域 $y\geqq0$

(3) 定義域 $x\geqq3$, 値域 $y\geqq-1$

(4) 定義域 $x\geqq-3$, 値域 $y\leqq2$

練習**7** $x=-1$, 3, $x<-1$, $1<x<3$

練習**8** $x=\sqrt{7}$, $-4<x<\sqrt{7}$

練習**9** (1) $y=\dfrac{1}{3}x-\dfrac{1}{3}$,
定義域 $x\geqq1$, 値域 $y\geqq0$

(2) $y=-\dfrac{1}{2}x+1$, 定義域
$0\leqq x\leqq4$, 値域 $-1\leqq y\leqq1$

(3) $y=x^2-2$, 定義域 $1\leqq x\leqq2$,

値域 $-1 \leqq y \leqq 2$

   (4) $y = \dfrac{1}{x} - 1$,

     定義域 $x < 0$, $x > 0$,

     値域 $y < -1$, $y > -1$

練習⑩ (1) $y = -\sqrt{-x-2}$,

     定義域 $x \leqq -2$, 値域 $y \leqq 0$

   (2) $y = -\sqrt{2x-4}$,

     定義域 $x \geqq 2$, 値域 $y \leqq 0$

練習⑪ (1) $(g \circ f)(x) = 2x^2 - 5$

   (2) $(f \circ g)(x) = 4x^2 + 4x - 2$

   (3) $(f \circ f)(x) = x^4 - 6x^2 + 6$

節末問題（P.112）

1. 略

2. (1) $x = -1$, 2 (2) $x = 5$

   (3) $-1 < x < 1$, $x > 2$

   (4) $-\dfrac{1}{3} \leqq x < 5$

3. (1) x 軸方向に 2, y 軸方向に -3 平行移動する

   (2) x 軸方向に -5, y 軸方向に 2 平行移動する

4. $a = -3$, $b = 5$

5. (1) $y = -3x + 6$ $(x \leqq 2)$

   (2) $y = \sqrt{1-x}$ $(x \leqq 1)$

   (3) $y = \dfrac{1}{2}x^2 + \dfrac{1}{2}$ $(x \geqq 0)$

   (4) $y = \dfrac{2x-1}{x-2}$

6. $a = 1$

5章　指数関数・対数関数

1. 指数関数（P.114〜123）

練習1 (1) $\dfrac{1}{5}$ (2) $\dfrac{1}{32}$ (3) 1

   (4) $-\dfrac{1}{125}$

練習2 (1) a^2 (2) a^{-6} (3) $a^{-4}b^2$

   (4) a^8 (5) a^3 (6) a^2b^{-1}

練習3 (1) 2 (2) -5 (3) -3

練習4 略

練習5 (1) 2 (2) 3 (3) 2 (4) 81

   (5) $\sqrt{5}$

練習6 (1) 3 (2) 9 (3) $\dfrac{1}{5}$ (4) $\dfrac{1}{64}$

練習7 (1) $a^{\frac{2}{5}}$ (2) $a^{-\frac{3}{2}}$

   (3) $a^{-\frac{5}{7}}$ (4) $a^{-\frac{5}{3}}$

練習8 略

練習9 (1) $2^{\frac{1}{2}}$ (2) $\dfrac{1}{9}$ (3) 5 (4) 1

   (5) $\dfrac{1}{\sqrt[4]{ab}}$

練習10 略

練習11 (1) $\sqrt{3} < \sqrt[4]{3^3} < \sqrt[3]{3^4}$

   (2) $\sqrt{\dfrac{1}{2}} > \sqrt[3]{\dfrac{1}{4}} > \sqrt[4]{\dfrac{1}{8}}$

練習12 (1) $x = \dfrac{4}{3}$ (2) $x = -\dfrac{1}{4}$

   (3) $x = 8$ (4) $x > -\dfrac{3}{2}$

   (5) $x \leqq -\dfrac{5}{2}$ (6) $x \leqq \dfrac{2}{3}$

練習13 (1) $x = 0$, 3 (2) $x = 2$

   (3) $0 \leqq x \leqq 1$ (4) $x > -1$

節末問題（P124）

1. (1) a^2 (2) $a^{\frac{1}{12}}$ (3) $a^{\frac{1}{9}}$ (4) $a^{\frac{1}{2}}$

2. (1) 4 (2) $2\sqrt[4]{3}$ (3) $\dfrac{5}{4}$ (4) 3

3. (1) $4^{-\frac{2}{3}} < 1 < 8^{\frac{1}{2}} < 16^{\frac{3}{4}} < (2\sqrt{2})^3$

   (2) $\sqrt[5]{5} < \sqrt{2} < \sqrt[3]{3}$

4. (1) $x = \dfrac{5}{2}$ (2) $x = -\dfrac{4}{3}$

   (3) $x = -1$

5. (1) $x < \dfrac{1}{2}$ (2) $0 < x < 3$ (3) $x > 5$

6. (1) $x = \pm 1$ (2) $x \leqq -2$

7. (1) 7 (2) 18

2. 対数関数（P.125〜137）

練習1 (1) $2 = \log_3 9$ (2) $5 = \log_2 32$

   (3) $-\dfrac{2}{3} = \log_8 \dfrac{1}{4}$

   (4) $0 = \log_5 1$

練習2 (1) $10^2 = 100$ (2) $\left(\dfrac{1}{2}\right)^{-3} = 8$

   (3) $3^{-4} = \dfrac{1}{81}$

練習**3** (1) 3 (2) −2 (3) $\dfrac{1}{2}$

練習**4** (1) $\dfrac{1}{3}$ (2) $\dfrac{3}{4}$ (3) $-\dfrac{3}{2}$

練習**5** (1) $p=\dfrac{3}{2}$ (2) $M=\dfrac{1}{25}$

(3) $a=3$

練習**6** 略

練習**7** (1) 2 (2) −1

練習**8** (1) 1 (2) 2 (3) 0 (4) −2

練習**9** (1) $2p+q$ (2) $3q-3p$

(3) $\dfrac{1}{2}(q+1-p)$

練習**10** (1) $\dfrac{5}{4}$ (2) $\dfrac{3}{2}$ (3) 3

練習**11** 略

練習**12** 略

練習**13** (1) $\log_3\sqrt{7}<3\log_3\sqrt{2}<1$

(2) $\dfrac{5}{2}\log_{\frac{1}{2}}4<3\log_{\frac{1}{2}}3<2\log_{\frac{1}{2}}5$

練習**14** (1) $x=3$ (2) $x=5$

(3) $x=\dfrac{7}{3}$

練習**15** (1) $x=1$ (2) $x=4$

練習**16** (1) $x>8$ (2) $x>\dfrac{1}{16}$

(3) $x<\dfrac{1}{9}$

練習**17** (1) $x>3$ (2) $3<x<4$

(3) $-1<x\leqq5$ (4) $1<x<3$

練習**18** (1) 1.7709 (2) −0.9101

練習**19** (1) 1.7323 (2) −0.2219

(3) 1.3980 (4) ≒1.2618

練習**20** 10 桁

練習**21** 小数第 20 位

練習**22** 11 回後

1. (1) −1 (2) −2 (3) 1 (4) 6

2. (1) ab (2) $\dfrac{1+ab}{a}$ (3) $\dfrac{2+2a}{1+ab}$

3. (1) 9 (2) 2 (3) x^2

4. $\dfrac{2}{3}$

5. $f^{-1}(x)=\log_2(x-1)$, 以下略

6. (1) $x=\pm5$ (2) $x=-2$

(3) $2<x\leqq5$ (4) $2<x\leqq4$

7. 1073 桁

8. 17 枚以上

6章 三角関数

1. 三角比 (P.140〜155)

練習**1** (1) $\sin A=\dfrac{3}{5}$, $\cos A=\dfrac{4}{5}$,

$\tan A=\dfrac{3}{4}$

(2) $\sin A=\dfrac{\sqrt{10}}{10}$, $\cos A=\dfrac{3\sqrt{10}}{10}$,

$\tan A=\dfrac{1}{3}$

(3) $\sin A=\dfrac{15}{17}$, $\cos A=\dfrac{8}{17}$,

$\tan A=\dfrac{15}{8}$

練習**2** 11.7 m

練習**3** 鉛直方向 20.8 m, 水平方向 97.8 m

練習**4** (1) $\cos10°$ (2) $\sin25°$

(3) $\dfrac{1}{\tan15°}$

練習**5** (1) 0 (2) 2 (3) 0

練習**6** (1) $\sin135°=\dfrac{1}{\sqrt{2}}$,

$\cos135°=-\dfrac{1}{\sqrt{2}}$,

$\tan135°=-1$

(2) $\sin150°=\dfrac{1}{2}$,

$\cos150°=-\dfrac{\sqrt{3}}{2}$,

$\tan150°=-\dfrac{1}{\sqrt{3}}$

練習**7** (1) $\sin72°$ (2) $-\cos18°$

(3) $-\tan50°$

練習**8** 略

練習**9** 略

練習**10** 略

練習**11** (1) $\sin\theta=\dfrac{1}{\sqrt{5}}$, $\tan\theta=-\dfrac{1}{2}$

(2) $0°\leqq\theta\leqq90°$ のとき

$\cos\theta=\dfrac{\sqrt{5}}{3}$, $\tan\theta=\dfrac{2\sqrt{5}}{5}$

$90° \leqq \theta \leqq 180°$ のとき

$$\cos\theta = -\frac{\sqrt{5}}{3},$$

$$\tan\theta = -\frac{2\sqrt{5}}{5}$$

練習**12** $\cos\theta = -\dfrac{4}{5}$, $\sin\theta = \dfrac{3}{5}$

練習**13** (1) $a = \dfrac{8\sqrt{6}}{3}$, $R = \dfrac{8\sqrt{3}}{3}$

(2) $c = 4\sqrt{2}$, $R = 4$

(3) $a = 3\sqrt{3}$, $b = c = 3$

練習**14** (1) $45°$ (2) $50\sqrt{6}$

(3) $150\sqrt{2}$

練習**15** (1) $\sqrt{13}$ (2) $\sqrt{31}$

練習**16** (1) $120°$ (2) $45°$

練習**17** 略

練習**18** (1) 3 (2) 6

練習**19** $2\sqrt{7}$ または $2\sqrt{19}$

練習**20** (1) $\dfrac{5}{7}$ (2) $6\sqrt{6}$

節末問題 (P.155)

1. (1) $BD = 2$ (2) $\tan 15° = 2 - \sqrt{3}$

2. $7.0\,\mathrm{m}$

3. (1) $\dfrac{7}{8}$ (2) $\dfrac{\sqrt{10}}{2}$

4. (1) $6\sqrt{3}$ (2) $AD = \dfrac{24\sqrt{3}}{11}$

5. (1) $\cos\theta = \dfrac{1}{5}$, $\sin\theta = \dfrac{2\sqrt{6}}{5}$

(2) 15 (3) $30\sqrt{6}$

6. (1) 7 (2) $\dfrac{7\sqrt{6}}{3}$

7. (1) $\dfrac{1}{3}$ (2) $\dfrac{2\sqrt{6}}{3}$

演習 (P.157)

略

2. 三角関数 (P.158〜174)

練習**1** 略

練習**2** (1) $45° + 360° \times 1$

(2) $120° + 360° \times 2$

(3) $90° + 360° \times (-1)$

(4) $330° + 360° \times 2$

練習**3** (1) $\dfrac{2}{3}\pi$ (2) $\dfrac{3}{4}\pi$ (3) $\dfrac{7}{6}\pi$

(4) $-\dfrac{5}{3}\pi\left(=\dfrac{\pi}{3}\right)$

練習**4** (1) $135°$ (2) $-240°$

(3) $72°$ (4) $660°$

練習**5** (1) $l = \pi$, $S = 2\pi$

(2) $l = 5\pi$, $S = 15\pi$

練習**6** $\dfrac{3}{2}\pi - \dfrac{9\sqrt{3}}{4}$

練習**7** (1) $\sin\dfrac{\pi}{3} = \dfrac{\sqrt{3}}{2}$, $\cos\dfrac{\pi}{3} = \dfrac{1}{2}$,

$$\tan\dfrac{\pi}{3} = \sqrt{3}$$

(2) $\sin\left(-\dfrac{5}{4}\pi\right) = \dfrac{1}{\sqrt{2}}$,

$$\cos\left(-\dfrac{5}{4}\pi\right) = -\dfrac{1}{\sqrt{2}},$$

$$\tan\left(-\dfrac{5}{4}\pi\right) = -1$$

(3) $\sin\left(\dfrac{19}{6}\pi\right) = -\dfrac{1}{2}$,

$$\cos\left(\dfrac{19}{6}\pi\right) = -\dfrac{\sqrt{3}}{2},$$

$$\tan\left(\dfrac{19}{6}\pi\right) = \dfrac{1}{\sqrt{3}}$$

(4) $\sin\left(-\dfrac{\pi}{6}\right) = -\dfrac{1}{2}$,

$$\cos\left(-\dfrac{\pi}{6}\right) = \dfrac{\sqrt{3}}{2},$$

$$\tan\left(-\dfrac{\pi}{6}\right) = -\dfrac{1}{\sqrt{3}}$$

練習**8** (1) 第3象限 (2) 第4象限

練習**9** (1) $\sin\theta = -\dfrac{\sqrt{7}}{4}$,

$$\tan\theta = -\dfrac{\sqrt{7}}{3}$$

(2) $\cos\theta = -\dfrac{\sqrt{10}}{10}$,

$$\sin\theta = -\dfrac{3\sqrt{10}}{10}$$

練習**10** $\pi < \theta < \dfrac{3}{2}\pi$ のとき $\cos\theta = -\dfrac{\sqrt{3}}{3}$

$\tan\theta = \sqrt{2}$

$\dfrac{3}{2}\pi < \theta < 2\pi$ のとき $\cos\theta = \dfrac{\sqrt{3}}{3}$

$\tan\theta = -\sqrt{2}$

練習⑪ (1) $\dfrac{1}{2}$ (2) $-\dfrac{1}{2}$ (3) 1

練習⑫ (1) $-\dfrac{1}{\sqrt{2}}$ (2) $-\dfrac{1}{2}$

　　　(3) $\dfrac{1}{\sqrt{3}}$

練習⑬ (1) $-a$ (2) a (3) a

練習⑭ グラフ略。
　　　(1) 周期 2π，値域 $-2\leqq y\leqq 2$
　　　(2) 周期 2π，値域 $-\dfrac{1}{2}\leqq y\leqq\dfrac{1}{2}$
　　　(3) 周期 π，値域はすべての実数

練習⑮ 略

練習⑯ $y=\sin\dfrac{2}{3}\theta$ の周期は 3π，$\tan\dfrac{2}{3}\theta$
　　　の周期は $\dfrac{3}{2}\pi$

練習⑰ グラフ略，周期は(1) π，
　　　(2) 4π，(3) π

練習⑱ (1) $\dfrac{\pi}{4}$，$\dfrac{3}{4}\pi$
　　　　　$\left(\dfrac{\pi}{4}+2n\pi,\ \dfrac{3}{4}\pi+2n\pi\right)$
　　　(2) $\dfrac{5}{6}\pi$，$\dfrac{7}{6}\pi$
　　　　　$\left(\dfrac{5}{6}\pi+2n\pi,\ \dfrac{7}{6}\pi+2n\pi\right)$
　　　(3) $\dfrac{\pi}{6}$，$\dfrac{7}{6}\pi$ $\left(\dfrac{\pi}{6}+n\pi\right)$

練習⑲ (1) $\dfrac{\pi}{3}<\theta<\dfrac{2}{3}\pi$
　　　(2) $\dfrac{\pi}{3}\leqq\theta\leqq\dfrac{5}{3}\pi$
　　　(3) $\dfrac{\pi}{4}<\theta<\dfrac{\pi}{2}$，$\dfrac{5}{4}\pi<\theta<\dfrac{3}{2}\pi$
　　　(4) $0\leqq\theta\leqq\dfrac{7}{6}\pi$，$\dfrac{11}{6}\pi\leqq\theta<2\pi$
　　　(5) $\dfrac{\pi}{3}<\theta<\dfrac{5}{6}\pi$，$\dfrac{7}{6}\pi<\theta<\dfrac{5}{3}\pi$

練習⑳ (1) $\dfrac{\pi}{2}$ (2) $-\dfrac{\pi}{6}$ (3) $\dfrac{\pi}{2}$
　　　(4) $\dfrac{\pi}{4}$ (5) $-\dfrac{\pi}{3}$ (6) $-\dfrac{\pi}{4}$

節末問題（P.175）

1. (1) -1 (2) $\dfrac{\sqrt{3}}{2}$ (3) $\sqrt{3}$

(4) $\dfrac{\sqrt{3}}{2}$ (5) -1 (6) 0

2. πlr

3. $\sin\theta=-\dfrac{2\sqrt{2}}{3}$，$\tan\theta=2\sqrt{2}$

4. (1) $-\dfrac{1}{8}$ (2) $\dfrac{9\sqrt{3}}{16}$ (3) $\pm\dfrac{\sqrt{5}}{2}$

(4) $\pm\dfrac{7\sqrt{5}}{16}$

5. -1

6. グラフ略，
　　(1) 周期 2π，値域 $-1\leqq y\leqq 1$
　　(2) 周期 4π，値域 $-1\leqq y\leqq 3$
　　(3) 周期 π，値域はすべての実数

7. (1) $\theta=\dfrac{\pi}{3}$，$\dfrac{5}{3}\pi$ (2) $\theta=\dfrac{4}{3}\pi$，$\dfrac{5}{3}\pi$
　　(3) $\theta=\dfrac{5}{6}\pi$，$\dfrac{11}{6}\pi$
　　(4) $0\leqq\theta\leqq\dfrac{\pi}{6}$，$\dfrac{5}{6}\pi\leqq\theta<2\pi$
　　(5) $0\leqq\theta<\dfrac{\pi}{4}$，$\dfrac{7}{4}\pi<\theta<2\pi$
　　(6) $\dfrac{\pi}{3}\leqq\theta<\dfrac{\pi}{2}$，$\dfrac{4}{3}\pi\leqq\theta<\dfrac{3}{2}\pi$

8. (1) $-\dfrac{\pi}{3}$ (2) 0 (3) $\dfrac{\pi}{3}$

3. 三角関数の加法定理（P.176〜183）

練習① $\sin15°=\dfrac{\sqrt{6}-\sqrt{2}}{4}$，
　　　$\cos75°=\dfrac{\sqrt{6}-\sqrt{2}}{4}$，
　　　$\tan105°=-2-\sqrt{3}$

練習② (1) $-\dfrac{19}{21}$ (2) $-\dfrac{8\sqrt{5}}{21}$

練習③ (1) $\dfrac{2\sqrt{2}}{3}$ (2) $-\dfrac{1}{3}$
　　　(3) $-2\sqrt{2}$

練習④ (1) $\dfrac{\sqrt{2+\sqrt{2}}}{2}$ (2) $-\dfrac{\sqrt{2-\sqrt{2}}}{2}$
　　　(3) $1-\sqrt{2}$

練習⑤ $\sin\dfrac{\alpha}{2}=\dfrac{\sqrt{6}}{6}$，$\cos\dfrac{\alpha}{2}=-\dfrac{\sqrt{30}}{6}$，
　　　$\tan\dfrac{\alpha}{2}=-\dfrac{\sqrt{5}}{5}$

練習⑥ 略

練習**7** (1) $2\sin\left(\theta+\dfrac{\pi}{3}\right)$

(2) $\sqrt{2}\,\sin\left(\theta-\dfrac{\pi}{4}\right)$

練習**8** (1) $\dfrac{1}{2}(\sin6\theta-\sin4\theta)$

(2) $\dfrac{1}{2}(\cos6\theta+\cos2\theta)$

練習**9** (1) $2\cos4\theta\sin2\theta$
(2) $2\cos4\theta\cos3\theta$

練習**10** (1) $\dfrac{1}{4}$ (2) 0

練習**11** (1) $\dfrac{-2+\sqrt{3}}{4}\leqq y\leqq\dfrac{2+\sqrt{3}}{4}$

(2) $-1\leqq y\leqq\dfrac{\sqrt{2}}{2}$

節末問題（P.184）

1. $\dfrac{\pi}{4}$

2. (1) $-\dfrac{4\sqrt{2}}{9}$ (2) $\dfrac{7}{9}$ (3) $\dfrac{3+2\sqrt{2}}{6}$

(4) $17+12\sqrt{2}$

3, 4. 略

5. (1) $r=\sqrt{13}$, $\cos\alpha=\dfrac{2}{\sqrt{13}}$,

$\sin\alpha=\dfrac{3}{\sqrt{13}}$

(2) 最大値 $\sqrt{13}$, 最小値 -3

6. (1) $\theta=0,\ \dfrac{\pi}{6},\ \pi,\ \dfrac{11}{6}\pi$

(2) $\theta=\dfrac{\pi}{3},\ \dfrac{5}{3}\pi$

(3) $0\leqq\theta<\dfrac{\pi}{6},\ \dfrac{5}{6}\pi<\theta<\dfrac{3}{2}\pi,$

$\dfrac{3}{2}\pi<\theta<2\pi$

(4) $\dfrac{\pi}{12}<\theta<\dfrac{19}{12}\pi$

7. (1) $y=t^2+2t+2$
(2) $-\sqrt{2}\leqq t\leqq\sqrt{2}$
(3) 最小値 $1\ \left(\theta=\pi,\ \dfrac{3\pi}{2}\text{のとき}\right)$,

最大値 $4+2\sqrt{2}\ \left(\theta=\dfrac{\pi}{4}\text{のとき}\right)$

7章 図形と方程式
1. 座標平面上の点と直線（P.186〜196）
練習**1**, **2** 略

練習**3** (1) -1 (2) $-\dfrac{1}{2}$ (3) -9

練習**4** (1) $(2,\ 3)$ (2) $\left(1,\ \dfrac{10}{3}\right)$

(3) $(-7,\ 6)$ (4) $(8,\ 1)$

練習**5** $(2,\ 3)$

練習**6** (1) 5 (2) $3\sqrt{5}$ (3) 13
(4) 6

練習**7** $(0,\ 3)$

練習**8**, **9** 略

練習**10** (1) $y=3x+5$
(2) $y=-2x+11$ (3) $x=3$
(4) $y=-2$

練習**11** (1) $y=x-2$ (2) $y=-3x+5$
(3) $x=5$ (4) $y=7$

練習**12** 略

練習**13** 平行なのは①と⑤,
垂直なのは②と④

練習**14** 平行な直線は $y=3x+13$,

垂直な直線は $y=-\dfrac{1}{3}x+3$

練習**15** $y=-3x+9$

節末問題（P.197）

1. 略
2. $(2,\ 4)$
3. (1) $x=-3,\ y=-2$
(2) $x=-1,\ y=-7$
4. (1) $\mathrm{M}(2,\ -1)$ (2) $\mathrm{D}(6,\ -3)$
5. $(3,\ -3)$
6. $a=3$
7. 平行な直線 $y=-\dfrac{3}{2}x+2$,

垂直な直線 $y=\dfrac{2}{3}x-\dfrac{7}{3}$

8. $\mathrm{Q}(9,\ 1)$

2. 2次曲線（P.198〜210）
練習**1** (1) $(x-2)^2+(y-1)^2=9$
(2) $(x-3)^2+(y+1)^2=8$
(3) $(x-1)^2+(y+1)^2=17$

練習**2** (1) 点 $(1,\ -3)$ を中心とし，半径が 3 の円
(2) 点 $(-2,\ 4)$ を中心とし，半径が $\sqrt{10}$ の円

練習**3** $x^2+y^2+4x-21=0$，外心は $(-2,\ 0)$

練習**4** 中心 $(7,\ 0)$ で半径 3 の円

練習**5** (1) $3x+4y=25$
(2) $-x+2y=5$ (3) $y=3$
(4) $x=-4$

練習**6** (1) $y^2=x$
(2) $y^2=-8x$

練習**7** グラフ略。
(1) 焦点は $(3,\ 0)$，準線は $x=-3$
(2) 焦点は $\left(-\dfrac{1}{4},\ 0\right)$，準線は $x=\dfrac{1}{4}$

練習**8** (1) $x^2=4y$
(2) $x^2=-y$

練習**9** グラフ略。
(1) 焦点は $\left(0,\ \dfrac{1}{2}\right)$，準線は $y=-\dfrac{1}{2}$
(2) 焦点は $\left(0,\ -\dfrac{1}{8}\right)$，準線は $y=\dfrac{1}{8}$

練習**10** (1) $\dfrac{x^2}{36}+\dfrac{y^2}{9}=1$
(2) $\dfrac{x^2}{4}+\dfrac{y^2}{3}=1$

練習**11** グラフ略。
(1) 焦点 $(4,\ 0)$，$(-4,\ 0)$，頂点 $(5,\ 0)$，$(-5,\ 0)$，$(0,\ 3)$，$(0,\ -3)$，長軸の長さ 10，短軸の長さ 6
(2) 焦点 $(2\sqrt{3},\ 0)$，$(-2\sqrt{3},\ 0)$，頂点 $(4,\ 0)$，$(-4,\ 0)$，$(0,\ 2)$，$(0,\ -2)$，長軸の長さ 8，短軸の長さ 4
(3) 焦点 $(\sqrt{3},\ 0)$，$(-\sqrt{3},\ 0)$，頂点 $(2,\ 0)$，$(-2,\ 0)$，$(0,\ 1)$，$(0,\ -1)$，長軸の長さ 4，短軸の長さ 2

練習**12** グラフ略。
(1) 焦点 $(0,\ 3)$，$(0,\ -3)$，頂点 $(4,\ 0)$，$(-4,\ 0)$，$(0,\ 5)$，$(0,\ -5)$，長軸の長さ 10，短軸の長さ 8
(2) 焦点 $(0,\ \sqrt{5})$，$(0,\ -\sqrt{5})$，頂点 $(2,\ 0)$，$(-2,\ 0)$，$(0,\ 3)$，$(0,\ -3)$，長軸の長さ 6，短軸の長さ 4

練習**13** $\dfrac{x^2}{4}-\dfrac{y^2}{32}=1$，漸近線 $y=2\sqrt{2}\,x$，$y=-2\sqrt{2}\,x$

練習**14** グラフ略。
(1) 焦点 $(4,\ 0)$，$(-4,\ 0)$，頂点 $(3,\ 0)$，$(-3,\ 0)$，漸近線 $y=\dfrac{\sqrt{7}}{3}x$，$y=-\dfrac{\sqrt{7}}{3}x$
(2) 焦点 $(2\sqrt{5},\ 0)$，$(-2\sqrt{5},\ 0)$，頂点 $(2,\ 0)$，$(-2,\ 0)$，漸近線 $y=2x$，$y=-2x$

練習**15** グラフ略。
(1) 焦点 $(0,\ \sqrt{13})$，$(0,\ -\sqrt{13})$，頂点 $(0,\ 3)$，$(0,\ -3)$，漸近線 $y=\dfrac{3}{2}x$，$y=-\dfrac{3}{2}x$
(2) 焦点 $(0,\ \sqrt{2})$，$(0,\ -\sqrt{2})$，頂点 $(0,\ 1)$，$(0,\ -1)$，漸近線 $y=x$，$y=-x$

練習**16** (1) $\dfrac{x^2}{36}-\dfrac{y^2}{16}=1$
(2) $\dfrac{x^2}{100}-\dfrac{y^2}{25}=-1$

練習**17** (1) $(y-3)^2=4(x+1)$，$(y+3)^2=-4(x-1)$
(2) $(x+1)^2-\dfrac{(y-3)^2}{4}=1$，$(x-1)^2-\dfrac{(y+3)^2}{4}=1$

節末問題（P.211）

1. (1) $(x+3)^2+(y-5)^2=9$
(2) $x^2+y^2-6x-2y-15=0$
(3) $(x+3)^2+(y-4)^2=36$

2. (1) 焦点は $\left(\dfrac{3}{2},\ 0\right)$, 準線は $x=-\dfrac{3}{2}$

(2) $\dfrac{x^2}{36}+\dfrac{y^2}{20}=1$

(3) 焦点 $(\sqrt{7},\ 0)$, $(-\sqrt{7},\ 0)$,
頂点 $(2,\ 0)$, $(-2,\ 0)$,
漸近線 $y=\dfrac{\sqrt{3}}{2}x,\ y=-\dfrac{\sqrt{3}}{2}x$

3. (1) $(x-1)^2=4(y-4)$

(2) $\dfrac{x^2}{16}+\dfrac{y^2}{25}=1$

(3) $\dfrac{x^2}{12}-\dfrac{y^2}{27}=-1$

4. (1) 双曲線 $\dfrac{x^2}{9}-\dfrac{y^2}{4}=1$ を x 軸方向に -2, y 軸方向に 1 平行移動したもの

(2) 楕円 $\dfrac{x^2}{4}+y^2=1$ を x 軸方向に 1, y 軸方向に -2 平行移動したもの

5. (1) $-x+\sqrt{3}\,y=2$

(2) $y=3x\pm\sqrt{10}$

(3) $4x+3y=-5$

6. $k<1$ のとき 2 個, $k=1$ のとき 1 個, $k>1$ のとき 0 個

7. $k=\pm1$

3. 不等式と領域 (P.212〜216)

練習**1**〜練習**4** 略
練習**5** 最大値 5, 最小値 0

節末問題 (P.217)

1, 2. 略

3. $x+2y$ の最大値 5, 最小値 1,
x^2+y^2 の最大値 5, 最小値 $\dfrac{4}{5}$

4. 電力は X が $120\,\mathrm{kw}$, Y が $80\,\mathrm{kw}$, ガスは X が $40\,\mathrm{m}^2$, Y が $160\,\mathrm{m}^2$, このときの生産量は $160\,\mathrm{kg}$

5. (1) $\begin{cases}(y+x)(y-x)<0\\x^2+y^2<2\end{cases}$

(2) $\begin{cases}x^2+y^2>1\\\dfrac{x^2}{4}+y^2<1\end{cases}$ (3) $\begin{cases}y<x^2\\y>2x-1\\y>-2x-1\\-1<x<1\end{cases}$

8章 集合・場合の数・命題

1. 集合と要素の個数 (P.220〜226)

練習**1** (1) $-5\in Z$ (2) $\dfrac{1}{2}\notin Z$

(3) $\sqrt{2}\notin Z$ (4) $0\in Z$

練習**2** (1) $\{1,\ 2,\ 3,\ 5,\ 6,\ 10,\ 15,\ 30\}$

(2) $\{3,\ 5,\ 7,\ \cdots\cdots\}$

練習**3** $A=\{3,\ 6,\ 9,\ 12,\ \cdots\cdots\}$,
$A=\{3n\,|\,n\ は自然数\}$

練習**4** $B=C\subset A$

練習**5** $A\cap B=\{6,\ 12\}$, $A\cup B=\{2,\ 3,\ 4,\ 6,\ 8,\ 9,\ 10,\ 12,\ 15\}$

練習**6** $a=7$, $A\cup B=\{1,\ 3,\ 4,\ 5,\ 6,\ 7\}$

練習**7** $A\cap B=\varnothing$,
$A\cup B=\{1,\ 2,\ 3,\ 6,\ 9\}$

練習**8** $\{1\},\ \{2\},\ \{1,\ 2\},\ \varnothing$

練習**9**, **10** 略

練習**11** (1) $n(A)=33$ (2) $n(B)=20$
(3) $n(A\cap B)=6$

練習**12** 47

節末問題 (P.226)

1. (1) $\{1,\ 3\}$ (2) $\{2,\ 6,\ 7,\ 8\}$

2. (1) 50 (2) 50 (3) 25

3. (1) 18 人 (2) 17 人

4. $35\le x\le63$

2. 場合の数・順列・組合せ (P.227〜240)

練習**1** 10 通り
練習**2** 6 通り
練習**3** 2 個のとき 36 通り, 3 個のとき 216 通り
練習**4** 12 個
練習**5** (1) 56 (2) 5040 (3) 2520
練習**6** 360 通り
練習**7** (1) 5040 (2) 40320 (3) 5040 (4) 720
練習**8** (1) 144 通り (2) 144 通り (3) 72 通り
練習**9** (1) 21 (2) 15 (3) 220 (4) 8
練習**10** 45 通り
練習**11** (1) 10 (2) 28 (3) 1140
練習**12** (1) 90 通り (2) 195 通り
練習**13** (1) 2520 通り (2) 105 通り

練習**14** 720 通り，女子 2 人が隣り合うの
は 240 通り

練習**15** (1) 729 通り (2) 192 通り

練習**16** 1260 通り

練習**17** 35 通り

練習**18** (1) $a^6+6a^5b+15a^4b^2+20a^3b^3$
$+15a^2b^4+6ab^5+b^6$

 (2) $a^7+7a^6b+21a^5b^2+35a^4b^3$
$+35a^3b^4+21a^2b^5+7ab^6+b^7$

練習**19** (1) $x^5+5x^4+10x^3+10x^2+5x$
$+1$

 (2) $16a^2-32a^3b+24a^2b^2-8ab^3$
$+b^4$

 (3) $x^6-12x^5+60x^4-160x^3$
$+240x^2-192x+64$

練習**20** (1) -56 (2) -560 (3) 10206

 (4) 672

節末問題 （P.241）

1. (1) 4 通り (2) 16 通り
2. (1) 576 通り (2) 144 通り
 (3) 3600 通り (4) 1440 通り
3. (1) 36 通り (2) 12 通り
 (3) 24 通り
4. (1) 300 通り (2) 1080 通り
5. (1) 40 通り (2) 35 通り
 (3) 35 通り
6. 280 通り
7. (1) 144 通り (2) 120 通り
8. (1) 1260 通り (2) 1680 通り
 (3) 280 通り (4) 378 通り
9. (1) 24 通り (2) 72 通り
 (3) 114 通り
10.(1) 20 本 (2) 56 個 (3) 16 個
11.40 個
12.略

3.命題と証明 （P.243〜252）

練習**1** 略

練習**2** (1) 真 (2) 偽，反例は $x=-2$
 (3) 偽，反例は $x=-2$，$y=1$
 (4) 真

練習**3** 順に，必要，十分

練習**4** (1) 十分条件である
 (2) 必要条件である

 (3) 十分条件でも必要条件でもな
い

 (4) 必要十分条件である

 (5) 必要条件である

練習**5** $1<a<3$

練習**6** (1) $x=0$ または $x=1$
 (2) $x>0$ かつ $y>0$

練習**7**〜練習**11** 略

節末問題 （P.253）

1. (1) 偽，反例 $x=-1$，$y=1$
 (2) 偽，反例 $x=0$，$y=2$
 (3) 真，証明は対偶を用いる
2. (1) 必要十分条件である
 (2) 必要条件である
 (3) 十分条件である
 (4) 必要条件でも十分条件でもない
3〜6.略

索引

あ

アークコサイン　arccosine ················ **173**
アークサイン　arcsine ····················· **173**
アークタンジェント　arctangent ········ **173**
アポロニウスの円
　Apollonius' circle ························· **200**
余り　remainder ······························ **20**
移項(不等式における)　transpose ········ **70**
一般角　general angle ····················· **158**
一般形(2次関数の)　general form ········ **58**
一般項　general term ····················· **240**
因数　factor ································· **14**
因数定理　factor theorem ··················· **87**
因数分解　factorization ···················· **14**
──の公式 ························· **14, 15, 16**
上に凸　upwards convex ·················· **54**
裏　obverse, reverse ······················ **248**
n 次式　expression of n-th degree ············ **8**
n 次方程式　equation of n-th degree ······· **88**
n 乗　n-th power ························ **10**
n 乗根　n-th root ························ **116**
x 切片　x-intercept ······················ **194**
円　circle ································· **198**
円順列　circular permutation ············ **235**
円錐曲線　conic sections ·················· **218**

か

解　solution ···························· **44, 70**
階乗　factorial ···························· **230**
外心　circumcenter ···················· **150, 200**
外接円　circumcircle ···················· **150**
解と係数の関係　relations between
　solutions and coefficients ·················· **48**
解の公式(2次方程式の)
　quadratic formula ························· **45**
外分　external division ···················· **186**
外分点
　point of exterior division ····· **186, 187, 188**
ガウス平面　Gaussian plane ················ **38**
仮定　assumption ·························· **243**
加法定理　addition theorem ················ **177**

──の応用 ······························· **179**
関数　function ···························· **52**
偽　falsity ································· **243**
奇関数　odd function ······················ **99**
軌跡　locus ································· **198**
逆　converse ······························ **248**
逆関数　inverse function ···················· **107**
逆三角関数
　inverse trigonometric function ········· **174**
逆正弦　arcsine ····························· **173**
逆正接　arctangent ························· **173**
既約分数式
　irreducible fractional expression ········ **23**
逆余弦　arccosine ·························· **173**
共通部分　intersection ···················· **222**
共役複素数
　conjugate complex number ············· **36**
共有点　common point ···················· **65**
虚数 ······································ **34**
──解　imaginary solution ·············· **46**
──単位　imaginary unit ··············· **34**
虚部　imaginary part ······················ **34**
偶関数　even function ······················ **99**
空集合　empty set ························· **223**
組合せ　combination ······················ **232**
係数　coefficient ···························· **8**
結論　conclusion ·························· **243**
原点　origin ································· **29**
項　term ··································· **8**
高次方程式　high-powered equation ······ **88**
合成関数　composite function ············· **111**
恒等式　identical equation ················· **82**
降べきの順
　descending order of powers ············· **9**
公倍数　common multiple ················· **22**
公約数　common divisor ·················· **22**
コサイン　cosine ·························· **140**
弧度　radian ······························ **159**
根号　radical sign, root sign ··············· **31**

さ

最小公倍数
　least common multiple (L.C.M.) ········· **22**
最小値　minimum value ················· **63, 216**
最大公約数　greatest common divisor

(G.C.D) ··· **22**
最大値　maximum value ·············· **63, 216**
サイン　sine ······································ **140**
座標　coordinates ····················· **29, 53**
座標平面　coordinate plane ········ **53, 188**
三角関数　trigonometric function ······· **161**
——の加法定理 ······························ **176**
——のグラフ ································· **166**
——の合成 ································· **181**
——の周期 ································· **168**
——の相互関係 ······························ **163**
——を含む方程式・不等式 ·············· **171**
三角比　trigonometric ratio ············ **140**
——の拡張 ································· **144**
——の相互関係 ······························ **148**
——の定義 ································· **144**
——の面積 ··························· **154, 157**
3倍角の公式 ································· **184**
式と証明 ······································ **91**
軸　axis ································· **54, 202**
指数　exponent ······························ **10**
——の拡張 ································· **114**
次数　degree ································· **8**
指数関数　exponential function ·········· **120**
——のグラフ ································· **120**
指数法則
　exponential law ········· **10, 115, 118, 119**
始線　initial line ······························ **158**
自然数　natural number ··············· **28**
下に凸　downwards convex ············ **54**
実数　real number ······························ **29**
実数解　real solution ··············· **46**
実部　real part ······························ **34**
重解　double root ······························ **46**
周期　period ································· **168**
周期関数　periodic function ·············· **168**
集合　set ································· **220**
——の要素の個数 ······························ **225**
重心　barycentre, barycenter ········· **189**
従属変数　dependent variable ·············· **52**
重複順列　repeated permutation ········· **236**
十分条件　sufficient condition ·········· **245**
樹形図　tree diagram ······················ **227**
循環小数　reccuring decimal ············ **28**
純虚数　purely imaginary number ······· **34**

準線　directrix ······························ **202**
順列　permutation ······························ **229**
商　quotient ································· **20**
象限　quadrant ······························ **53**
条件　condition ······························ **243**
焦点　focus ························· **202, 204, 207**
昇べきの順
　ascending order of powers ············ **9**
常用対数　common logarithm ············ **136**
剰余の定理　remainder theorem ········· **85**
真　truth ································· **243**
真数　anti-logarithm ······················ **125**
——条件 ································· **133**
真理集合　truth set ······················ **244**
数学的帰納法
　mathematical induction ·············· **252**
数直線　number line ··············· **29, 186**
正弦　sine ··························· **140, 161**
正弦曲線　sine curve ······················ **166**
正弦定理　sine rule (theorem) ·········· **150**
整式　polynomial ······························ **8**
——の加法・減法 ······························ **9**
——の整理 ································· **9**
——の乗法 ································· **10**
——の除法 ································· **20**
整数　integer ································· **28**
正接　tangent ··························· **140, 161**
正接曲線　tangent curve ·············· **167**
積の法則　product rule ·············· **228**
接する　contact ······················ **66, 201**
接線　tangential line ·············· **201**
絶対値　absolute value, modulus ······· **30, 39**
——を含む方程式・不等式 ·············· **77**
——を含む関数のグラフ ·············· **80**
接点　point of contact ·············· **66, 201**
漸近線　asymptote ··············· **101, 207**
全体集合　universal set, whole set ······ **223**
相加平均　arithmetical mean ············ **94**
双曲線　hyperbola ······················ **207**
相乗平均　geometrical mean ············ **94**
属する　belong to ······················ **220**

た

対偶　contraposition ······················ **248**
対称移動　reflection ······················ **210**

対数　logarithm ･･･････････････････ **125**
──の性質････････････････････････ **127**
対数関数　logarithmic function････････ **130**
──のグラフ･･･････････････････････ **130**
楕円　ellipse ････････････････････････ **204**
互いに素　relatively prime ･････････ **22**
多項式　polynomial ･･････････････････ **8**
たすき掛け　crossing multiplication ･･･ **15**
単位円　unit circle ････････････････ **146**
単項式　monomial･････････････････ **8**
タンジェント　tangent ･･･････････ **140**
短軸　minor axis ･･･････････････････ **205**
単調に増加／減少　monotonically
　　increasing／decreasing ････････ **98**
値域　range･････････････････････ **52**
中心　center, centre ･････････ **204, 207**
中線定理　parallelogram law ･･････ **191**
長軸　major axis･･････････････････ **205**
直線の方程式　equation of a line ･････ **192**
頂点　vertex･･･････････**54, 202, 205, 208**
重複順列　repeated permutation ･･････ **236**
直角双曲線　rectangular hyperbola･･･ **101**
通分
　　reduction to common denominator ･･･ **25**
底　base ･･･････････････ **120, 125, 130**
定義域　domain･･････････････････ **52**
定数項　constant term ･･････････ **8**
底の変換公式
　　transformation formula of base ･･････ **129**
展開　expansion ･･････････････････ **10**
展開公式　expansion formulas･････ **11**
ド・モルガンの法則
　　de Morgan's law･････････････ **224, 247**
動径　radius ･･････････････････ **158**
──の表す一般角･･･････････････ **158**
等式の証明･･･････････････････ **91**
同値　equivalent ････････････････ **245**
同類項　similar term ･･･････････ **8**
解く　solve･･･････････････････ **44, 70**
独立変数　independent variable ････ **52**
度数法　degree measure ･･････････ **159**

な
内分する　divide internally･････････ **186**
内分点　internally dividing point

･･･････････････････ **186, 187, 188**
二項係数　binomial coefficient････････ **240**
二項定理　binomial theorem ･････････ **240**
2次関数　quadratic function ･･･････ **54**
──のグラフ････････････････････ **65**
──の決定･･･････････････････ **60**
──の最大・最小････････････････ **62**
2次曲線　quadratic curve ･････ **198, 218**
2次不等式
　　inequality of second degree ･･･ **71**
2次方程式　quadratic equation ･･･ **44**
二重根号････････････････････ **42**
2倍角の公式
　　double angle formula ･･･････ **179**

は
場合の数　number of cases････････ **227**
倍数　multiple･････････････････ **22**
背理法　reduction to absurdity････ **251**
パスカルの三角形
　　Pascal's triangle ･･･････････ **238**
半角の公式　half-angle formula ･･･ **180**
繁分数式
　　complex fractional expression･････ **26**
判別式　discriminant･･･････････ **46**
反例　counterexample･････････ **244**
必要十分条件　necessary and sufficient
　　condition ･････････････････ **245**
必要条件　necessary condition ･････ **245**
否定　negation ･･･････････････ **247**
等しい(集合が)　equal〔to〕･･････ **222**
標準形
　　standard form ･･････**58, 202, 204, 207**
比例式　proportional expansion･･････ **91**
複号同順
　　double sign in same order ･･･ **177**
複素数　complex number ･･･････ **34**
──平面･････････････････････ **38**
含む　contain, include ･･････ **222**
不等式　inequality ･････････････ **68**
──の証明･･･････････････････ **93**
──の表す領域･･･････････････ **212**
負の向き(一般角の)
　　negative direction ･･･････････ **158**
部分集合　subset･･･････････････ **222**

部分分数に分解
　decomposition into partial fraction ⋯⋯⋯ **84**
分子　numerator ⋯⋯⋯⋯⋯⋯⋯⋯⋯⋯⋯ **23**
分数関数　fractional function ⋯⋯⋯⋯ **101**
分数式　fractional expression ⋯⋯⋯⋯ **23**
分配法則　distributive law ⋯⋯⋯⋯⋯ **10**
分母　denominator ⋯⋯⋯⋯⋯⋯⋯⋯⋯ **23**
分母の有理化
　rationalization of denominator ⋯⋯⋯ **33**
平行移動　translation ⋯⋯⋯⋯ **55, 100, 210**
平方完成　completing the square ⋯⋯⋯ **58**
平方根　square root ⋯⋯⋯⋯⋯ **31, 37, 116**
べき関数　power function ⋯⋯⋯⋯⋯⋯ **98**
ヘロンの公式　Heron's formula ⋯⋯⋯⋯ **157**
放物線　parabola ⋯⋯⋯⋯⋯⋯⋯⋯ **54, 202**
補集合　complement ⋯⋯⋯⋯⋯⋯⋯ **223**

無限集合　infinite set ⋯⋯⋯⋯⋯⋯⋯ **225**
無限小数　infinite decimal ⋯⋯⋯⋯⋯ **28**
無理関数　irrational function ⋯⋯⋯⋯ **104**
無理式　irrational expression ⋯⋯⋯⋯ **104**
無理数　irrational, irrational number ⋯⋯ **29**
無理数の指数　irrational index ⋯⋯⋯ **119**
命題　proposition ⋯⋯⋯⋯⋯⋯⋯⋯⋯ **243**
──の証明 ⋯⋯⋯⋯⋯⋯⋯⋯⋯⋯⋯⋯⋯ **249**

約数　divisor, measure ⋯⋯⋯⋯⋯⋯⋯ **22**
約分　reduction ⋯⋯⋯⋯⋯⋯⋯⋯⋯⋯ **23**
有限集合　finite set ⋯⋯⋯⋯⋯⋯⋯⋯ **225**
有限小数　finite decimal ⋯⋯⋯⋯⋯⋯ **28**
有理化　rationalization ⋯⋯⋯⋯⋯⋯⋯ **33**
有理式　rational expression ⋯⋯⋯⋯⋯ **23**
有理数　rational number ⋯⋯⋯⋯⋯⋯ **28**
要素　element ⋯⋯⋯⋯⋯⋯⋯⋯⋯⋯⋯ **220**
余弦　cosine ⋯⋯⋯⋯⋯⋯⋯⋯⋯ **140, 161**
余弦定理　cosine rule (theorem) ⋯⋯⋯ **152**

ラジアン　radian ⋯⋯⋯⋯⋯⋯⋯⋯⋯ **159**
立方根　cubic root ⋯⋯⋯⋯⋯⋯⋯⋯⋯ **116**
領域　domain ⋯⋯⋯⋯⋯⋯⋯⋯⋯⋯⋯ **212**
累乗　power ⋯⋯⋯⋯⋯⋯⋯⋯⋯⋯⋯⋯ **10**
累乗根　radical root ⋯⋯⋯⋯⋯⋯⋯⋯ **116**

連立3元1次方程式　simultaneous linear
　equations with three unknowns ⋯⋯⋯ **61**
連立不等式
　simultaneous inequalities ⋯⋯⋯⋯⋯ **75**
60分法　sexagesimal method ⋯⋯⋯⋯ **159**

y 切片　y-intercept ⋯⋯⋯⋯⋯⋯⋯ **194**
和集合　union ⋯⋯⋯⋯⋯⋯⋯⋯⋯⋯ **222**
和の法則　sum rule ⋯⋯⋯⋯⋯⋯⋯⋯ **227**

$|a|$ ⋯⋯⋯⋯⋯⋯⋯⋯⋯⋯⋯⋯⋯⋯ **30, 39**
$\sqrt{a}$ ⋯⋯⋯⋯⋯⋯⋯⋯⋯⋯⋯⋯⋯⋯ **31**
$f(x)$ ⋯⋯⋯⋯⋯⋯⋯⋯⋯⋯⋯⋯⋯⋯ **52**
i ⋯⋯⋯⋯⋯⋯⋯⋯⋯⋯⋯⋯⋯⋯⋯⋯ **34**
$\iff$ ⋯⋯⋯⋯⋯⋯⋯⋯⋯⋯⋯⋯ **35, 245**
D ⋯⋯⋯⋯⋯⋯⋯⋯⋯⋯⋯⋯⋯⋯⋯ **46**
$\implies$ ⋯⋯⋯⋯⋯⋯⋯⋯⋯⋯⋯ **35, 243**
$P(x)$ ⋯⋯⋯⋯⋯⋯⋯⋯⋯⋯⋯⋯⋯⋯ **85**
$f^{-1}(x)$ ⋯⋯⋯⋯⋯⋯⋯⋯⋯⋯⋯⋯ **107**
$(g \circ f)(x)$ ⋯⋯⋯⋯⋯⋯⋯⋯⋯⋯ **111**
$\sqrt[n]{a}$ ⋯⋯⋯⋯⋯⋯⋯⋯⋯⋯⋯⋯ **116**
$\log_a M$ ⋯⋯⋯⋯⋯⋯⋯⋯⋯⋯⋯⋯ **125**
$\log_{10} M$ ⋯⋯⋯⋯⋯⋯⋯⋯⋯⋯⋯ **135**
$\sin A$, $\cos A$, $\tan A$ ⋯⋯⋯⋯⋯ **140**
$\mathrm{Sin}^{-1}a$, $\mathrm{Cos}^{-1}a$, $\mathrm{Tan}^{-1}a$ ⋯ **173**
$\mathrm{Arcsin}\,a$, $\mathrm{Arccos}\,a$, $\mathrm{Arctan}\,a$ ⋯ **173**
$f(x, y)$ ⋯⋯⋯⋯⋯⋯⋯⋯⋯⋯⋯⋯ **210**
$a \in A$ ⋯⋯⋯⋯⋯⋯⋯⋯⋯⋯⋯⋯⋯ **220**
$b \notin A$ ⋯⋯⋯⋯⋯⋯⋯⋯⋯⋯⋯⋯ **220**
$A = \{1,\ 2\}$ ⋯⋯⋯⋯⋯⋯⋯⋯⋯⋯ **221**
$A \subset B$ ⋯⋯⋯⋯⋯⋯⋯⋯⋯⋯⋯ **222**
$A \cap B$ ⋯⋯⋯⋯⋯⋯⋯⋯⋯⋯⋯⋯ **222**
$A \cup B$ ⋯⋯⋯⋯⋯⋯⋯⋯⋯⋯⋯⋯ **222**
$\varnothing$ ⋯⋯⋯⋯⋯⋯⋯⋯⋯⋯⋯⋯ **223**
$\overline{A}$ ⋯⋯⋯⋯⋯⋯⋯⋯⋯⋯⋯⋯ **223**
$_nP_r$ ⋯⋯⋯⋯⋯⋯⋯⋯⋯⋯⋯⋯⋯ **229**
$n!$ ⋯⋯⋯⋯⋯⋯⋯⋯⋯⋯⋯⋯⋯⋯ **230**
$_nC_r$ ⋯⋯⋯⋯⋯⋯⋯⋯⋯⋯⋯⋯⋯ **232**

●本書の関連データが web サイトからダウンロードできます。

https://www.jikkyo.co.jp/download/　で

「新版基礎数学　改訂版」を検索してください。

提供データ：問題の解説

■監修

岡本和夫　東京大学名誉教授

■編修

福島國光　元栃木県立田沼高等学校教頭

市川裕子　東京工業高等専門学校教授

佐藤尊文　秋田工業高等専門学校准教授

鈴木正樹　沼津工業高等専門学校准教授

中谷亮子　元金沢工業高等専門学校准教授

安田智之　奈良工業高等専門学校教授

■協力

佐藤直紀　長岡工業高等専門学校准教授

三井　実　ものつくり大学准教授

●表紙・本文基本デザイン──エッジ・デザインオフィス
●組版データ作成──㈱四国写研

新版数学シリーズ

新版基礎数学　改訂版

2010年12月28日　　初版第1刷発行
2020年 5月15日　　改訂版第1刷発行
2023年 3月10日　　　　　第4刷発行

●著作者　　岡本和夫　ほか

●発行者　　小田良次

●印刷所　　株式会社広済堂ネクスト

無断複写・転載を禁ず

●発行所　　実教出版株式会社

〒102-8377
東京都千代田区五番町5番地
電話［営　　業］(03) 3238-7765
　　［企画開発］(03) 3238-7751
　　［総　　務］(03) 3238-7700
https://www.jikkyo.co.jp/

©K.OKAMOTO

ISBN　978-4-407-34887-3　C3041
Printed in Japan

三角関数表

角	正弦 (sin)	余弦 (cos)	正接 (tan)	角	正弦 (sin)	余弦 (cos)	正接 (tan)
0°	0.0000	1.0000	0.0000	45°	0.7071	0.7071	1.0000
1°	0.0175	0.9998	0.0175	46°	0.7193	0.6947	1.0355
2°	0.0349	0.9994	0.0349	47°	0.7314	0.6820	1.0724
3°	0.0523	0.9986	0.0524	48°	0.7431	0.6691	1.1106
4°	0.0698	0.9976	0.0699	49°	0.7547	0.6561	1.1504
5°	0.0872	0.9962	0.0875	50°	0.7660	0.6428	1.1918
6°	0.1045	0.9945	0.1051	51°	0.7771	0.6293	1.2349
7°	0.1219	0.9925	0.1228	52°	0.7880	0.6157	1.2799
8°	0.1392	0.9903	0.1405	53°	0.7986	0.6018	1.3270
9°	0.1564	0.9877	0.1584	54°	0.8090	0.5878	1.3764
10°	0.1736	0.9848	0.1763	55°	0.8192	0.5736	1.4281
11°	0.1908	0.9816	0.1944	56°	0.8290	0.5592	1.4826
12°	0.2079	0.9781	0.2126	57°	0.8387	0.5446	1.5399
13°	0.2250	0.9744	0.2309	58°	0.8480	0.5299	1.6003
14°	0.2419	0.9703	0.2493	59°	0.8572	0.5150	1.6643
15°	0.2588	0.9659	0.2679	60°	0.8660	0.5000	1.7321
16°	0.2756	0.9613	0.2867	61°	0.8746	0.4848	1.8040
17°	0.2924	0.9563	0.3057	62°	0.8829	0.4695	1.8807
18°	0.3090	0.9511	0.3249	63°	0.8910	0.4540	1.9626
19°	0.3256	0.9455	0.3443	64°	0.8988	0.4384	2.0503
20°	0.3420	0.9397	0.3640	65°	0.9063	0.4226	2.1445
21°	0.3584	0.9336	0.3839	66°	0.9135	0.4067	2.2460
22°	0.3746	0.9272	0.4040	67°	0.9205	0.3907	2.3559
23°	0.3907	0.9205	0.4245	68°	0.9272	0.3746	2.4751
24°	0.4067	0.9135	0.4452	69°	0.9336	0.3584	2.6051
25°	0.4226	0.9063	0.4663	70°	0.9397	0.3420	2.7475
26°	0.4384	0.8988	0.4877	71°	0.9455	0.3256	2.9042
27°	0.4540	0.8910	0.5095	72°	0.9511	0.3090	3.0777
28°	0.4695	0.8829	0.5317	73°	0.9563	0.2924	3.2709
29°	0.4848	0.8746	0.5543	74°	0.9613	0.2756	3.4874
30°	0.5000	0.8660	0.5774	75°	0.9659	0.2588	3.7321
31°	0.5150	0.8572	0.6009	76°	0.9703	0.2419	4.0108
32°	0.5299	0.8480	0.6249	77°	0.9744	0.2250	4.3315
33°	0.5446	0.8387	0.6494	78°	0.9781	0.2079	4.7046
34°	0.5592	0.8290	0.6745	79°	0.9816	0.1908	5.1446
35°	0.5736	0.8192	0.7002	80°	0.9848	0.1736	5.6713
36°	0.5878	0.8090	0.7265	81°	0.9877	0.1564	6.3138
37°	0.6018	0.7986	0.7536	82°	0.9903	0.1392	7.1154
38°	0.6157	0.7880	0.7813	83°	0.9925	0.1219	8.1443
39°	0.6293	0.7771	0.8098	84°	0.9945	0.1045	9.5144
40°	0.6428	0.7660	0.8391	85°	0.9962	0.0872	11.4301
41°	0.6561	0.7547	0.8693	86°	0.9976	0.0698	14.3007
42°	0.6691	0.7431	0.9004	87°	0.9986	0.0523	19.0811
43°	0.6820	0.7314	0.9325	88°	0.9994	0.0349	28.6363
44°	0.6947	0.7193	0.9657	89°	0.9998	0.0175	57.2900
45°	0.7071	0.7071	1.0000	90°	1.0000	0.0000	—

対数表(1)

数	0	1	2	3	4	5	6	7	8	9	1	2	3	4	5	6	7	8	9
1.0	.0000	.0043	.0086	.0128	.0170	.0212	.0253	.0294	.0334	.0374	4	8	12	17	21	25	29	33	37
1.1	.0414	.0453	.0492	.0531	.0569	.0607	.0645	.0682	.0719	.0755	4	8	11	15	19	23	26	30	34
1.2	.0792	.0828	.0864	.0899	.0934	.0969	.1004	.1038	.1072	.1106	3	7	10	14	17	21	24	28	31
1.3	.1139	.1173	.1206	.1239	.1271	.1303	.1335	.1367	.1399	.1430	3	6	10	13	16	19	23	26	29
1.4	.1461	.1492	.1523	.1553	.1584	.1614	.1644	.1673	.1703	.1732	3	6	9	12	15	18	21	24	27
1.5	.1761	.1790	.1818	.1847	.1875	.1903	.1931	.1959	.1987	.2014	3	6	8	11	14	17	20	22	25
1.6	.2041	.2068	.2095	.2122	.2148	.2175	.2201	.2227	.2253	.2279	3	5	8	11	13	16	18	21	24
1.7	.2304	.2330	.2355	.2380	.2405	.2430	.2455	.2480	.2504	.2529	2	5	7	10	12	15	17	20	22
1.8	.2553	.2577	.2601	.2625	.2648	.2672	.2695	.2718	.2742	.2765	2	5	7	9	12	14	16	19	21
1.9	.2788	.2810	.2833	.2856	.2878	.2900	.2923	.2945	.2967	.2989	2	4	7	9	11	13	16	18	20
2.0	.3010	.3032	.3054	.3075	.3096	.3118	.3139	.3160	.3181	.3201	2	4	6	8	11	13	15	17	19
2.1	.3222	.3243	.3263	.3284	.3304	.3324	.3345	.3365	.3385	.3404	2	4	6	8	10	12	14	16	18
2.2	.3424	.3444	.3464	.3483	.3502	.3522	.3541	.3560	.3579	.3598	2	4	6	8	10	12	14	15	17
2.3	.3617	.3636	.3655	.3674	.3692	.3711	.3729	.3747	.3766	.3784	2	4	6	7	9	11	13	15	17
2.4	.3802	.3820	.3838	.3856	.3874	.3892	.3909	.3927	.3945	.3962	2	4	5	7	9	11	12	14	16
2.5	.3979	.3997	.4014	.4031	.4048	.4065	.4082	.4099	.4116	.4133	2	3	5	7	9	10	12	14	15
2.6	.4150	.4166	.4183	.4200	.4216	.4232	.4249	.4265	.4281	.4298	2	3	5	7	8	10	11	13	15
2.7	.4314	.4330	.4346	.4362	.4378	.4393	.4409	.4425	.4440	.4456	2	3	5	6	8	9	11	13	14
2.8	.4472	.4487	.4502	.4518	.4533	.4548	.4564	.4579	.4594	.4609	2	3	5	6	8	9	11	12	14
2.9	.4624	.4639	.4654	.4669	.4683	.4698	.4713	.4728	.4742	.4757	1	3	4	6	7	9	10	12	13
3.0	.4771	.4786	.4800	.4814	.4829	.4843	.4857	.4871	.4886	.4900	1	3	4	6	7	9	10	11	13
3.1	.4914	.4928	.4942	.4955	.4969	.4983	.4997	.5011	.5024	.5038	1	3	4	6	7	8	10	11	12
3.2	.5051	.5065	.5079	.5092	.5105	.5119	.5132	.5145	.5159	.5172	1	3	4	5	7	8	9	11	12
3.3	.5185	.5198	.5211	.5224	.5237	.5250	.5263	.5276	.5289	.5302	1	3	4	5	6	8	9	10	12
3.4	.5315	.5328	.5340	.5353	.5366	.5378	.5391	.5403	.5416	.5428	1	3	4	5	6	8	9	10	11
3.5	.5441	.5453	.5465	.5478	.5490	.5502	.5514	.5527	.5539	.5551	1	2	4	5	6	7	9	10	11
3.6	.5563	.5575	.5587	.5599	.5611	.5623	.5635	.5647	.5658	.5670	1	2	4	5	6	7	8	10	11
3.7	.5682	.5694	.5705	.5717	.5729	.5740	.5752	.5763	.5775	.5786	1	2	3	5	6	7	8	9	10
3.8	.5798	.5809	.5821	.5832	.5843	.5855	.5866	.5877	.5888	.5899	1	2	3	5	6	7	8	9	10
3.9	.5911	.5922	.5933	.5944	.5955	.5966	.5977	.5988	.5999	.6010	1	2	3	4	5	7	8	9	10
4.0	.6021	.6031	.6042	.6053	.6064	.6075	.6085	.6096	.6107	.6117	1	2	3	4	5	7	8	9	10
4.1	.6128	.6138	.6149	.6160	.6170	.6180	.6191	.6201	.6212	.6222	1	2	3	4	5	6	7	8	9
4.2	.6232	.6243	.6253	.6263	.6274	.6284	.6294	.6304	.6314	.6325	1	2	3	4	5	6	7	8	9
4.3	.6335	.6345	.6355	.6365	.6375	.6385	.6395	.6405	.6415	.6425	1	2	3	4	5	6	7	8	9
4.4	.6435	.6444	.6454	.6464	.6474	.6484	.6493	.6503	.6513	.6522	1	2	3	4	5	6	7	8	9
4.5	.6532	.6542	.6551	.6561	.6571	.6580	.6590	.6599	.6609	.6618	1	2	3	4	5	6	7	8	9
4.6	.6628	.6637	.6646	.6656	.6665	.6675	.6684	.6693	.6702	.6712	1	2	3	4	5	6	7	7	8
4.7	.6721	.6730	.6739	.6749	.6758	.6767	.6776	.6785	.6794	.6803	1	2	3	4	5	5	6	7	8
4.8	.6812	.6821	.6830	.6839	.6848	.6857	.6866	.6875	.6884	.6893	1	2	3	4	4	5	6	7	8
4.9	.6902	.6911	.6920	.6928	.6937	.6946	.6955	.6964	.6972	.6981	1	2	3	4	4	5	6	7	8
5.0	.6990	.6998	.7007	.7016	.7024	.7033	.7042	.7050	.7059	.7067	1	2	3	3	4	5	6	7	8
5.1	.7076	.7084	.7093	.7101	.7110	.7118	.7126	.7135	.7143	.7152	1	2	3	3	4	5	6	7	8
5.2	.7160	.7168	.7177	.7185	.7193	.7202	.7210	.7218	.7226	.7235	1	2	2	3	4	5	6	7	7
5.3	.7243	.7251	.7259	.7267	.7275	.7284	.7292	.7300	.7308	.7316	1	2	2	3	4	5	6	6	7
5.4	.7324	.7332	.7340	.7348	.7356	.7364	.7372	.7380	.7388	.7396	1	2	2	3	4	5	6	6	7

$\log_{10} \pi = 0.4971$, $\log_{10} 2\pi = 0.7982$